微尺度拉曼光谱实验力学

Micro-Raman Spectrum and
Experimental Mechanics

雷振坤　仇　巍　亢一澜　著

科学出版社

北京

内 容 简 介

　　本书是关于拉曼光谱力学实验的专著,拉曼光谱是利用入射光子与被测物分子发生非弹性碰撞获得的散射光谱,能给出被测物微观结构和力学变形特征。微拉曼光谱实验具有非接触、无损、空间分辨率高等特点,近年来在力学实验领域发展迅速,形成了一种新的光谱力学测试技术,作者希望通过本书将这种与常规电测和光测力学完全不同的实验方法介绍给读者。

　　本书综合微拉曼光谱力学测量的基础理论、测试技术、材料力学实验三方面内容,介绍作者近年来在微拉曼光谱力学实验领域的系列研究成果,包括在硅、多孔硅、碳纳米管和纤维复合材料等方面的实验力学研究进展。本书注重实验与理论结合,图文并茂、简明易学,可供固体力学和材料科学以及相关领域的科研人员及高等院校有关专业的教师和研究生学习参考。

图书在版编目(CIP)数据

微尺度拉曼光谱实验力学/雷振坤, 仇巍, 亢一澜著. —北京: 科学出版社, 2015

　ISBN 978-7-03-043185-1

　Ⅰ. ①微… Ⅱ. ①雷… ②仇… ③亢… Ⅲ. ①拉曼光谱 – 实验应力分析 Ⅳ. ①O433

　中国版本图书馆 CIP 数据核字 (2015) 第 020608 号

责任编辑:刘信力 / 责任校对:张凤琴
责任印制:赵德静 / 封面设计:陈　敬

斜 学 出 版 社 出版

北京东黄城根北街 16 号
邮政编码:100717
http://www.sciencep.com

文林印务有限公司 印刷
科学出版社发行　各地新华书店经销

*

2015 年 2 月第　一　版　　开本: 720 × 1000 1/16
2015 年 2 月第一次印刷　　印张:15 1/2 彩插: 2 页
字数:300 000
定价: 98.00 元
(如有印装质量问题, 我社负责调换)

前　言

随着材料科学、纳米材料与数字制造技术的飞速发展，人们迫切希望从不同尺度上深化认识材料与结构性能并进行测量，这其中微观尺度力学测量始终是一个难点，如同阻挡在我们前面的一道屏障。大部分宏观尺度的光测与电测实验技术难以拓展到微观尺度，如何实现微尺度下力学量的精细测量已经成为力学与材料领域共同关注的前沿科学问题。超越微尺度力学测量这一屏障，需要实验工作者积极探索相关领域的新技术，为纳米材料与纳米制造中的力学问题研究提供有效的工具与技术支持。

拉曼光谱从原子和分子层次反映材料结构的特征信息，是物理、化学、材料领域中的经典实验技术，将拉曼光谱用于力学量测量是近些年来发展起来的一个新领域。该技术在反映材料微结构的物理、化学特征信息的同时，还可以给出力学量的信息，这无疑为我们认知微尺度力学性能提供了一种新工具。微拉曼光谱法用于力学测量，具有非接触、无损、空间分辨率高和可以深度聚焦等特点，值得关注的是拉曼光谱力学测量的理论基础是谱线频移，反映了原子间距的变化，即原子尺度材料的应变信息。举例说明，如果存在应力/应变作用，如碳纳米管或碳纤维等拉曼活性材料，原本固有的谱线频率就会出现偏移，即拉曼光谱频移。与此同时，拉曼光谱引入力学实验也带来一系列新问题，例如，由于拉曼谱线与材料微观结构特征有关，如何针对不同结构类型材料分析频移与应变的相关性，建立频移量与力学量间的解析关系，这是拉曼力学测量中的重要理论基础。还有，如何分析物理和化学过程与力学量的相互作用，如何结合光谱测量实现多尺度力学实验的协同测量——一系列令人兴奋又催人探究的新问题有待于大家的关注。研究这些问题将有助于我们从新的实验角度分析物理、化学过程与力学的关联，为固体力学与材料领域的实验研究提供技术支持。本书力求内容新颖，从测量理论、实验技术、力学实验三个方面为相关领域的同仁与读者提供一本简明易学、便于应用的书籍，为专业从事光谱技术的学者了解学科交叉提供参考，希望本书对拉曼光谱在力学与材料领域中的应用起到推动作用。

本书是我和我的合作者及学生们十多年来在光谱实验力学领域的劳动结晶，在编写本书时不由得怀念起我的恩师贾有权先生。2000 年我在犹豫是否涉足这一新领域以及后来研究中遇到困难时，他总是给予我鼓励，本书稿中自然包含着他老人家的支持和贡献。在进入这一领域后，有幸得到我的博士后邱宇、雷振坤，博士生仇巍、李秋以及几位硕士研究生的参与，书中有他们攻读学位期间的研究进展，也有雷振坤到大连理工大学任教、李秋到天津职业技术师范大学任教, 以及仇巍博士学位毕业后的后续研究成果, 看到共同耕耘的系列研究成果编撰成书出版交流, 由衷地感到收获的喜悦。

本书主要内容涉及拉曼光谱力学测量基础知识以及这些年来作者们在测量理论与应用研究方面的进展成果, 全书包含绪论和 6 章内容。第 1 章简介微拉曼光谱法进行应力应变测量的基础知识, 包括基本原理、拉曼应变测量技术等内容。第 2 章为微拉曼光谱技术在硅及多孔硅材料中的力学研究, 重点介绍多孔硅的制备、微结构特征、表面残余应力、动态毛细效应等。第 3 章为碳纳米管纤维及其复合材料的力学性能, 包括碳纳米管纤维、碳纳米管薄膜及复合材料。第 4 章为碳纳米管拉曼光谱应变传感理论与测量技术, 包括考虑偏振效应的碳纳米管应变传感理论、碳纳米管拉曼应变花测量技术与应用。第 5 章介绍微拉曼光谱技术在纤维复合材料中的应用, 包括纤维应力传递、脱粘失效、摩擦滑移、纤维/裂纹交互作用等方面。第 6 章为拉曼光谱测量的技术展望。绪论和第 6 章由亢一澜撰写、第 1 章和第 3 章由李秋编写、第 4 章由仇巍编写、第 2 章和第 5 章由雷振坤编写。本书的主要内容来源于天津大学课题组和大连理工大学课题组的工作成果, 上述工作得到了国家自然科学基金项目的支持, 王权、岑皓、王云峰、焦永哲、邓卫林、高頔、韩月涛等研究生都参与了部分研究工作, 书中还有部分内容来源于相关教材与文献, 在此一并表示感谢。此外, 在此衷心感谢伍小平院士和众多同仁 (于起峰院士、谢惠民教授、李喜德教授、张青川教授、胡小方教授、黄培彦教授、何小元教授、邢永明教授、胡明教授等) 的鼓励与支持。

本书内容涉及多学科交叉领域, 作者学识所限, 书中内容难免有欠缺和不妥之处, 敬请专家指正。

天津大学机械工程学院力学系

亢一澜

2015 年 1 月于天津

目　　录

彩图

绪　论

在涵盖信息、微机电与材料等学科领域的基础科学问题中，大量涉及微尺度和多场耦合条件下材料或结构的力学性能及可靠性问题。例如，随着信息产业与微电子机械系统 (MEMS) 和数字化制造技术的发展，微器件的尺寸越来越小、能耗越来越低、集成度越来越高以及功能越来越强，由此也带来了一系列与工作可靠性密切相关的力学问题。面对着微器件或微结构中的可靠性问题，研究其在多场环境作用下的微尺度力学行为已经成为人们关注的新问题。

在材料科学领域，大量的低维材料越来越广泛地应用到日常生活中，例如，碳纳米管、石墨烯、多孔硅、纤维等，这些低维材料表现出独特的力学性能以及与宏观迥异的表、界面物理现象。低维材料的微观结构自身物理力学特性对材料的宏观力学行为有着复杂的影响，并且微纳米尺度下与面积相关的表面力、毛细力、黏着力和摩擦力等非经典力的作用制约了微尺度体系的力学行为。迄今人们对微结构性能与多尺度关联以及非经典力的影响规律等问题还认识不足。

无论是 MEMS 领域中的微器件工作可靠性问题还是低维材料的力学性能都与材料物性、结构特征、几何尺寸等密切相关，并受到制造工艺中的物理、化学反应、相变缺陷、位错和杂质扩散等作用，以及力、热等载荷的反复叠加等诸多因素影响，上述这些问题构成了多尺度、多场作用的复杂系统。在微器件微结构和低维材料力学行为研究中，无法单一依靠理论建模或数值模拟的手段解决问题，需要从实验角度入手，准确测量其力学响应，发现新现象新问题，这其中实验力学承担着重要的基础研究与测量工具的作用。

0.1　力学实验的新问题

在微尺度力学问题研究中，实验力学面临着诸多新问题。

问题之一是需要发展新的微/纳尺度力学实验精细测试技术。由于测试对象微小，结构变形、异相材料界面、尺寸效应与表面效应等因素直接关联着结构整体性能与工作可靠性，已有的宏观尺度的力学测量技术，如电测技术等大多已经难以达到微尺度下高空间分辨要求。迄今为止，微结构变形演化规律仍然是人们关注的前沿问题，有必要发展对微尺度力学场进行实时精细测量的实验手段。

问题之二是目前对残余应力的测量技术不能满足需求，无论是低维材料制造还是 MEMS 加工，其中的沉积、生长、改性、腐蚀、老化等工艺过程都不可避免地会引入残余应力,包括材料的热失配应力和由材料成分、缺陷等因素引起的本征应力。残余应力的存在会极大影响微结构与器件的力学行为,如何实现对工艺过程中的工艺残余应力特别是本征应力的无损检测和在线测量,一直是近年来微电子、材料与力学领域尚未解决的瓶颈问题。

问题之三是缺少多场条件下的微结构力学测量方法,信息工程领域与微机电系统中的微结构常常会处在多场的工作环境中,如受电场、磁场、温度场和湿度场等作用,还可能会有化学、电化学的反应;其结构微小但比表面积大,对环境场的影响十分敏感,微结构在多场作用下的物理与力学性能更为复杂。如何实现多场条件下的微结构力学性能测量表征是实验力学中的难点问题,也是当今微器件与微纳米结构应用中的热点问题。

本书介绍的拉曼光谱力学测量技术与上述问题研究密切相关,该技术利用光子与分子发生非弹性碰撞获得散射光谱,从原子和分子层次反映材料的特征信息,可用于观测微观结构形态以及物理、化学反应过程,辨别材料成分和类别。特别是近年来发展起来的碳纳米管和石墨烯等纳米材料以及 MEMS 领域中的硅类材料等均属于拉曼活性材料,其谱线频移与应力/应变相关,包含了微结构与微器件的力学信息,作者相信在未来的微尺度实验力学新问题研究中该技术具有独特的发展潜力。

0.2　微尺度实验力学发展趋势

微尺度实验力学是通过实验方法测量微/纳米层次的物理和力学参量及其演化规律,分析微/纳米尺度下物质或结构的力学行为,建立宏、微观力学行为的多尺度关联。近几十年来,国内外实验力学界发展了许多新的微尺度测量技术。除了将加载设备微型化的典型 MEMS 测量机构外,微尺度力学无损测量技术主要是基于两种思路发展起来的,一种是将光力学实验技术与显微光学和微机械仪器结合,最具有代表性的例子就是借助各种探针或光学电镜,包括扫描电子显微镜 (SEM)、原子力显微镜 (AFM)、透射电子显微镜 (TEM) 和扫描隧道电子显微镜 (STM) 等,发展起来的电镜云纹法和纳米云纹法,以及数字散斑/图像相关方法 (DIC) 和粒子图像测速技术 (PIV)、基于微加载装置之上的双视场电子散斑干涉技术、基于离子束蚀刻之上的聚焦离子束云纹法 (FIB) 等。另一种是基于力学原理,借助物理、光学和材料等领域测试新仪器发展起来的微尺度力学测试方法或技术,微拉曼光谱力学测量方法就属于这一种,还包括基于布拉格原理的 X 射线衍射方法 (XRD)、借助于扫描探针显微镜 (SPM) 的纳米压痕法和摩擦力探针显微技术 (TPM)、基于电子反向散射衍射图样 (EBSD) 的定向成像显微技术 (OIM)、激光多普勒振动技术 (LDV)、同步辐射 CT 技术、光热及红外辐射法和中子衍射方法等,表 0.1 中总结了几种典型的微尺度实验力学测试技术的基本原理。目前，现代先进仪器具有足够的空间分辨率进行微/纳米尺度结构成像，对于有序结构的材料，TEM 纳米云纹法和 X 射线衍射方法是评价微区应变场的有力工具。

表 0.1　几种典型的微尺度力学实验技术的测量原理

实验技术	测量原理
SEM 扫描云纹法	由 SEM 系统中的显示器扫描线 (参考栅) 与试件栅经几何干涉而成
STM 云纹法	由放大原子晶格结构 (试件栅) 和 STM 系统的探针经扫描 (参考栅) 干涉而成
AFM 云纹法	由 AFM 系统的探针经扫描 (参考栅) 与试件栅干涉而成
TEM 纳米云纹法	由 TEM 系统中显示器扫描线 (参考栅) 与高分辨率晶体栅 (试件栅) 干涉而成
离子束云纹法	由试件栅和聚焦镓离子离子束扫描线 (参考栅) 干涉而成
数字图像相关法	变形前后的数字图像经相关函数择优计算出目标点的位移
X 射线衍射技术	基于布拉格原理 (不同晶面的反射光发生干涉) 测量弹性应变从而求得应力值
微拉曼光谱技术	利用光子与分子之间发生非弹性碰撞获得散射光谱， 从中反映分子或物质的微观结构变形

微尺度力学实验技术的测试对象主要集中在 MEMS 微器件、薄膜、涂层、复合材料、生物材料、晶体材料、碳纳米管等大量微电子和纳米材料领域。它所研究的尺度大多在细观范围，少数在纳观尺度上，见表 0.2。研究内容主要包括该尺度上的物理与力学性能 (弹性模量、硬度、流速、晶向等)、应力/应变场、裂纹和损伤等。

表 0.2　部分微尺度力学实验技术的测量范围

实验技术	测量范围或精度	应用举例
SEM 扫描云纹法	几十微米到几十毫米	微电子封装中的球形焊点 (BGA) 变形场
STM 和 AFM 云纹法	几十纳米到 120 微米	新解理高定向裂解石墨 (HOPG) 和云母变形场
TEM 纳米云纹法	几百纳米	单晶硅裂尖、碳纳米管变形场
离子束云纹法	几百纳米	多晶硅悬臂梁变形场
数字图像相关法	微米	铜膜和高分子薄膜变形场
X 射线衍射技术	几到十几微米	硅基 Cu 薄膜热应力
微拉曼光谱技术	$1\mu m$(空间分辨率)	MEMS 微桥残余应力、碳纤维、碳纳米管
纳米压痕技术	约米	表面硬度、弹性模量
摩擦力探针显微技术	约米	表面形貌、摩擦、弹性模量和硬度
定向成像显微技术	微米精度	铝晶间裂纹变形场
激光多普勒振动技术	微米精度、动态测试	MEMS 加速度计弯头的机械共振、 金刚石薄膜弹性模量

拉曼光谱力学实验能够给出测点范围内材料纳观晶体结构变形的统计信息，具有快速、无损、分辨率高、便于应用等特点，因此近年来发展迅速。拉曼光谱力学实验一般需要针对特定材料晶格体系建立对应的拉曼应力测量理论，该方法的空

间分辨、时间分辨与仪器装置和数据采集方法相关, 微拉曼实验的空间分辨率可以达到 1μm, 结合近场技术可以达到百纳米尺度。结合扫描技术时间分辨可以达到 0.1s 以内。从应用角度看, 该技术的特点是可以实现对微小试件在力载荷作用下变形的精细在线测量 (Qiu et al., 2010); 还可实现对半导体微结构加工过程中的残余应力和材料本征应力的原位测量 (Kang et al., 2005; Li et al., 2010; Starman et al., 2012); 并且拉曼光谱具有穿透透明/半透明物体的共聚焦能力, 实现小试样内部应力的测量 (Cen et al., 2006; Lei et al., 2008; Lei et al., 2013); 配合扫描与图像处理技术可以进一步给出可视化的全场力学信息。因此, 这是一项具有发展潜力的微、纳米尺度力学实验新技术。

本书将介绍几种较为常用材料的拉曼光谱应力测量理论, 给出测试中的主要技术与数据处理环节、影响力学测量精度的主要影响因素, 重点介绍该方法在微尺度力学性能实验方面的研究进展, 包括多孔硅薄膜、碳纳米管与碳纳米管纤维、石墨烯、芳纶纤维等低维材料力学性能及相关的残余应力、尺度效应、界面力学、载荷传递、脱粘失效等基础力学问题的实验研究。本书力求体现实验与理论相结合的特点, 将实验设计与力学问题相关联, 将测试技术开发与应用相关联, 以方便读者阅读和应用。

参 考 文 献

张泰华. 2005. 微/纳米力学测试技术及其应用. 北京: 机械工业出版社.

赵亚溥. 2012. 表面与界面物理力学. 北京: 科学出版社.

Cen H, Kang Y L, Lei Z K, Qin Q H, Qiu W. 2006. Micromechanics analysis of Kevlar-29 aramid fiber and epoxy resin microdroplet composite by micro-Raman spectroscopy. Composite Structures, 75(1): 532–538.

Feng X Q, Xia R, Li X D, Li B. 2009. Surface effects on the elastic modulus of nanoporous materials. Applied Physics Letters, 94(1): 011916.

Jiang H F, Zhang Q C, Chen X D, Chen Z J, Jiang Z Y, Wu X P, Fan J H. 2007. Three types of Portevin–Le Chatelier effects: experiment and modelling. Acta Materialia, 55(7): 2219–2228.

Jiang L, Guo W L. 2011. A molecular mechanics study on size-dependent elastic properties of single-walled boron nitride nanotubes. Journal of the Mechanics and Physics of Solids, 59(6): 1204–1213.

Kang Y L, Qiu Y, Lei Z K, Hu M. 2005. An application of Raman spectroscopy on the measurement of residual stress in porous silicon. Optics and Lasers in Engineering, 43(8): 847–855.

Lei Z K, Qiu W, Kang Y L, Liu G, Yun H. 2008. Stress transfer of single fiber/microdroplet tensile test studied by micro-Raman spectroscopy. Composites Part A, 39: 113–118.

Lei Z K, Wang Q, Qiu W. 2013. Micromechanics of fiber-crack interaction studied by micro-Raman spectroscopy: Bridging fiber. Optics and Lasers in Engineering, 51(4): 358–363.

Li Q, Qiu W, Tan H Y, Guo J G, Kang Y L. 2010. Micro-Raman spectroscopy stress measurement method for porous silicon film. Optics and Lasers in Engineering, 48(11): 1119–1125.

Li X D, Xie H M, Kang Y L, Wu X P. 2010. A brief review and prospect of experimental solid mechanics in China. Acta Mechanica Solida Sinica, 23(6): 498–548.

Liu Q L, Zhao C W, Su S J, Li J J, Xing Y M, Cheng B W. 2013. Strain field mapping of dislocations in a Ge/Si heterostructure. PloS One, 8(4): e62672.

Liu Z W, Xie H M, Gu C Z, Meng Y G. 2009. The digital geometric phase technique applied to the deformation evaluation of MEMS devices. Journal of Micromechanics and Microengineering, 19(1): 015012.

Qiu W, Kang Y L, Lei Z K, Qin Q H, Li Q, Wang Q. 2010. Experimental study of the Raman strain rosette based on the carbon nanotube strain sensor. Journal of Raman Spectroscopy, 41(10): 1216–1220.

Starman L, Coutu J R. 2012. Stress monitoring of post-processed MEMS silicon micro-bridge structures using Raman spectroscopy. Experimental Mechanics, 52(9): 1341–1353.

Wang H T, Wang Q X, Cheng Y C, Li K, Yao Y B, Zhang Q, Dong C Z, Wang P, Schwingenschlögl U, Yang W. 2011. Doping monolayer graphene with single atom substitutions. Nano Letters, 12(1): 141–144.

Wang M, Hu X F, Wu X P. 2006. Internal microstructure evolution of aluminum foams under compression. Materials Research Bulletin, 41(10): 1949–1958.

Xing Y M, Dai F L, Yang W. 2000. An experimental study about nano-deformation fied near quais-cleabage crack tip. Science in China (A), 43(9): 963–968.

第 1 章　微拉曼光谱力学测量技术

　　拉曼现象由诺贝尔奖获得者印度物理学家 Raman (1928) 发现，目前拉曼技术已经广泛应用于物理、化学、材料等学科领域，主要用于检测样品成分、含量、结构、质量、缺陷等 (张树霖, 2008; 吴国祯, 2013; 杨序纲等, 2008)。将拉曼光谱技术用于力学实验测量是近些年来发展起来的一种新方法，其物理基础是拉曼散射反映物质晶格振动能量的信息，基本原理是晶体的变形与其微观晶格变形相关，晶格变形会引起拉曼特征峰波数的变化，通过检测拉曼谱线变化可实现应变/应力的测量。微拉曼光谱技术具有无损、非接触、空间分辨率高 (~1μm)、快速、在线、可实现对本征和非本征应力的定量测定等优势，是具有发展潜力的微尺度力学测量技术之一。本章主要介绍微拉曼光谱力学测量的基础知识，包括基本理论、测量仪器、技术环节和实验操作等。

1.1　拉曼光谱简介

1.1.1　拉曼散射

　　晶体的振动是以波的运动形式来描述的，叫做晶格振动或声子。当频率为 w_i 的入射光与样品中频率为 w_j 的声子相互作用而发生能量交换，从样品射出的散射光里包含着与入射光频率相同的弹性散射光和与入射光频率不同的非弹性散射光，若散射光频率为 w_s，则满足下式

$$w_s = w_i \pm n w_j \quad (n = 1, 2, 3, \cdots) \tag{1.1}$$

其中，n 表示散射级数，$n=0$ 对应产生弹性散射光的过程，称为瑞利散射 (Rayleigh scattering)；$n \neq 0$ 对应产生非弹性散射光的过程，称为拉曼散射 (Raman scattering)。如图 1.1 所示，散射光频率减小即能量损失的过程称为斯托克斯 (Stokes) 拉曼散射，反之称为反斯托克斯 (anti-Stokes) 拉曼散射。

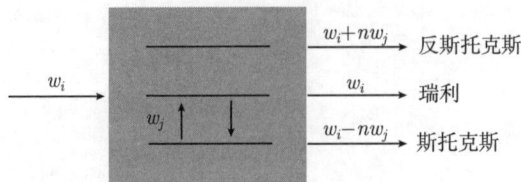

图 1.1　拉曼散射示意图

拉曼散射效率 I 分别与入射光和散射光的偏振矢量 e_i 和 e_s 有关，即

$$I = C \sum_j \left| e_i \cdot \boldsymbol{R}_j \cdot e_s \right|^2 \tag{1.2}$$

其中，C 是常量，$\boldsymbol{R}_j$ 是声子 j 的拉曼张量。Loudon (1964) 已给出了 32 个晶体类型 (对称点群) 各自的拉曼张量。例如，单晶硅有三个拉曼张量，其在 $x = [100]$，$y = [010]$ 和 $z = [001]$ 的晶体坐标系统中分别为

$$\boldsymbol{R}_x = \begin{pmatrix} 0 & 0 & 0 \\ 0 & 0 & a \\ 0 & a & 0 \end{pmatrix}, \quad \boldsymbol{R}_y = \begin{pmatrix} 0 & 0 & a \\ 0 & 0 & 0 \\ a & 0 & 0 \end{pmatrix}, \quad \boldsymbol{R}_z = \begin{pmatrix} 0 & a & 0 \\ a & 0 & 0 \\ 0 & 0 & 0 \end{pmatrix} \tag{1.3}$$

利用式 (1.2) 描述的偏振选择定则和式 (1.3) 给出的拉曼张量，可以计算出单晶硅不同散射几何所能观察到的拉曼振动模。

1.1.2　拉曼光谱谱线

拉曼实验数据为拉曼光谱谱线，由若干晶格振动模所对应的特征峰组成，基本参数包括峰的位置、宽度和强度等。拉曼谱峰的形状如图 1.2 所示，p_0 为峰值强度，即功率谱密度函数的最大值；谱峰位置用 p_0 对应的拉曼波数 w_0 标识；谱峰的宽度通常用 $p_0/2$ 处的高、低波数差定义，称为半高全宽 (FWHM)，简称半高宽；谱峰的积分强度指整个谱线的总光功率，数值上等于 $p(w)$ 曲线所围的面积值。由于对峰面积所测量的光子数比峰高度要多得多，所以用积分强度来衡量谱峰强度更为准确。

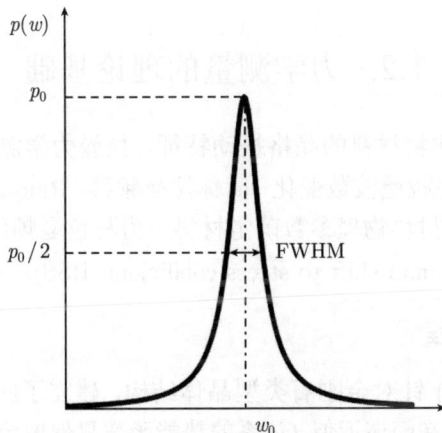

图 1.2　拉曼谱峰示意图

在拉曼谱线中横坐标的单位是相对激发光波长偏移的波数，称为拉曼波数或拉曼频率。若波长以厘米计，波数就是波长的倒数。因此拉曼光谱的横坐标 (拉曼波数 w_0) 是入射激光波长 γ_i 和拉曼散射光波长 γ_s 的波数之差，即

$$w_0(\mathrm{cm}^{-1}) = \frac{1}{\gamma_i} - \frac{1}{\gamma_s} \tag{1.4}$$

拉曼光谱仪所获得的原始光谱曲线是真实光谱曲线与噪声信息的叠加。其中，真实光谱曲线在数学表达上是源信息、仪器函数及激光带宽的卷积，源信息是拉曼散射源信息 (自然展宽)、多普勒展宽、碰撞增宽效应以及谱线自吸效应的卷积。其中，自然展宽的光谱曲线符合洛伦兹 (Lorentzian) 函数，多普勒展宽符合高斯 (Gauss) 函数，仪器函数可能是 Lorentzian 函数或 Gauss 函数，而碰撞增宽效应、谱线自吸效应和激光带宽不改变原有曲线类型。自然展宽和多普勒展宽在实验数据中所占的比例决定拉曼谱线是 Lorentzian 型或 Gauss 型、Voigt 型 (Gauss 型与 Lorentzian 型的卷积)，因此拉曼谱线可以统一用 Pseudo Voigt 函数表达为

$$I(x) = P_0 \left[\eta \cdot \frac{1}{1 + 4\ln 2 \left(\dfrac{x - w_0}{W} \right)^2} + (1 - \eta) \cdot \mathrm{e}^{-4\ln 2 \left(\frac{x - w_0}{W} \right)^2} \right] \tag{1.5}$$

式中，P_0、w_0、W 分别为谱线峰值强度、峰位和半高宽；η 为 Lorentzian 函数所占的比例。可见 $\eta = 0$ 时，为单纯的 Gauss 函数；$\eta = 1$ 时，则为单纯的 Lorentzian 函数。利用式 (1.5) 对拉曼光谱曲线进行拟合，可获得峰值强度、峰位和半高宽信息。

1.2　力学测量的理论基础

拉曼光谱反映被测物材料的晶格振动特征，拉曼力学测量是以晶格动力学理论为基础建立的应变与拉曼波数变化 (简称拉曼频移，Raman shift) 之间的对应关系，并结合弹性力学与材料物理参数确定材料应力与拉曼频移之间的转换系数，即拉曼频移应力因子 (Raman shift to stress coefficient, RSS)。

1.2.1　晶格动力学方程

Ganesan 等 (1970) 针对金刚石类型晶体结构，建立了应变对一阶拉曼光谱影响的晶格动力学理论。在简谐近似 (体系的势能函数只保留至二次方项) 的条件下，若应变张量分量满足 $\varepsilon_{kl} = \varepsilon_{lk}$，又金刚石类型晶体的三重简并光学声子与应变呈

线性关系, 于是得到三维晶格振动动力学方程

$$\overline{m}\ddot{u}_i = -\sum_k K_{ik}u_k = -\left[K_{ii}^{(o)}u_i + \sum_{klm}\frac{\partial K_{ik}}{\partial \eta_{lm}}\eta_{lm}u_k\right] \quad (i,k,l,m=x,y,z) \quad (1.6)$$

其中, $\overline{m}$ 为第 i 个原子的质量; u_i 和 u_k 为原子位移分量; $K_{ii}^{(o)} = \overline{m}w_0^2$ 为无应变条件下的有效弹性常数, w_0 是无应变情况下光学声子的拉曼波数; $\ddot{u}_i = w^2u_i$, w 为与应变有关的光学声子的拉曼波数; $(\partial K_{ik}/\partial\eta_{lm})\eta_{lm} = K_{iklm}^{(1)}\eta_{lm} = K_{ikml}^{(1)}\eta_{ml}$ 是由于施加应变 ε_{lm} 作用弹性常数的变化量。热动力条件要求 $K_{iklm}^{(1)} = K_{lmik}^{(1)} = K_{kilm}^{(1)} = K_{lmki}^{(1)}$ 成立。根据简单的对称性条件, 对于立方晶体, 张量 $\boldsymbol{K}^{(1)}$ 存在三个独立的分量, 即

$$\begin{cases} K_{1111}^{(1)} = K_{2222}^{(1)} = K_{3333}^{(1)} = \overline{m}p \\[2mm] K_{1122}^{(1)} = K_{2233}^{(1)} = K_{1133}^{(1)} = \overline{m}q \\[2mm] K_{1212}^{(1)} = K_{2323}^{(1)} = K_{1313}^{(1)} = \overline{m}r \end{cases} \quad (1.7)$$

其中, p、q 和 r 为材料常数, 称为声子变形电压。结合式 (1.7), 方程 (1.6) 可以在 x、y、z 三个方向展开, 得到下面的以 u_x、u_y、u_z 为未知数的线性齐次方程组

$$\begin{cases} [p\varepsilon_{xx} + q(\varepsilon_{yy}+\varepsilon_{zz}) - (w_j^2-w_0^2)]u_x + 2r\varepsilon_{xy}u_y + 2r\varepsilon_{xz}u_z = 0 \\[2mm] 2r\varepsilon_{xy}u_x + [p\varepsilon_{xx} + q(\varepsilon_{xx}+\varepsilon_{zz}) - (w_j^2-w_0^2)]u_y + 2r\varepsilon_{yz}u_z = 0 \\[2mm] 2r\varepsilon_{xz}u_x + 2r\varepsilon_{yz}u_y + [p\varepsilon_{xx} + q(\varepsilon_{xx}+\varepsilon_{yy}) - (w_j^2-w_0^2)]u_z = 0 \end{cases} \quad (1.8)$$

方程组 (1.8) 有解的条件是系数行列式等于零, 记 $\lambda_j = w_j^2 - w_0^2$, 于是得到如下的晶格动力学特征方程 (secular equation)

$$\begin{vmatrix} p\varepsilon_{xx} + q(\varepsilon_{yy}+\varepsilon_{zz}) - \lambda & 2r\varepsilon_{xy} & 2r\varepsilon_{xz} \\[2mm] 2r\varepsilon_{xy} & p\varepsilon_{yy} + q(\varepsilon_{xx}+\varepsilon_{zz}) - \lambda & 2r\varepsilon_{yz} \\[2mm] 2r\varepsilon_{xz} & 2r\varepsilon_{yz} & p\varepsilon_{zz} + q(\varepsilon_{xx}+\varepsilon_{yy}) - \lambda \end{vmatrix} = 0 \quad (1.9)$$

1.2.2 拉曼频移与应力

基于晶格动力学理论给出的拉曼光谱力学测量的本质是拉曼波数反映了原子间距的变化, 也就是反映了应变的信息。求解上述式 (1.9) Secular 方程中的特征值 λ_j $(j=1,2,3)$, 可以建立拉曼波数 w_j 与应变之间的联系, 结合弹性力学理论可以进一步建立材料的拉曼频移/应力的解析关系, 如图 1.3(a) 所示。

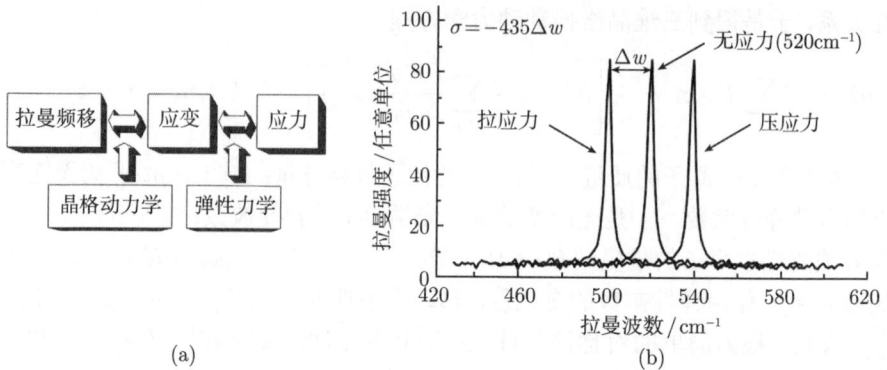

(a)　　　　　　　　　　　　　　　　　　　(b)

图 1.3　拉曼光谱应力测量本质 (a)，单晶硅受力与拉曼光谱移动的联系 (b)

通常，由应变引起的拉曼波数变化 Δw_j 与 w_0 相比很小，因此有如下的近似关系

$$\Delta w_j = w_j - w_0 \approx \frac{w_j^2 - w_0^2}{2w_0} = \frac{\lambda_j}{2w_0} \tag{1.10}$$

以单晶硅 (c-Si) 为例，若受到沿着 [100] 方向的单向应力 σ 作用，如图 1.3(b) 所示，在拉伸作用下其拉曼光谱会产生蓝移，反之在压缩作用下会产生红移。由弹性材料的胡克定律，有应力与应变关系：$\varepsilon_{11} = S_{11}\sigma$、$\varepsilon_{22} = S_{12}\sigma$ 和 $\varepsilon_{33} = S_{12}\sigma$，其中 S_{ij} 是硅的弹性柔度张量，将应变代入式 (1.9) 解出 λ_j，再代入式 (1.10)，得到

$$\begin{cases} \Delta w_1 = \dfrac{\lambda_1}{2w_0} = \dfrac{1}{2w_0}(pS_{11} + 2qS_{12})\sigma \\[2mm] \Delta w_2 = \dfrac{\lambda_2}{2w_0} = \dfrac{1}{2w_0}[pS_{12} + q(S_{11} + S_{12})]\sigma \\[2mm] \Delta w_3 = \dfrac{\lambda_3}{2w_0} = \dfrac{1}{2w_0}[pS_{12} + q(S_{11} + S_{12})]\sigma \end{cases} \tag{1.11}$$

式 (1.11) 给出了单晶硅材料拉曼频移与材料应力之间的线性关系。若实验中采用单晶硅 (001) 表面的背向散射方式，根据偏振选则定则，只能观察到上式中的第三项。无应变时硅的拉曼波数为 $w_0 = 520\mathrm{cm}^{-1}$，文献 (Anastassakis et al., 1990) 给出了单晶硅的相关材料常数：$p = -1.85w_0^2$、$q = -2.31w_0^2$、$S_{11} = 7.68 \times 10^{-12}\mathrm{Pa}^{-1}$ 和 $S_{12} = -2.14 \times 10^{-12}\mathrm{Pa}^{-1}$，最后得到

$$\sigma = -435\Delta w_3 \ (\mathrm{MPa}) \tag{1.12}$$

对于面内双向应力状态，等式 (1.12) 变为

$$\sigma_x + \sigma_y = -435\Delta w_3 \ (\mathrm{MPa}) \tag{1.13}$$

由此得出，单晶硅的拉曼频移应力因子为 $-435\mathrm{MPa/cm^{-1}}$。式 (1.12) 和式 (1.13) 中的负号表明拉曼波数变化为正值时对应压缩应力，反之为拉伸应力。Li 等 (2010) 针对横观各向同性材料给出了 60% 孔隙率多孔硅材料的应力频移因子。

1.3　显微共聚焦拉曼光谱仪

由于拉曼散射的光强极弱，曾因此制约了拉曼光谱技术的应用，近年来随着激光器、全息光栅、光电倍增管、电荷耦合探测器 (CCD)、计算机和数字技术的迅速发展，在 20 世纪 90 年代出现了显微拉曼光谱仪，使得拉曼光谱逐步成为物理、化学、材料领域中的常规测量技术。目前力学实验使用的拉曼光谱仪主要是光栅色散型拉曼光谱仪，下面就这一类光谱仪的基本结构部件与作用进行简述。

光栅拉曼光谱仪的基本结构如图 1.4 所示，主要由激发光源Ⅰ、样品光路Ⅱ、分光光路Ⅲ、光探测器Ⅳ和光谱读取Ⅴ等部分构成。

激发光源　由于拉曼散射的频率与激发光源的频率一一对应，含多种频率的光源必然产生多频率的散射光，造成所需的某个单一频率拉曼光谱信噪比的下降。因此，拉曼光谱仪要求激发光源是单色性的，目前采用连续运转的激光器作为光源，激光器的单波长输出功率一般在几毫瓦 (mW) 到几百毫瓦范围内。常用的有 514.5nm (指波长) 的氩离子激光器、632.8nm 的 He-Ne 激光器和 532.8nm、785nm 的半导体激光器等。

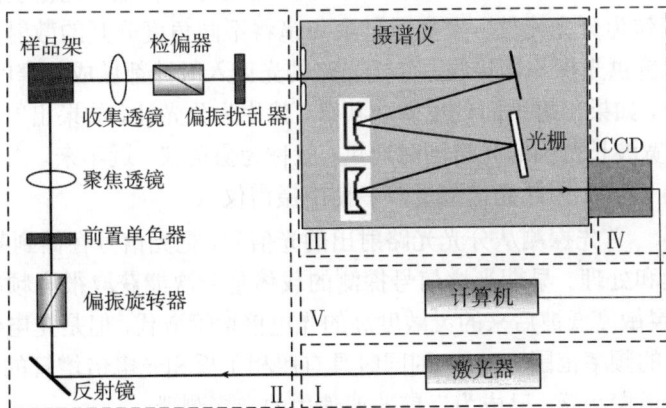

图 1.4　光栅色散型拉曼光谱仪的基本结构

光束导向元件　用于改变光束传播方向，大多使用介质膜反射镜。

偏振旋转器　用于改变入射激光的偏振性质以适应实验要求，也可用半波片代替，前者可以改变不同波长的偏振光的偏振方向，后者只能改变特定波长的偏振光的偏振方向。

前置单色器 为了对激光等离子线和瑞利散射等杂散光进行衰减, 以抑制它们对拉曼信号的干扰, 一般在聚光光路中设置前置单色器或窄带滤 (或陷) 波片。

入射光聚焦透镜 目的是尽可能减小样品上光斑的横向直径和纵向深度, 增加样品上的辐照功率和进行纵向分辨光谱的测量。聚焦透镜还可采用柱面透镜, 使会聚光在样品上的光斑呈矩形 (即线聚焦)。

样品架 用于正确和稳定地放置样品。

散射光收集透镜 使分光光路能高效收集来自样品的散射光, 同时又能抑制杂散光。

现今人们已发展用显微镜同时作为入射光聚焦、散射光收集和样品架使用, 这种使用显微镜光路作为样品光路的拉曼光谱仪称为显微共聚焦拉曼光谱仪, 它具有激光光斑容易聚焦和光路调节方便等优点。

检偏器和偏振扰乱器 检偏器用于确定和改变散射光的偏振方向, 在偏振谱测量时需加入检偏器。为了避免分光计和光探测器对不同波长和不同偏振方向光波存在的响应色散而导致的测量误差, 一般在检偏器的后方加入偏振扰乱器 (或四分之一波片), 使经过检偏器后偏振方向确定的散射光转变为圆偏振光。

分光光路 分光光路是拉曼光谱仪的核心部分, 主要功能是将散射光按频率进行分解。它主要由准直、色散和聚焦等三部分构成。准直的功能是使从入射狭缝进入光谱仪的光经准直镜压缩发散角后变成平行光束均匀照明分光元件。色散通过分光元件使光在几何空间按不同波长以不同角度分散传输, 光栅色散型拉曼光谱仪采用光栅作为分光元件。聚焦通过聚焦镜将不同角度分开的散射光成像在接收面的不同位置供光探测器接收。分光光路的光束入射处都做成狭窄的条状窗口, 称为入射狭缝, 如果出射平面处也做成狭缝, 就称为分光计。如果出射平面用矩形窗口, 允许较宽波长范围的光谱同时通过, 就称为摄谱仪。近年来, 由于光探测器使用大面积的 CCD, 因此光谱测量较多使用摄谱仪。

光探测器 首先探测从分光光路射出的光信号, 把光信号存储到某一载体上, 使之可以阅读和处理。早期光谱信号探测的载体是一次能获取很宽频率范围的照相干板, 由于灵敏度低被后来的灵敏度高的光电倍增管取代, 但是光电倍增管一次只能记录很窄的频率范围。CCD 则同时具有照相干板和光电倍增管的优点, 是灵敏度很高的多道探测器, 已成为当前普遍使用的光探测器。

1.4 力学测量相关技术环节

在拉曼光谱力学测量过程中存在一些与力学实验分析相关的技术环节, 下面就其中若干重要环节进行阐述。

1.4.1 拉曼散射体积与深度测量

微拉曼光谱仪所采集的拉曼信号是以激发光束在样品中的聚焦光斑为横截面，透射深度为高度的圆柱形体积中所有晶格散射信息的总和，这一体积被称为拉曼散射体积。从表面到某一深度 d 积分得到的整个散射光强 I_s 为 (Takahashi et al., 1988)

$$I_s = I_0 D \int_0^d \mathrm{e}^{-2\alpha x}\mathrm{d}x = \frac{I_0 D}{2\alpha}(1 - \mathrm{e}^{-2\alpha d}) \tag{1.14}$$

而从深度 d 到无穷大积分得到的整个光强 I_d 为

$$I_d = I_0 D \int_d^\infty \mathrm{e}^{-2\alpha x}\mathrm{d}x = \frac{I_0 D}{2\alpha}\mathrm{e}^{-2\alpha d} \tag{1.15}$$

其中，I_0、D 和 α 分别是入射光的光强、拉曼散射横截面和光吸收系数。若假设渗透深度 d_p 由满足关系式 $I_d/(I_s + I_d) = 0.1$ 的深度给定，则可得渗透深度为

$$d_p = \frac{-\ln 0.1}{2\alpha} = \frac{1.15}{\alpha} \tag{1.16}$$

例如，对于 514.5nm、488nm 和 457.9nm 波长的激光，晶体硅的吸收系数分别为 2.41eV、2.54eV 和 2.71eV，根据文献 (Aspnes et al., 1983) 和方程 (1.16)，对应的单晶硅的渗透深度分别为 770nm、570nm 和 320nm，如表 1.1 所示。

表 1.1 不同波长的氩离子激光入射单晶硅时的光吸收系数和渗透深度

λ/nm	λ/eV	$10^{-3}\alpha/\mathrm{cm}^{-1}$	d_p/nm
514.5	2.410	14.96	770
488.0	2.541	20.18	570
457.9	2.708	36.43	320

由表 1.1 可见，激光波长越短，渗透深度越小，当使用 514.5nm 波长时，渗透深度为 0.77μm，若光斑直径约为 1μm，此时的散射体积是直径 1μm、高度 0.77μm 的圆柱体 (0.6μm³)，实验所记录的信息为该 0.6μm³ 体积内所有单晶硅晶格的散射信息总和。可见，采用短波长激光得到的样品更接近表面的应力信息，对于随深度变化的应力信息会因使用不同的激发波长而得到不同的测量结果。

选择标准 p 和 p+ 型硅晶片来研究随聚焦深度不同的拉曼测量，如图 1.5 所示。可见，沿深度方向上，无论 p 还是 p+ 型硅晶片，其等离子线 (plasma line) 的波数基本保持为常数，而拉曼数据存在波动，有可能是残余应力、晶片杂质和缺陷等影响的结果。但是，不容忽视的是由于硅晶片试样的不透明性 (光束不能进入试样内部，同时内部的散射光也不能收集到)，尽管聚焦深度改变，实际上测量的还是晶片表面的拉曼信息。聚焦向下移动，相当于表面上的光斑增大的效果。

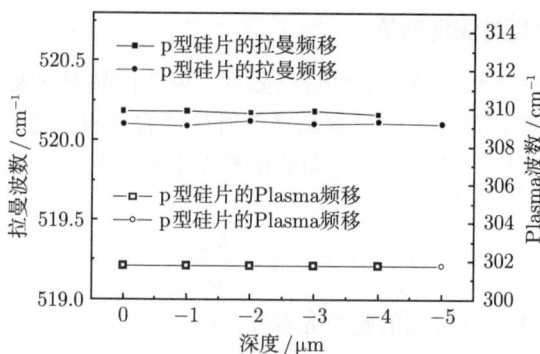

图 1.5　硅晶片沿聚焦深度方向上的拉曼测量结果以及相应的等离子线结果

在一些拉曼力学实验中需要分辨深度信息，有三种可行的方法 (Wolf, 1999)，第一种是通过改变激发激光的波长来改变探测深度，该方法不足的是拉曼信号来自整个探测空间区域；第二种是利用测量系统的共焦性沿深度聚焦，该方法适合于透明试样，如氮化镓 (GaN) 或金刚石，不适合于单晶硅等不透明材料；第三种是将试样劈开，暴露出其横截面进行测量，这种方法在劈开样品制备过程中可能会影响样品原有的力学状态。

图 1.6 给出了后两种方式测量 MEMS 外延薄膜沿深度方向的残余应力。图 1.6(a) 是利用拉曼光谱仪显微镜的共聚焦能力，沿透明薄膜厚度方向聚焦在样品内部 3~4μm 深度。图 1.6(b) 和 (c) 分别给出沿横截面测量的两种扫描方式，计算机控制载物台沿着直线方向移动试样，位移精度可以达到 1μm。如果载物台沿着 x 和 y 方向依次移动试样，就是面扫描方式 (图 1.6(c))。Li 等 (2010) 采用图 1.6(b) 方法给出了硅基底多孔硅材料的沿界面的残余应力分布曲线。

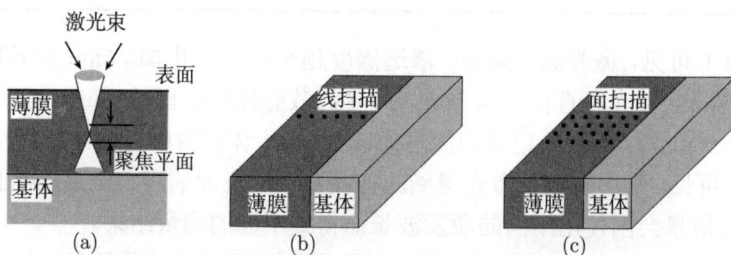

图 1.6　MEMS 薄膜/基体残余应力测量时的拉曼数据采集方式

(a) 深度共聚焦；(b) 横截面线扫描；(c) 横截面面扫描

1.4.2　拉曼振动模的选择

晶格点阵存在多个拉曼振动模，其中仅有部分对材料变形敏感，拉曼光谱力学测量前须选择拉曼振动模及对应的特征峰。由式 (1.2) 可知，调整入射光和散射的几何配置以及各自的偏振方向，可观察到不同的拉曼振动模。其中拉曼散射的几何配置按照入射光传播方向和散射光收集方向之间的夹角进行区分，共有三种。

前向散射 散射光和入射光的波矢夹角接近 $0°$，主要用于晶体中电磁激元的散射研究；

直角散射 散射光和入射光的波矢成直角，便于实验布局；

背向散射 散射光和入射光的波矢夹角接近 $180°$，显微拉曼光谱仪大多是采用背向散射获得拉曼信息。

以单晶硅为例，在不同晶向背向散射所能观察到的拉曼振动模如表 1.2 所示，其中，R_x 和 R_y 分别为沿着 x 和 y 轴偏振的横向光学声子 (TO)，R_z 为沿着 z 轴偏振的纵向光学声子 (LO)。由此可见，对于硅样品 (001) 表面的背向散射，只能观察到沿 z 偏振的光学声子 (LO)；若对于样品 (110) 表面的背向散射，则能观察到 R_z 或者 R_x 和 R_y。

表 1.2 单晶硅不同晶向背向散射的拉曼振动模(Wolf, 1996)

偏振		可见		
e_i	e_s	R_x	R_y	R_z
从 (001) 晶向背向散射				
(100)	(100)	—	—	—
(100)	(010)	—	—	√
(1−10)	(1−10)	—	—	√
(110)	(1−10)			
从 (110) 晶向背向散射				
(1−10)	(001)	√	√	
(1−10)	(1−10)	—	—	√
(001)	(001)	—	—	—

大多数被测材料的拉曼散射谱线并不像单晶硅那样简单，为了有利于谱线的识别，通过控制几何配置和偏振构形尽量使一张谱图上显示一个或者几个距离较远的振动模特征峰。

1.4.3 激光加热效应与等离子线校准

微拉曼光谱力学实验空间分辨率与激光束的直径相关，通常需要将激光聚焦到微米直径的范围内，高功率密度的激光造成局部加热会使微结构发生退火并影响实验结果。例如，多孔硅的热传导率随着孔隙率的增加而降低，并且比基体硅的值要小几个量级，温度上升会影响到器件性能 (Manotas et al., 2000)。加热温度随着激光功率密度线性增加，并且随孔隙率增加也增加，即加热温度是激光功率和孔隙率的函数。因此，在满足空间分辨率要求的同时，要尽量选择较小的激光功率。对于单晶硅和多孔硅等拉曼信号比较强的材料，通常采用较低的激光功率，如 2.3mW。

以 Kevlar49 芳纶纤维为例，来说明激光加热效应对拉曼波数的影响。选用 633nm 波长激光，激光功率为 17mW，聚焦在纤维上光斑直径为 2μm。在光路中的激光损失率约为 75%，当选择 1% 的激光通过率时，入射到纤维上的激光功率只有 17mW×(1−75%)×1%。对于不同选择模式下对应的激光功率列在表 1.3 中。

表 1.3　不同选择模式下的实际激光功率

模式/%	0.1	0.5	1	2	4	5	6	8	10
功率/mW	0.00425	0.02125	0.0425	0.0825	0.170	0.2125	0.255	0.340	0.425

在上述激光功率下测量得到 Kevlar49 芳纶纤维拉曼光谱如图 1.7 所示，显示出拉曼光谱随着激光功率增大而明显增强。

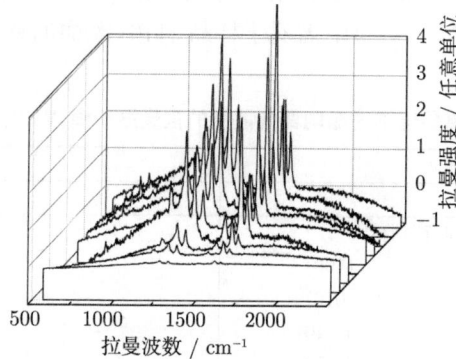

图 1.7　不同激光功率模式下的 Kevlar 49 芳纶纤维拉曼光谱

从前到后的谱线分别对应表 1.3 中从 0.1% 到 10% 的激光功率模式

使用 Lorentzian 函数拟合 Kevlar 49 芳纶纤维的拉曼特征峰 ($1610cm^{-1}$)，如图 1.8 所示，当激光功率选择 0.1～0.5 mW 范围内时，其拉曼波数基本保持不变，这也说明了激光加热效应在低功率时可以避免。

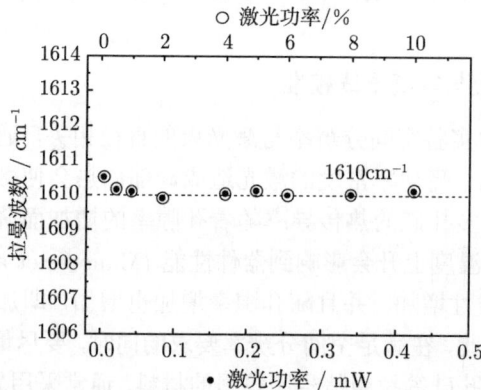

图 1.8　不同激光功率模式下的 Kevlar 49 芳纶纤维拉曼波数

在拉曼实验过程中，激光聚焦变化、波谱计不稳定、激光加热效应等附加效应都会影响拉曼特征峰位置发生附加移动从而影响力学测量结果，如何排除这些效应的影响是一个不容忽视的问题。通常激光等离子线是激光器本身的性质，其位置是固定不变的，与被测材料的应力状态以及其他外部因素无关，如图 1.5 所示，将其作为参考位置进行峰位校正在实际测量中是有效的。

1.4.4 噪声与荧光处理

在拉曼光谱的测量中采集得到的 "原始光谱" 除了 "真实光谱" 外还不可避免存在噪声的影响，噪声包括荧光背景、宇宙射线、随机噪声等 "噪声谱"，如图 1.9 所示。噪声会影响着谱线信息的提取以及力学量的精准确定。因此，在提取谱线力学信息之前需采用适当的方法将 "噪声谱" 去除，得到 "真实光谱" 对应的光谱参数。

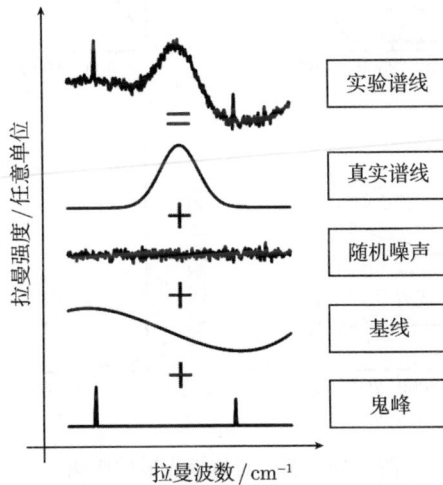

图 1.9 典型拉曼光谱信号的组成 (Bocklitz et al., 2011)

1) 宇宙射线

宇宙射线是由外层空间的高能粒子流与地球大气中的原子和分子相互作用而产生的。当宇宙射线轰击 CCD 时，就会在谱线的随机频移位置产生一个与拉曼信号无关的锐利峰，也称鬼峰。鬼峰的强度一般远大于拉曼特征峰的强度，它的出现可能会影响峰位的拟合，尤其是当它出现在特征峰周围或特征峰位置时会带来严重偏差，在光谱实验数据中需要将宇宙射线滤除。

现有的宇宙射线处理多采用中值滤波的方法，虽然它具有很好的滤除效果同时兼具一定的降噪作用，但同时特征峰也会在一定程度上被 "削平"，不利于峰位的确定。线性插值法可以较为有效地去除谱线中随机出现的宇宙射线。

2) 荧光背景

荧光背景是噪声中的一种主要成分，是材料中所含的荧光物质经某种波长的激光照射而引发的光致发光现象导致的。如果原始的拉曼信号中包含了材料的荧光信息，使原始拉曼谱线的基线不在零位置，其峰高和半高宽的提取因非零基线的存在而只能得到相对值，对峰位的拟合容易产生误差。由于力学测量对获取高频附近峰位精度的要求较高，因此荧光背景对测量精度的影响较大，尤其是当荧光背景较强时，甚至可能将拉曼信息完全淹没，如图 1.10(b) 所示。

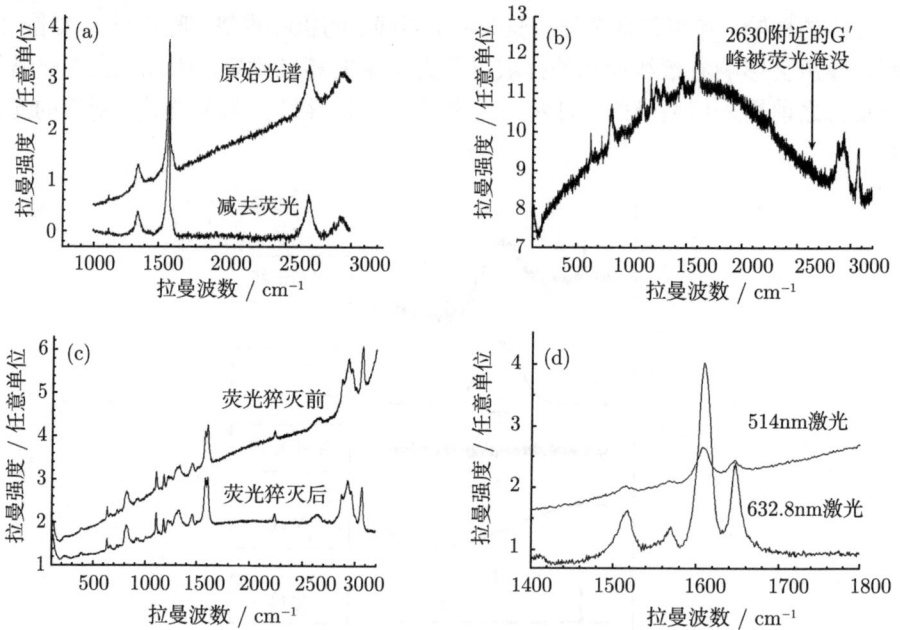

图 1.10   荧光对拉曼光谱的影响

(a) 荧光对拉曼光谱的影响；(b) 荧光淹没特征峰；(c) 荧光猝灭；(d) 通过选择激光源抑制荧光

从原始的光谱数据中减去预估的背景可以得到更容易识别的信号，从而更准确地确定光谱参数。目前有多种方法用于预估和校正背景基线，共同目标都是最大程度地降低光谱漂移、基线扭曲以及其他的基线效应 (Lasch, 2012)。常用的基线校正方法有以下几种。

偏差校正：该方法最为简单，从光谱中直接减去一条水平的基线，使校正后的光谱中至少有一点为零。

分段基线校正：基线形状由预先给定的一系列点确定，将各点通过直线连接，然后从原始光谱中减去该基线。

多项式基线校正：与分段基线校正中用直线连接确定基线不同，n 阶多项式函数及其系数是通过对选定的各点进行最小二乘拟合来确定的。由于该方法具有快速、简单的特点被广泛用于具有荧光背景的拉曼光谱数据的基线校正中。

Savitzky-Golay(S-G) 基线校正：通过零阶 SG 平滑/导数滤波器中的平滑点确定基线，可移除光谱区域内信号较强的部分。

在实验中还可以根据荧光特点综合控制和消除荧光，即先 "灭"、再 "抑"、后 "修" 的办法处理荧光。

"灭"——荧光猝灭：多数高分子和有机材料中的荧光成分，若经过一定强度的激发源 (激光、紫外线或 X 射线) 恰当时间的照射，其荧光效应会被不同程度的消除，而且材料成分与性能将不会发生显著变化，这一预处理过程被称为荧光猝灭。猝灭的时间根据实际材料从几秒到数分钟，其效果一般表现为荧光强度的降低伴随荧光基线非线性的减弱，斜坡趋于平线 (图 1.10(c))。

"抑"——选择恰当激光器：无法猝灭的荧光效应可以从激光器的选择入手抑制其对拉曼光谱的影响。由于荧光对小波长的激光比较敏感，针对具有荧光效应的拉曼实验应尽量选取波长较大的激光器。图 1.10(d) 给出了分别用 514nm 和 632.8nm 激光采集的芳纶纤维拉曼光谱曲线，从中可见前者具有明显的荧光效应，而后者中荧光得到了有效的抑制。

"修"——原始曲线的修正：将原始谱线中由荧光效应导致的载波从谱线中减掉，采用二次曲线或一次曲线对原始谱线中拉曼特征峰以外的信息拟合，然后将拟合所得曲线作为荧光效应的载波基线从原始谱线中减去，得到剔除荧光效应的拉曼光谱曲线 (图 1.10(a))。

3) 随机噪声

随机噪声来源包括仪器的热噪声、杂散光等，这些噪声的存在使得谱线拟合的精确度下降，常用的去噪方法包括以下几种。

移动平均滤波：是一种较为简单的数字滤波方法，将预设滤波窗口中所有信号的平均值作为平滑结果，然后该窗口向后移动，由统计学可知这一平均值比原数据的噪声更低，对于缓慢变化的信号，该方法具有良好的适应性。

多项式平滑滤波：移动平均滤波方法中滤波窗口内每点的权重都相同，而多项式平滑滤波是将滤波窗口内的数据以不同的因子加权求和，加权因子由二项式因子或高斯分布确定，表 1.4 为不同滤波窗口下的二项式因子分布。这种滤波方式使

表 1.4　不同滤波窗口下的二项式因子分布

窗口大小	加权因子
3	$(1, 2, 1)/4$
5	$(1, 4, 6, 4, 1)/16$
7	$(1, 6, 15, 20, 15, 6, 1)/64$
9	$(1, 8, 28, 56, 70, 56, 28, 8, 1)/256$

得即使在光谱信号变化迅速的情况下其滤波结果也比移动平均滤波更加接近真实值 (Dieing et al., 2011)。

中值滤波：以上两种方法采用的是加权求和的平滑方法，具有一定的滤波效果，但是容易引起信号畸变，并且不能排除异常数据 (如宇宙射线等)。中值滤波采用的是滤波窗口中各数据排序后的中间值，可以滤除过大或过小的数据，减小单个异常数据点的影响，而正常的信号值不会受到明显影响。该方法在除去高频噪声的同时能够保留信号边界及消除尖峰型结构的噪声，具有良好的信号保真能力。

Savitzky-Golay (S-G) 滤波也称数字平滑多项式滤波，是一种时域内的低通滤波器，将滤波窗口中的数据以多项式系数加权的方式进行最小二乘拟合从而确定当前位置的最佳拟合值。该方法的优点是能较好保留谱线形状 (峰宽，峰强等) 并且算法简单，适用于峰宽较大的光谱数据分析，对于高频信号可能会因为窗口过大而受损。

小波变换：该方法能兼顾信号的细节，具有多分辨的特点，可以同时对光谱数据进行平滑降噪和基线校正，难点是选择合适的小波函数及合理的阈值。

1.4.5　拉曼全场信息测量

拉曼光谱全场测量可以给出力学信息的全场分布，具有直观可视性的优点，对于非线性分布与应力集中等梯度变化大区域的力学分析十分重要，全场测量可通过拉曼光谱扫描成像技术实现，拉曼光谱有三种扫描成像方式：点成像、线成像和面或立体成像。在力学测量中常用的成像方式是逐点扫描成像和线扫描成像，其中后者又分为静态线扫描成像和动态线扫描成像。

1) 逐点扫描成像 (point-by-point mapping)

从样品的一系列位置点上获取光谱，然后对获取的光谱进行处理给出关键光谱参数变化的图像。逐点扫描成像由步进式电机或压电晶体驱动的载物平台来控制被测试样品移动，激光斑点以固定的步长扫描过样品并在每个测量点处采集拉曼光谱。扫描图像的采样步长由载物平台在 x、y 方向上的机械控制，适用于亚微米尺度的测量。该方法的总采集时间相对较长，限制了对样品进行较大范围的测量。

2) 静态线扫描成像 (static line-scanning mapping)

利用一组激光扫描装置使光斑沿 x 方向以线状形式聚焦在样品的表面，同时收集光斑照射范围内的多条光谱数据。然后，使样品沿 y 方向移动，从而获得一定区域内样品的拉曼图像，如图 1.11 所示。

线扫描成像较逐点扫描成像可以同时记录沿线状光斑辐照范围内不同位置的拉曼光谱数据，减少了数据采集次数和平台移动次数，总采集时间与逐点扫描成像相比缩短了 20 倍，并且基本不影响光谱分辨率和空间分辨率。线聚焦的方法还降低了激光的平均功率和瞬时功率密度, 可以使用更高的激光功率而不会造成样品的损伤, 进一步缩短了光谱的采集时间。该成像方法对样品表面平整度要求较高, 不足是线光斑上激光功率分布的不平均性 (高斯分布) 会影响各点光谱强度的变化。

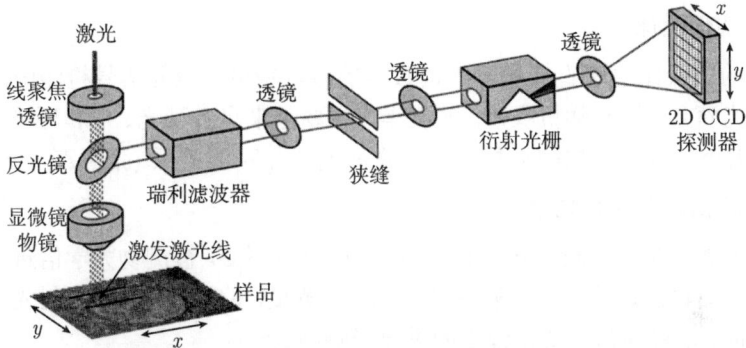

图 1.11　微拉曼光谱线扫描成像技术的原理示意图 (Bernard et al., 2008)

3) 动态线扫描成像 (dynamic line-scanning mapping)

该方法是对原有线扫描成像方法的改进, 在线光斑采集拉曼信号的同时, 拉曼载物平台载着样品沿线光斑的照明方向同步移动, 使样品在每一个点上都经过了整条线光斑的平均辐照, 从而增强了信号的信噪比, 给出平滑和准确的光谱图像。

该方法解决了静态线扫描方法中线光斑上激光强度不均的问题, 保持了其能量密度低的优点。由于实现了样品移动, 样品曝光和数据收集的同步进行极大提升了成像速度, 可达逐点扫描成像的百倍, 如图 1.12 所示。

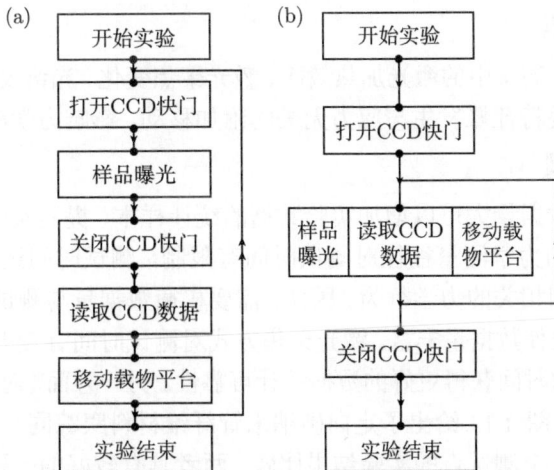

图 1.12　逐点扫描 (a), 动态线扫描成像 (b) 流程图

1.4.6　影响拉曼力学测量的主要因素

拉曼力学测量是对被测样品分别在有和无应力状态下的谱峰信息进行比较, 关注的是由载荷引起的谱峰参数与峰形的相对变化, 因此, 谱峰数据精度对力学测量结果产生较大影响。拉曼力学测量精度的主要影响因素可分为以下四种。

1) 光谱信噪比

光谱的信噪比情况直接影响光谱数据的拟合精度。拉曼信号检测中的噪声来源除了荧光背景, 还有随机噪声。随机噪声主要是来自各种光、电和环境的无规则噪声, 其大小与进行累加的重复采样次数 n 有 $1/\sqrt{n}$ 的关系 (张树霖, 2008)。

2) 目标信息的变化幅度

仪器的测量精度一般是固定的, 即绝对误差值不变。被测物力学信息前后变化幅度越大相对误差越小。对于某些材料的拉曼测量, 偏振构形 (即入射光和散射光的偏振方向) 是目标信息变化幅度的重要影响因素。

例如, 对于碳纳米管的共振拉曼测量, 当采用圆偏振光入射, 并且对散射光不进行检偏时获得的散射强度为 $R(\alpha) = k$, 其中 R 表示散射强度, α 为偏振方向与碳管轴向之间的夹角, k 为散射强度最大值。当采用线偏振光入射, 并且对散射光不进行检偏时 (单偏振构形), 散射强度为 $R(\alpha) = k\cos^2\alpha$ (Duesberg et al., 2000); 当采用线偏振光入射同时对散射光进行检偏并保持二者相互平行时 (平行双偏振构形), 散射强度为 $R(\alpha) = k\cos^4\alpha$ (Gommans et al., 2000)。可见, 平行双偏振构形情况下, 沿非偏振方向排布的碳管的散射强度随着它与偏振方向夹角的增大迅速衰减, 从而使沿偏振方向排布的碳管拉曼信息的比例增大。Qiu 等 (2010) 利用拉曼偏振技术实现了以碳纳米管为传感介质的平面应变的测量技术。

3) 非载荷因素

拉曼光谱力学测量中的激光加热效应、激光聚焦变化、光谱仪不稳定等附加效应都可能引起拉曼特征峰发生与应力无关的附加移动, 影响力学测量的精度。

4) 实验数据量

实验测试的数据量大可以增加实验数据的统计样本, 提高实验数据的可靠性, 一般情况下材料的力学测量往往对测试时间有限制, 测试时间过长会导致蠕变或松弛等一些与时间相关的力学行为。因此, 需要权衡数据量与测试时间的关系, 在尽可能短的时间内使数据量丰富。激光聚焦方式对测试时间有较大影响, 如线聚焦方式可以用同样的时间获得更好的数据统计可靠性。另一方面, 对于受力均匀的材料无需跟踪测点。图 1.13 给出了定向碳纳米管纤维材料跟踪同一个测试点的实验结果和未跟踪同一个测试点的实验结果比较, 两者具有较好的一致性。

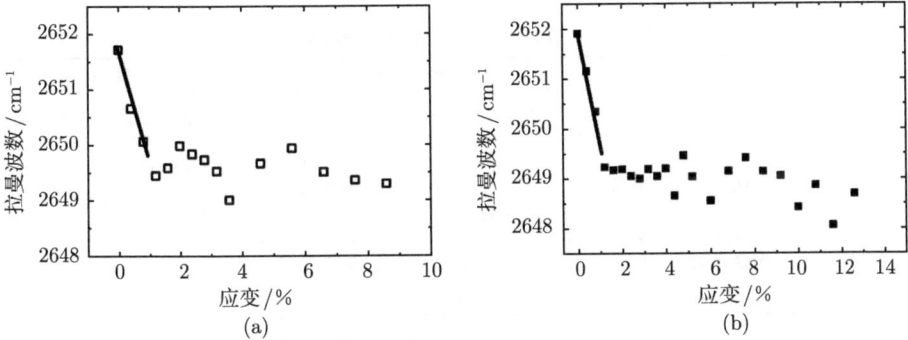

图 1.13　碳纳米管纤维拉伸加载下的拉曼波数随应变的变化 (线聚焦)

(a) 跟踪同一个测试点的结果；(b) 未跟踪同一个测试点的结果

1.5　实验的主要流程与参数选取

1.5.1　主要流程

微拉曼光谱力学实验主要包括实验的前期准备、实验操作和后期处理三个部分。具体操作步骤及实验注意事项见图 1.14 和表 1.5。

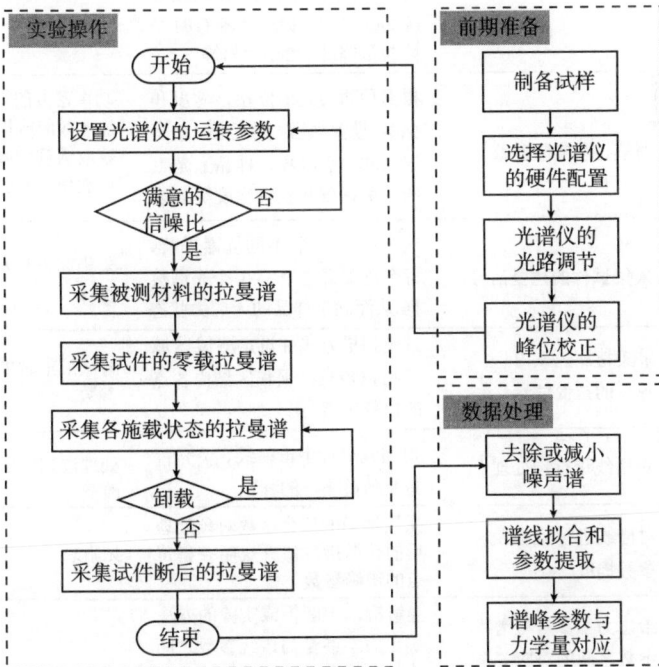

图 1.14　微拉曼力学实验的一般技术流程图

表 1.5   微拉曼力学实验的一般操作流程

阶段		名称	操作内容	注意事项
前期准备	1	制备试件	根据实验需求制备试件	保证试件表面光洁无污染
	2	预估拉曼实验参数	对谱范围、激光功率、曝光时间、扫描范围及步长等实验参数进行预估	在实验时间、信号强度和测量精度之间寻找平衡
	3	调整光谱仪的硬件配置	选择散射几何配置、偏振构型及激发光源	
	4	调整光谱仪的光路	使所有光学元件共轴并处于合适的位置上，通过微调光束导向元件，使屏幕上的光斑呈现中心亮、周围暗的均匀圆形，并在物镜靠近及远离测量平面时,光斑始终均匀且位于十字线中心	
	5	校正光谱仪的峰位	由于光栅的位置和角度在光谱仪使用过程中可能发生微小改变，会影响光谱仪的检测峰位，有时需要标准样品的特定拉曼峰进行波数校正。可用于校正的有标准单晶硅的一阶拉曼峰($520cm^{-1}$)、标准金刚石的一阶拉曼峰($1332cm^{-1}$)等	
实验操作	1	调整拉曼实验参数	根据预估的光谱位置、宽度和强度，设置光谱扫描范围、曝光时间和累积次数、样品上光照的功率密度和狭缝宽度等参数	功率密度的设置应避免激光加热效应或损伤样品，在可以获取满意信噪比的前提下,尽可能使样品上的功率密度最小
	2	采集试件的拉曼信号	从样品上几个不同位置采样，每个位置采集 2～3 个光谱数据，从而确定样品的无应力状态	采集前将激光聚焦状态调至最佳
	3	采集待测区域内各点的拉曼信号	选定扫描方式并设定测试区域及扫描步长，采集区域内各点的拉曼光谱	与试采集时采用相同的实验参数
后期处理	1	对谱线进行预处理	对谱线进行宇宙射线、荧光背景及随机噪声的移除	处理过程中要防止峰形的改变
	2	对谱线进行拟合及参数提取	采用适当的拟合函数对预处理后的数据进行拟合从而获得每点的谱峰参数	见附录
	3	给出力学参量与谱线参数之间的对应关系	由解析、半解析或实验的方法确定力学参量与谱线参数之间的对应关系	

1.5.2 参数选取

在拉曼光谱力学信息全场测量中还需要考虑相关的拉曼实验仪器参数, 如激发光源、谱范围、激光功率、曝光时间、物镜倍数、数值孔径、偏振构型、扫描方式、扫描范围、步长分布、扫描点数等, 相关参数的选取准则如下。

激发光源 短波长的激光拥有较高的空间分辨率和频谱分辨率, 此外, 激光的波长越小其透射深度就越小, 所测得的拉曼信息也越接近样品表面, 其所产生的荧光效应也会增加, 采用大波长激光的效果正好相反。因此, 所选择的激光波长要避开所测样品的特征振动频率, 防止激发过强的荧光而湮灭拉曼信号, 导致所得光谱数据无法正常使用。对于碳纳米管材料, 由于其具有共振拉曼的现象, 通常使用的激发光源为 514.5nm 的 Ar^+ 激光器和 632.8nm 的 He-Ne 激光器。

谱范围 晶格点阵存在若干个拉曼振动模, 其中有一部分对材料的变形敏感。采集的谱范围由待测样品拉曼特征峰的位置以及所研究的问题决定。为了有利于谱线的识别, 采集范围内尽量只有一个或者少数几个且距离较远的拉曼特征峰。对于碳纳米管的拉曼光谱, 其 G′ 峰 (也称 D* 峰) 对应变敏感, 且其周围没有其他明显的特征峰, 一般以 G′ 峰峰位 (约为 $2650cm^{-1}$) 为中心选择光谱采集范围 (Li et al., 2011)。

激光功率 选择功率较高的激光器可以有效地提高拉曼信号的强度, 但若激光强度过高则会在局部产生激光加热效应。在保证拉曼信号强度的条件下应尽量减小激光功率以防止激光加热效应导致样品受到损伤以及增加不必要的实验误差。

曝光时间 曝光时间越长所得到的拉曼信号也就越强, 曝光时间长也直接决定整个实验采集信号所需的时间, 在保证拉曼信号强度满足需要的前提下应尽量缩短曝光时间。

物镜倍数/数值孔径 物镜倍数的选择由实际需要的空间分辨率决定, 物镜放大倍数及数值孔径会影响点光斑的大小 ($1.22\lambda/NA$) 及线光斑的长度 (线光斑长度与放大倍数成反比)。对于共焦的拉曼光谱仪, 如果样品不在物镜的焦平面上强度也会有影响。倍数越大的物镜, 这个影响也越大, 这一点在进行拉曼扫描成像时会表现得更加明显。因此, 需要根据实际所需要的空间分辨率以及待测样品平整度综合决定物镜倍数及数值孔径的大小。

偏振构型 入射光和散射光的偏振构型主要依据偏振选择定则进行, 并以观察到所关心的拉曼振动模为最终目的。在碳纳米管制成的材料中, 由于碳纳米管具有拉曼偏振特性和天线效应, 通常采用不同的偏振构型表征沿不同方向排布的碳管的拉曼信息 (Qiu et al., 2010)。

扫描方式 全场拉曼光谱力学信号测量时需要选择扫描方式, 当扫描范围较小并且样品表面不平整时应采用逐点扫描成像; 当所需扫描范围较大, 样品表面较为平整，拉曼信号强或样品容易发生热分解和光化学反应时可以采用线扫描成像方式。

　　扫描范围、步长分布　　由研究对象及测量时间综合决定，在满足信息量需要的前提下应尽量减小扫描范围以节约扫描成像所需的总时间。在保证信息量充足的情况下可以对步长进行适当的调整。例如，在应变梯度大的方向上选择较小的步长，而在应变梯度小的方向上选择较大的步长。

1.5.3　数据插值处理

　　通过拉曼光谱扫描技术并经过数据处理可以得到可视化的力学全场信息，由于实验数据中混杂了各种噪声信息以及测量误差，需通过图像处理将其滤除，相关内容见 1.4.4 节的噪声与荧光处理。此外，由于测量时间和仪器分辨率的限制，在一些力学信息变化线性均匀的区域，为了获得视觉效果更好的全场力学信息图像可以对测试数据进行插值处理。

　　图像插值目的是由数字化的离散图像得到图像的连续表示，即利用邻近像素值的加权平均计算得到未知点处的像素。而这种加权平均可表示为信号的离散化采样与插值函数之间的卷积。传统的插值方法有最近临插值法、双线性插值法和双三次插值法。

　　1) 最邻近插值法

　　该发法又称零阶插值，其插值时只考虑距待插像素最近像素点的影响，对于二维图像，该法只取待测点周围 4 个邻近像素点中距离最近的一个相邻点作为该点的值。该方法的缺点在于会在新图像中产生锯齿边缘和马赛克现象。

　　2) 双线性插值法

　　该方法又称一阶插值，是对最邻近插值法的一种改进，其待插像素值为该像素及与之距离最近的四个像素点距离的线性函数。双线性插值法具有平滑功能，可有效克服最邻近插值法的不足，但它会退化图像的高频部分，使图像细节变得模糊。

　　3) 双三次插值法

　　该方法又称立方卷积插值，是一种更复杂的插值方式，其待插像素值为原图中包含该像素的 4×4 窗口中各点与该像素间距离的三次函数，它不仅考虑了四个直接相邻点的影响，还考虑到了间接相邻各点的影响。该插值函数具良好的低频响应，然而在高频区附近仍然有明显的衰减，导致插值后的图像边缘及纹理细节丰富的区域产生模糊。

1.6　小　　结

　　当拉曼光谱用于力学测量时，需要针对特定的材料晶格体系建立拉曼光谱力学测量理论，建立拉曼频移与应力之间的对应关系，确定出拉曼频移应力因子。

微拉曼力学实验一般需要经过前期准备、实验操作和数据处理三个部分的操作流程。进行拉曼力学测量时存在若干需要注意的技术环节，包括随深度变化的应力信息会因使用不同的激发波长而得到不同的测量结果，可以通过控制几何配置和偏振构型来获得目标拉曼振动模；拉曼波数会受到诸如激光加热效应、激光聚焦变化、光谱仪不稳定等与应力无关的附加效应影响，可以使用激光等离子线进行峰位校正。

由于拉曼力学实验是分别测量样品在受载和无载状态下的拉曼谱峰信息的差值，因此对测试精度和实验的细节要求较高，测试精度直接影响力学实验结果的可靠性，本章给出了拉曼光谱实验的噪声处理技术以及力学实验的主要流程与参数选取原则。

参 考 文 献

吴国祯. 2013. 拉曼谱学: 峰强中的信息. 2 版. 北京: 科学出版社.

杨序纲, 吴琪琳. 2008. 拉曼光谱的分析与应用. 北京: 国防工业出版社.

张树霖. 2008. 拉曼光谱学与低维纳米半导体. 北京: 科学出版社.

Anastassakis E, Cantarero A, Cardona M. 1990. Piezo-Raman measurements and anharmonic parameters in silicon and diamond. Physical Review B, 41(11): 7529–7535.

Aspnes D E, Studna A A. 1983. Dielectric functions and optical parameters of Si, Ge, GaP, GaAs, GaSb, InP, InAs, and InSb from 1.5 to 6.0 eV. Physical Review B, 27(2): 985–1008.

Bernard S, Beyssac O, Benzerara K. 2008. Raman mapping using advanced line-scanning systems: geological applications. Applied Spectroscopy, 62(11): 1180–1188.

Bocklitz T, Walter A, Hartmann K, Rösch P, Popp J. 2011. How to pre-process Raman spectra for reliable and stable models? Analytica Chimica Acta, 704(1): 47–56.

Dieing T, Hollricher O, Toporski J. 2011. Confocal Raman Microscopy. New York: Springer.

Duesberg G S, Loa I, Burghard M, Syassen K, Roth S. 2000. Polarized Raman spectroscopy on isolated single-wall carbon nanotubes. Physical Review Letters, 85(25): 5436–5439.

Ganesan S, Maradudin A A, Oitmaa J. 1970. A lattice theory of morphic effects in crystals of the diamond structure. Annals of Physics, 56(2): 556–594.

Gommans H H, Alldredge J W, Tashiro H, Park J, Magnuson J, Rinzler A G. 2000. Fibers of aligned single-walled carbon nanotubes: Polarized Raman spectroscopy. Journal of Applied Physics, 88(5): 2509–2514.

Lasch P. 2012. Spectral pre-processing for biomedical vibrational spectroscopy and microspectroscopic imaging. Chemometrics and Intelligent Laboratory Systems, 117:

100–114.

Li Q, Kang Y L, Qiu W, Li Y L, Huang G Y, Guo J G, Deng W L, Zhong X H. 2011. Deformation mechanisms of carbon nanotube fibres under tensile loading by in situ Raman spectroscopy analysis. Nanotechnology, 22(22): 225704.

Li Q, Qiu W, Tan H Y, Guo J G, Kang Y L. 2010. Micro-Raman spectroscopy stress measurement method for porous silicon film. Optics and Lasers in Engineering, 48(11): 1119–1125.

Loudon R. 1964. The Raman effect in crystals. Advances in Physics, 13(52): 423–482.

Manotas S, Agulló-Rueda F, Moreno J D, Ben-Hander F, Guerrero-Lemus R, Martínez-Duart J M. 2000. Laser heating in porous silicon studied by micro-Raman spectroscopy. Physica Status Solidi (a), 182(1): 331–334.

Qiu W, Kang Y L, Lei Z K, Qin Q H, Li Q, Wang Q. 2010. Experimental study of the Raman strain rosette based on the carbon nanotube strain sensor. Journal of Raman Spectroscopy, 41(10): 1216–1220.

Qiu W, Kang Y L. 2014. Mechanical behavior study of microdevice and nanomaterials by Raman spectroscopy: A review. Chinese Science Bulletin, 59(23): 2811–2824.

Raman C V, Krishnan K S. 1928. A new type of secondary radiation. Nature, 121(3048): 501–502.

Takahashi J, Makino T. 1988. Raman scattering measurement of silicon-on-insulator substrates formed by high-dose oxygen-ion implantation. Journal of Applied Physics, 63(1): 87–91.

Wolf I D. 1996. Micro-Raman spectroscopy to study local mechanical stress in silicon integrated circuits. Semiconductor Science and Technology, 11(2): 139–154.

Wolf I D. 1999. Stress measurements in Si microelectronics devices using Raman spectroscopy. Journal of Raman Spectroscopy, 30(10): 877–883.

第 2 章　硅与多孔硅中的力学问题

熔融的单质硅在凝固时硅原子以金刚石晶格排列成许多晶核，如果这些晶核长成晶面取向相同的晶粒，这些晶粒平行结合起来便结晶成单晶硅 (c-Si)，其主要用途是用作微机电系统 (micro-electrical-mechanical systems，MEMS) 中半导体材料和利用太阳能光伏发电、供热等 (包兴和胡明，2008)。

多孔硅 (porous silicon) 是硅基薄膜材料，具有光致发光和巨大的比表面积等特性。多孔硅的潜在应用主要体现在以下三个方面 (图 2.1)。

光电子器件：把多孔硅作为器件集成在发展得非常成熟的硅基大规模微电子电路里，也就是把传输速率比电子高几个量级的光子作为一种信息载体引入到硅基微电子电路里，这样可望实现廉价的光电子集成。

光子器件：多孔硅表面有很多细小的孔，当紫外线或电流施加在多孔硅里，便可发光。通过改变腐蚀条件 (腐蚀电流密度或在腐蚀时有无光照)，就能获得较大范围 (1~3.8) 的折射率。这种发光的特性使多孔硅材料有机会让光子取代电子，成为通信传输的媒介。

载体：利用多孔硅高密度的孔 (或大的比表面积) 作为一种其他器件的载体，如生物芯片、酶反应器、智能传感器等。

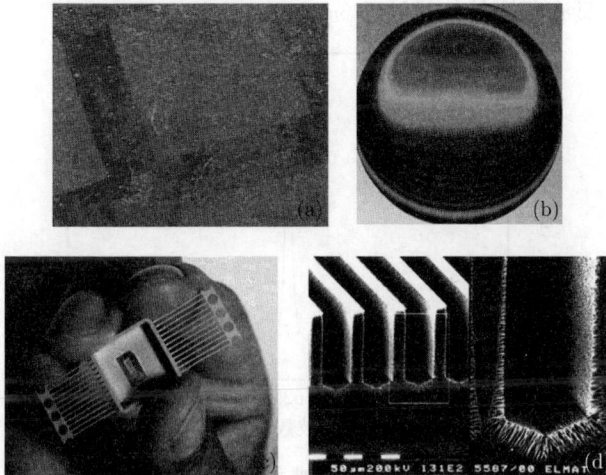

图 2.1　多孔硅的应用 (来自互联网)，利用多孔硅的光致发光性制成的发光材料 (a) 和横向梯度光学滤波器 (b)，利用多孔硅气敏特性制成的气体传感器 (c) 和利用多孔硅大比表面特点制成的酶反应器 (d)

　　MEM 微器件加工工艺过程产生的残余应力极容易引起曲卷、屈曲和断裂等失效问题，随着微器件向小尺度、多功能和高密度的趋势发展，残余应力的影响更加突出 (Qian et al., 2005)。许多有设计缺陷的集成电路 (ICs) 在超时工作时产生由应力引起的附加缺陷。多孔硅薄膜是单晶硅经化学或电化学工艺腐蚀形成的具有毛细管状纳米尺度孔隙率的薄膜层，薄膜边缘、表面和基体界面附近的残余应力很高，其制备工艺产生的残余应力是影响多孔硅器件质量的关键因素。由于拉曼光谱技术具有无损、快速、简便、对残余应力敏感、可实现在线检测等特点，可在工艺中监控残余应力并分析其产生原因，来提高 MEMS 制造工艺过程的质量与可靠性。

　　微拉曼光谱法是研究微尺度应力问题的有效工具，应用单晶硅的拉曼频移/应力关系，来分析离子注入过程对单晶硅无定形化及残余应力的影响。在此基础上，本章开展了多孔硅制备过程中所产生的残余应力、动态毛细效应问题研究。此外，针对多孔硅薄膜力学性能的尺度效应问题，分析了孔隙率参数对多孔硅弹性模量、拉曼频移–应力关系的影响。

2.1　单　晶　硅

2.1.1　拉曼频移与应力关系

　　无应变时单晶硅的一级 Stokes 拉曼波谱为一个单峰，图 2.2 所示为三重简并的光学声子，即具有相同的拉曼波数 $w_0 = 520 \text{cm}^{-1}$。

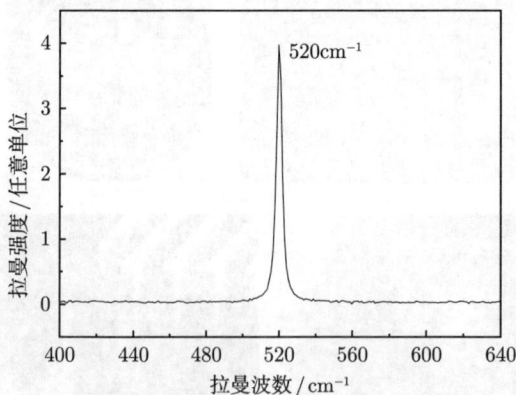

图 2.2　单晶硅典型的拉曼波谱

　　单晶硅属于金刚石类型材料，若受到沿着 [100] 方向的单向应力 σ 作用，当采样背向散射方式观察时，利用第 1 章的晶格动力学推导，对应的拉曼频移–应力关

系为 (Ingrid, 1999)

$$\sigma = -435\Delta w_3 \text{ (MPa)} \tag{2.1}$$

其中，Δw 为拉曼频移 (Raman shift)。对于面内双向应力而言，式 (2.1) 修改为

$$\sigma_x + \sigma_y = -435\Delta w_3 \text{ (MPa)} \tag{2.2}$$

通常假设样品受到单向或双向应力，拉曼频移与应力之间的关系近乎是线性的 (式 (2.1) 和式 (2.2))。应用这一假设粗略地估计样品中的应力的量级是可行的方法。当拉曼频移为正时，对应为压缩应力，反之为拉伸应力。

2.1.2 离子注入单晶硅

离子注入技术一直用于半导体掺杂和改善金属的耐腐蚀和抗磨损性能，不同的注入参数 (如温度、束流和注入离子类型等) 影响着材料近表面区的微结构和成分，这直接与力学性能有着密切关系 (Mattox, 2000)。

重离子注入单晶硅 c-Si 可形成密集的碰撞层叠形貌和大量缺陷，当缺陷浓度达到一定的临界值，单晶硅失去长程有序结构而导致纳米尺度的无定形硅 (a-Si) 的出现。无定形硅具有随机孔洞网络结构，通过稳定选择离子注入的参数，可以提供从晶体过渡变化到无定形结构的功能材料性质。在近表面区存在与基体不同的成分和微结构，会导致注入层因晶格失配产生内应力。

通常，离子注入设备会将离子束加速到所需的能量后连续地轰击目标靶，在注入过程中会产生热效应，使得注入层和基体因热传导系数不同而产生热应力。因此，离子注入过程所产生的残余应力是不可忽视的，它是内应力和热应力的综合结果。例如，等离子增强化学气相沉积法 (plasma enhanced chemical vapor deposition, PECVD) 生长无定形氢化硅薄膜中的残余应力，认为随功率增强的离子轰击效应致使薄膜内出现上百兆帕的压缩应力 (Fu et al., 2005)，对于限制裂纹传播和提高产品服役过程中的可靠性都是有利的。

1) 离子注入实验

实验采用 (100)p-Si 晶片，首先将单晶硅晶片解理成约 1cm×1cm 大小的样片，在表面覆盖上中心开 3mm 直径圆孔的金属模板，在室温下采用 MEVVA IV80-10 型蒸气真空弧离子注入机进行离子注入实验。离子注入能量为 50keV，Ti^+ 注入剂量分别为 2×10^{15}、2×10^{16} 和 2×10^{17} ion/cm^2。

如图 2.3 所示，在模板未掩盖区形成直径约为 3mm 的 Ti^+ 注入区域。SEM 照片显示，在离子注入形成以无定形硅为主的强化区域色泽稍暗，在边界上存在着较多的杂色，是注入离子剂量出现梯度变化造成的，这在后面的拉曼实验中得到证实。

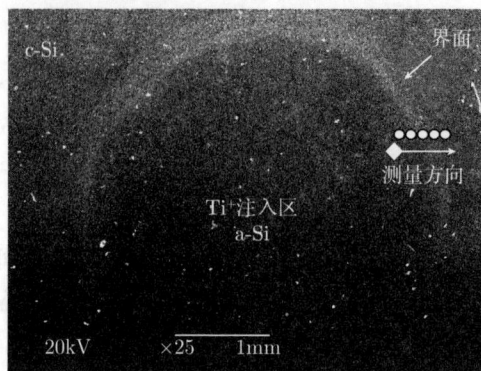

图 2.3   离子注入单晶硅试样电镜照片 (Lei et al., 2009)

常温下使用 XRD-6000 型 X 射线衍射仪的 Cu $K_{\alpha 1}$(波长为 1.540 52Å) 射线得到 X 射线衍射数据。图 2.4 所示为 Ti^+ 注入 (剂量为 2×10^{15}) (400) 反射的 X 射线衍射图，具有明显的单晶硅峰 (峰位在 69.4°)，略大于典型单晶硅峰位 (见插图，69.2°)，半高宽也从 0.188 增加到 0.219，说明离子注入产生了部分晶格无序排列的无定形硅，但是它的影响区域只在表面注入层深度内。

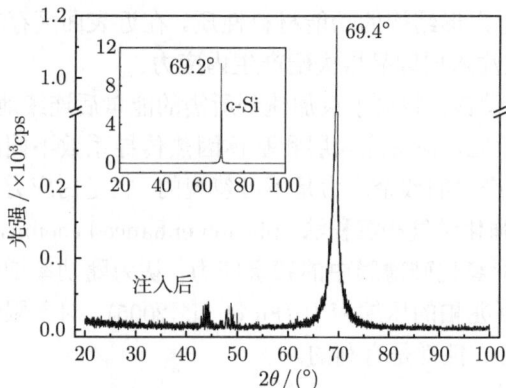

图 2.4   离子注入单晶硅试样 X 射线衍射曲线 (插图为典型单晶硅)

2) 微拉曼光谱分析

室温下使用 Ranishaw RM2000 型显微共焦拉曼光谱仪对注入剂量为 2×10^{15} 的试样进行拉曼测试，为了观察离子注入造成结晶率的梯度变化，在具体拉曼测量时，选择从离子注入区跨越界面向未注入区域方向进行测量，以离子注入区内为起点开始测量 (图 2.3 所示)，距离分别在 0μm、50μm、55μm、60μm 和 65μm，标记顺序从 1# 到 5#，对应的拉曼测量结果如图 2.5 所示。

拉曼技术可用于探查晶体结构、失索和无定形化程度，图 2.5(a) 为经离子注入

后在 $220\sim780\text{cm}^{-1}$ 范围内的拉曼光谱，从图可见，在 520cm^{-1} 位置出现的是单晶硅 LO 声子拉曼峰，在 480cm^{-1} 位置附近展现出较宽的无定形硅 TO 声子拉曼峰，表明经过 Ti^+ 注入后的部分单晶硅已形成无定形硅，而且越接近注入区无定形化趋势就越明显。

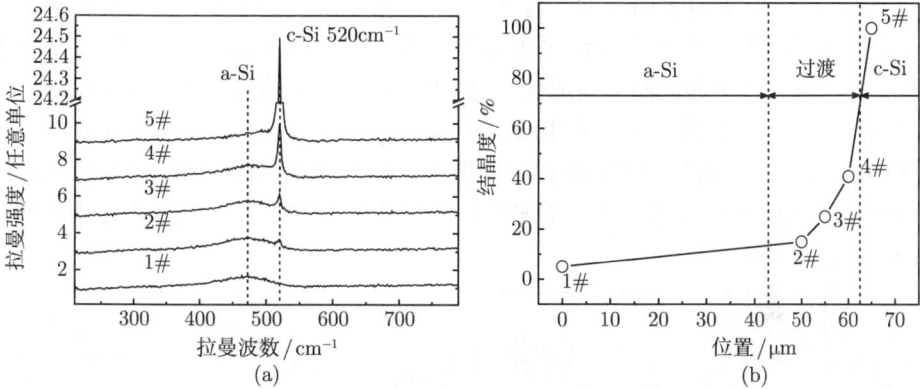

图 2.5　离子注入过渡区上的拉曼光谱 (a) 和结晶率变化 (b)

从单晶硅过渡到无定形硅的趋势可以认为材料经离子注入后是由无定形硅和晶体硅两种成分组成，在离子注入区 (1#) 单晶硅 LO 峰的完全消失清楚地表明已经转换成无定形硅。在过渡区不同位置上的结晶化程度不同，根据不同位置上的单晶硅尖锐特征波峰 (520cm^{-1}) 的光强变化，可以得到单晶硅含量的变化趋势。假设在 5#测量点的单晶硅含量为 1(完全是 c-Si)，对应的拉曼光强以符号 I 来表示，其他测量点的单晶硅含量可写成 I_i/I，其中 I_i 为各测量点的 LO 峰拉曼光强，这样可以得到图 2.5(b) 所示的不同位置上的单晶硅含量曲线。可见在过渡区单晶硅的含量急剧变化，过渡区宽度约 $20\mu\text{m}$。

3) 纳米压痕测试

室温下使用 100BA-1C 型 MTS Nano-Indenter XP 系统和玻氏压头对注入剂量为 2×10^{15} 的试样进行纳米压痕测量，应变率和压入深度分别为 0.05s^{-1} 和 1200nm。为了便于比较，选择离子注入区边界附近的一排 5 个点进行测试，共测试 3 排 (如图 2.3 中示意的是其中一排的 5 个点)，各点之间等距间隔 $24\mu\text{m}$。从压痕 1# $(0\mu\text{m})$ 到压痕 5# $(96\mu\text{m})$ 的硬度和模量曲线分别如图 2.6(a) 和 (b) 所示。

可见，在离子注入区的力学性能得到明显增强，都高于未注入区的硬度和模量，而且在过渡区呈现梯度下降的趋势，表明离子注入形成以无定形硅为主的强化区确实可以提高单晶硅的力学性能，且随结晶率降低而升高 (Lei et al., 2009)。

从材料的观点来看，离子注入产生的无定形硅的层障作用阻碍了位错运动，使其表面硬化，从而提高了模量和硬度；另外，无定形硅为无序的非晶组织，其力学性能可能要高于单晶硅，这样就限制了位错运动和滑移带形成，从而降低了残余应力 (Prabakaran et al., 2005)。通常离子注入会使基体产生点缺陷、结构改变和电荷累积，导致注入层出现压缩应力而具有层障作用，抑制了裂纹的产生和传播 (Gurarie et al., 2006)。

X 射线衍射实验表明，Ti$^+$ 注入后的单晶硅衍射角略微增加，根据布拉格 (Bragg) 定律可知，离子注入造成离面方向的晶格间距从标准的 1.355 1nm 收缩到 1.353 1nm，产生的离面晶格应变 ε_z 约为 -0.148%。假设离子注入前后体积保持不变，圆形注入层的面内应变相同，即 $\varepsilon_x = \varepsilon_y = -1 + (1 + \varepsilon_z)^{-1/2} \approx 0.074\%$。这表明由于离子注入所导致的面内晶格膨胀会受到周围基体的限制，从而受到面内压缩应力，从图 2.6(b) 取注入层的平均弹性模量为 175GPa，可得注入层中内应力约为 -129.6MPa。

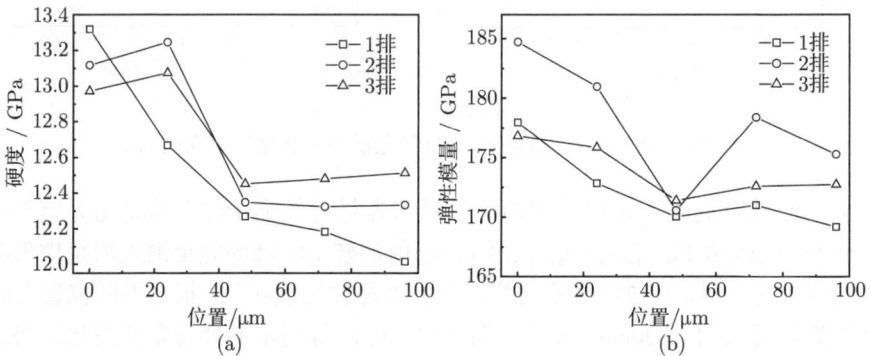

图 2.6　离子注入过渡区的硬度 (a) 和弹性模量 (b) 变化

2.1.3　单晶硅表面划痕

1. 离子注入表面改性实验

实验对象采用表面划痕受损的 p-Si 晶片 (100)，如图 2.7 所示，表面划痕直径

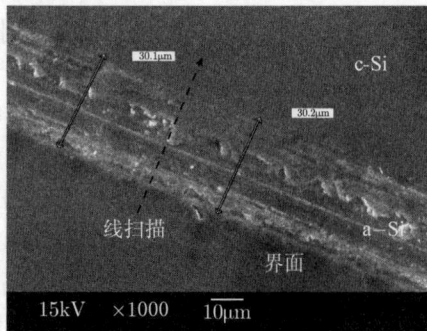

图 2.7　单晶 Si 表面划痕试样电镜照片 (Lei et al., 2008)

大约在 30μm, 存在孔洞、碎屑、凸起等形状。在划痕过程中, 划痕及其边界附近会出现因弹塑性变形而产生残余应力, 原因之一是由于划痕附近的结构发生了无定形硅 (a-Si) 相变。另外, 通过离子注入可使整个硅表面离子注入层出现无定形硅相变结构, 这也会影响划痕附近的残余应力分布。

2. 微拉曼光谱分析

室温下使用 Renishaw in Via Raman Microscope 显微共焦拉曼光谱仪, 沿着垂直划痕方向每隔 10μm 间距进行线扫描测量。图 2.8(a) 为垂直穿越划痕不同位置上的拉曼光谱变化, 在 520cm^{-1} 位置附近出现的是单晶硅 LO 声子拉曼峰。可见在划痕上的拉曼光强有一定的消弱, 但位置并未发生变化, 这表明硅晶体在划痕过程中晶格常数发生了改变, 单晶硅的含量相对下降。

当单晶硅表面注入剂量为 2×10^{15} 的 Ti^+ 后, 再执行一遍拉曼测试, 对应的拉曼测量结果如图 2.8(b) 所示。可见在 520cm^{-1} 位置的单晶硅 LO 声子拉曼峰光强得到明显消弱, 而在 470cm^{-1} 位置附近展现出较宽的无定形硅 TO 声子拉曼峰, 证明经过 Ti^+ 注入后的部分单晶硅已形成无定形硅。

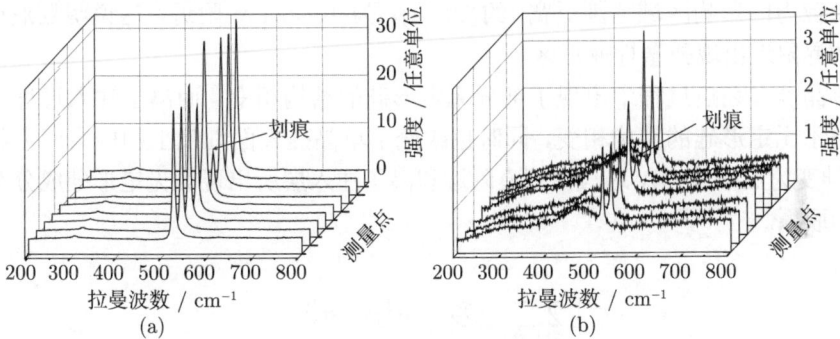

图 2.8　单晶 Si 表面划痕附近的拉曼光谱变化

(a) 离子注入前; (b) 离子注入后

对比离子注入前后拉曼光谱半高宽 (FWHM) 的变化趋势 (图 2.9(a)) 可见, 在离子注入前划痕上的半高宽明显增大, 说明划痕过程会造成单晶硅发生结构相变, 在划痕上部分转变为无定形硅。相比之下, 在离子注入之后划痕上的半高宽得到进一步的提高, 说明离子注入过程进一步调整了划痕的结构相变。另外, 划痕外的半高宽降低, 表明划痕外的离子注入层也发生了一定的结构相变。

与离子注入对半高宽的影响趋势不同, 从图 2.9(b) 可见, 离子注入前后在划痕外的拉曼特征峰变化不大, 而在划痕上的变化非常明显, 从注入前的红移变成了注入后的蓝移。这说明离子注入过程可以明显调整划痕上的结构相变, 而对于划痕外的结构相变影响程度很小。

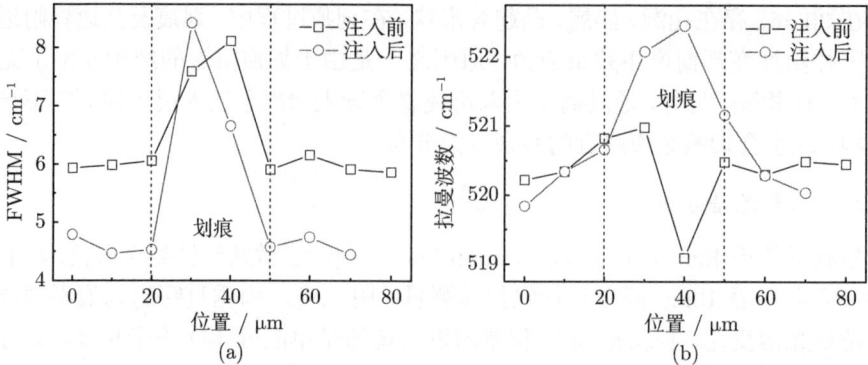

图 2.9　离子注入前后单晶 Si 表面划痕附近的拉曼半高宽变化 (a) 和拉曼波数变化 (b)

3. 划痕附近的残余应力状态

以单晶硅典型拉曼光谱峰 ($520cm^{-1}$) 为依据，从图 2.9(b) 的波数变化可以估计出离子注入前后的划痕附近残余应力分布。在划痕上的残余应力从离子注入前的拉伸状态转变为离子注入后的压缩状态。虽然划痕宽度为 $30\mu m$，但是因划痕造成残余应力的影响区域范围更宽 (约 $50\mu m$)，为 $10\sim60\mu m$ 附近，这说明划痕过程造成边界附近出现弹塑性变形区。

单晶硅在划痕过程中出现了部分无定形硅的结构相变，而离子注入过程一方面调整了无定形硅的结构相变，同时也改变了单晶硅表面划痕上的残余应力状态 (由拉伸变为压缩状态)，这与在划痕附近和离子注入层所出现的无定形硅成分有着密切的联系。

2.2　多　孔　硅

多孔硅 (PS) 与基体硅 (c-Si) 有着相同的结构，但是具有较大的晶格常数。例如，对于孔隙率 $55\%\sim75\%$ 的多孔硅薄膜，其晶格常数具有 $1\text{‰}\sim3\text{‰}$ 的膨胀范围 (Manotas et al., 2001)。由于薄膜与基底材料存在着晶格错配，导致薄膜/基底间的界面上出现残余应力。

使用电化学腐蚀法可以得到具有纳米级孔洞结构的多孔硅薄膜，特别是具有很高表面积 (大约是 $600m^2/cm^3$)(Canhanm et al., 1992)，在其制备后的冲洗、干化和保存过程中，表面会与去离子水、空气和乙醇等外部介质相接触，不可避免地会发生氧气反应和与液体相关的动态毛细效应，对微结构内部的残余应力产生较大的影响。

可见，在多孔硅微结构的力学性能实验中，存在着一些由 "非经典力"(如毛细力、氧化应力、黏着力和摩擦力等) 所引起的结构及性能发生变化，这些性能变化存在明显的尺度效应 (Lei et al., 2005a; Li et al., 2005)。因此，对于具有复杂的微纳米结构、电化学制备环境、热力化耦合服役条件下的多孔硅而言，使用微拉曼光谱作为技术手段来研究其残余应力及其产生原因，是具有挑战性的工作。

2.2.1 制备方法

1. 化学腐蚀法

利用化学方法制备多孔硅，需要进行两方面的准备工作，一是硅片的选取和清洗，二是腐蚀液的配制。

采用单面抛光的 n 型或 p 型单晶 Si 片，晶向为 (100)，厚度为 $570\sim590\mu m$，电阻率为 $3\sim10\Omega\cdot cm$，将其切割成 $1.0cm\times1.0cm$ 大小的样片。为了得到洁净表面的硅片，首先将样片 (约 $0.5cm\times2.0cm$) 放入盛有预先配制好的清洗液 (H_2SO_4:H_2O_2 = 3:1) 烧杯中，在室温条件下浸泡直至烧杯中不起反应为止，倒掉残液后用去离子水冲洗干净，在氮气气氛下干燥待用。

将 49% 氢氟酸 (HF) 和 70% 的硝酸试剂配制成三种浓度的腐蚀液，即硝酸在氢氟酸中的浓度分别为 0.12mol/L、0.24mol/L 和 0.48mol/L。将预处理过的硅样片从氮气环境中取出，立即放入配制好的不同浓度的腐蚀液的烧杯中，进行不同时间的化学腐蚀。分别在 5min、15min 和 30min 后，取出样片用去离子水清洗，然后在用无水乙醇进行脱水后在氮气气氛中干燥，然后保存在无水乙醇中。

实验中往往出现有些刚刚制备的多孔硅表面均匀性不好的现象，解决的方法是用化学溶解法：将刚制备的样品浸入稀释的 KOH 溶液中几秒钟或直接浸入 HF 溶液中数分钟。但要注意采用 HF 溶液尤其是 KOH 溶液腐蚀时间不可过长，否则会腐蚀掉多孔硅层。在实验中采用 HF 溶液处理数分钟后，可得到令人满意的效果。经过处理后的样品孔隙率增加，均匀性也得到了改善。

图 2.10 所示的化学腐蚀制备的多孔硅试样，其在白光照耀下会产生五彩的颜色，是因为多孔硅有光致发光效应。其中有两个试件含有裂纹，说明有较大的残余应力存在。根据孔径大小分三个等级，即小孔 ($< 0.3\mu m$)，中孔 ($0.3\sim0.5\mu m$) 和大孔 ($> 0.5\mu m$)。

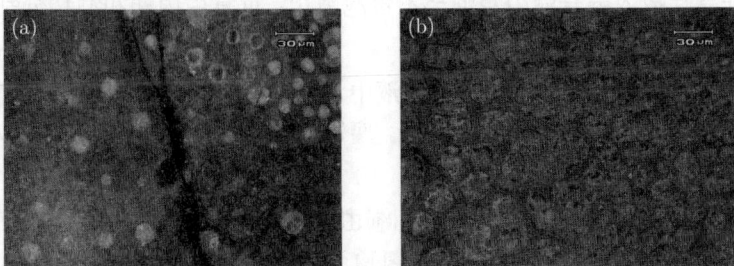

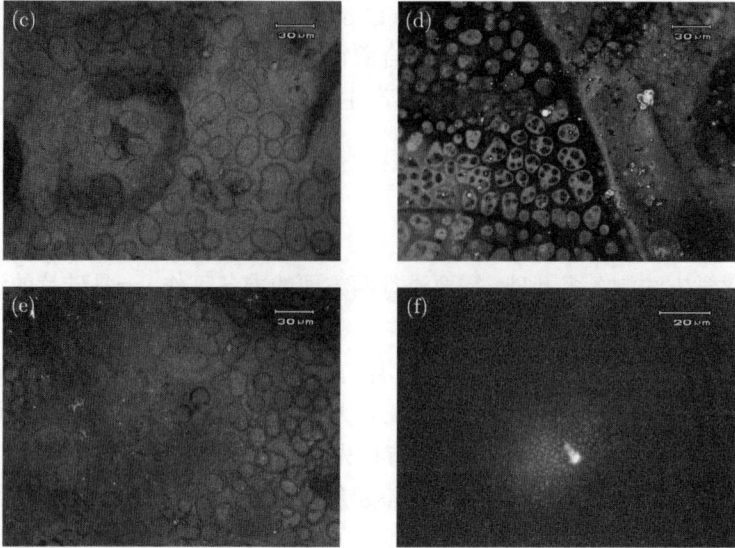

图 2.10   化学刻蚀制备多孔硅的金相显微镜照片 (500 倍)(详见书后彩图)

(a) 0.12mol/L, 刻蚀 5min, 孔隙率 30.77%；(b) 0.12mol/L, 15min, 孔隙率 37.5%；(c) 0.12mol/L, 30min, 孔隙率 51.28%；(d) 0.24mol/L, 5min, 孔隙率 63.64%；(e) 0.24mol/L, 15min, 孔隙率 74.19%；(f) 0.24mol/L, 30min, 孔隙率 96.25%

2. 电化学腐蚀法

电化学腐蚀法是目前最常用的一种多孔硅的制备方法。与化学法腐蚀法相比，制备时间要长。但制备的多孔硅薄膜表面更光滑、均匀。通过改变电流密度得到不同孔隙率的多孔硅，可以改变热导率 (Fang et al., 2008)。

采用单面抛光的 n 型或 p 型单晶 Si 片，晶向为 (100)，厚度为 570~590μm，电阻率为 3~10Ω·cm，将其切割成 1.0cm×1.0cm 大小的样片。

晶体硅片试件的清洗过程：把丙酮倒入存放试件的烧杯中，再把烧杯放入盛有水的超声杯中进行超声清洗 10min；清洗完后倒出丙酮，用去离子水冲洗试件后换上酒精，再清洗 10min；配置浓硫酸和双氧水的混合液，配置的体积比为 3:1，把清洗后的硅晶片放入混合液中浸泡至不冒泡为止；重复用丙酮和酒精分别清洗后，再用 HF 溶液清洗晶片 30s。

电化学腐蚀过程：把硅片放入腐蚀液中，接通稳压恒流电源，开始腐蚀。腐蚀硅片的孔半径为 3mm，电流 40~50mA。腐蚀 30min 后，将电源关闭，取出试件，用蒸馏水清洗后，保存在无水乙醇中。

多孔硅形成的化学反应机制认为孔洞由电解抛光和孔洞形成组成，在孔洞形成的反应过程中，1 个硅原子释放 2 个氢原子，即

$$Si + 6HF \longrightarrow H_2SiF_6 + H_2 + 2H^+ + 2e^-$$

经过电抛光为

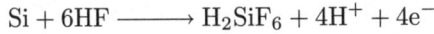

$$Si + 6HF \longrightarrow H_2SiF_6 + 4H^+ + 4e^-$$

在这两种情况下，在 HF 中 Si 的最终稳定产物是 H_2SiF_6。事实上，多孔硅的形成是一个自我调节的机制，溶解反应开始于硅晶片表面的缺陷位置，化学反应发生在孔的末端。

多孔硅结构从宏观上看很均匀，但微观结构却不然。从下面的原子力显微镜观察结果 (图 2.11) 可以看出：用电化学腐蚀方法制备的多孔硅表面均呈起伏的"山峰"状态，由于电流密度和腐蚀液浓度的不同，"山峰"的分布也各有区别。

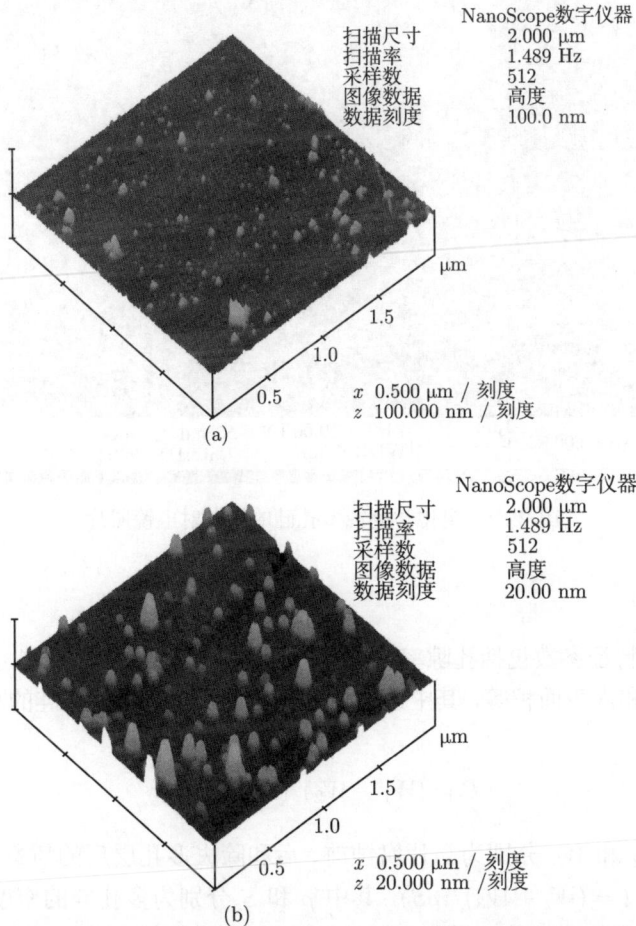

NanoScope数字仪器
扫描尺寸　　2.000 μm
扫描率　　　1.489 Hz
采样数　　　512
图像数据　　高度
数据刻度　　100.0 nm

μm
1.5
1.0
0.5

x 0.500 μm / 刻度
z 100.000 nm / 刻度

(a)

NanoScope数字仪器
扫描尺寸　　2.000 μm
扫描率　　　1.489 Hz
采样数　　　512
图像数据　　高度
数据刻度　　20.00 nm

μm
1.5
1.0
0.5

x 0.500 μm / 刻度
z 20.000 nm / 刻度

(b)

图 2.11　电化学刻蚀多孔硅的原子力显微镜表面形貌图

(a) 型号 p+，电流密度 $176.8mA/cm^2$，刻蚀时间 15 min；(b) 型号 p+，
电流密度 $80mA/cm^2$，刻蚀时间 5 min

在多孔硅中存在大量的孔洞使其具有很高的内表面积，在表面上存在着大量缺陷。大量孔洞沿着电流方向从外部向着内部扩展，孔洞的方向高度一致，在孔之间的区域由硅纳晶连接。多孔硅与基体硅有着相同的结构，但是具有较大的晶格常数。

场发射扫描电子显微镜 (FE-SEM) 给出了电化学刻蚀制备的纳米多孔硅横截面形貌，如图 2.12 所示。从中发现孔洞尺寸和孔间距都很小，典型的在 10nm 左右，孔网络看起来像均匀同性的和相互连接的。随着浓度的增加，孔尺寸和孔间距增加而表面积降低，结果结构成为各向异性的、具有长条状孔洞垂直于表面扩展。

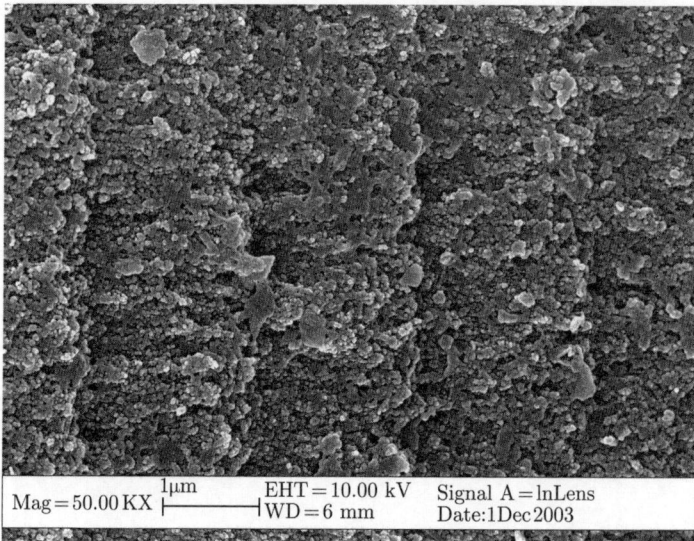

图 2.12　电化学刻蚀多孔硅的场发射电镜照片

2.2.2　孔隙率

多孔硅的特征参数包括孔隙率、多孔层厚度、孔隙直径、晶粒尺寸、晶格间距、密度、表面积和内表面积等，其中最重要的参数是孔隙率。多孔硅的孔隙率可由下式来确定

$$P = (W_1 - W_2)/(W_1 - W_3)$$

其中，W_1、W_2 和 W_3 分别为晶片腐蚀前、后和除去多孔层后的质量。此外，多孔层厚度定义为 $t = (W_1 - W_3)/(\rho S)$，其中 ρ 和 S 分别为多孔硅的密度和表面积。

实验中将预处理过的硅片取出，用预热的万分之一的电子天平测量其原始质量 W_1；测量后立即将其放入腐蚀液中进行腐蚀，腐蚀后分别用去离子水清洗和无水乙醇脱水，并放入氮气中干燥，一定的时间后取出测量多孔硅的质量 W_2；最后，将测量后的多孔硅放入 1.0mol/L 的氢氧化钠溶液中除去多孔层，待多孔层完全被移除后，经去离子水清洗和无水乙醇脱水，然后放入氮气气氛中干燥一定的时间，测量硅片的质量 W_3。

2.2.3 腐蚀条件

多孔硅具有不同的微结构和形貌，主要取决于单晶硅衬底材料自身的性能 (如掺杂浓度、类型及晶面等) 和制备条件。以化学腐蚀制备多孔硅为例，来看腐蚀条件对多孔硅孔隙率和表面形貌的影响。

1. 腐蚀时间

从图 2.13 可以看出，随着腐蚀时间的增加，多孔硅的孔隙率先是迅速的增加，到一定的时间后，增加变得缓慢，孔隙率接近最高。随着时间的进一步延长，孔隙率反而降低。

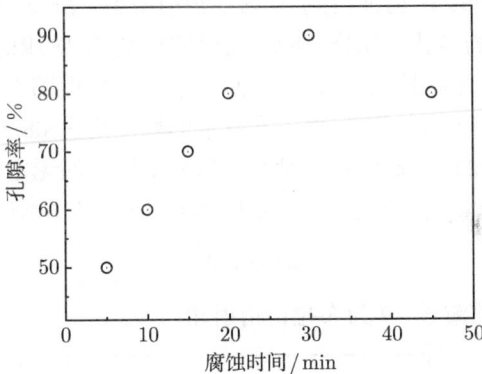

图 2.13　化学腐蚀时间与多孔硅孔隙率之间的关系

初期阶段：在化学腐蚀方法制备多孔硅的过程中，硅样品在以氢氟酸为主的介质中被腐蚀，但这种腐蚀是不均匀的。其结果就表现在硅基体表面形成纵横交错的网络状结构，而每个网络内则包含了一个颗粒状的结构。随着腐蚀时间的延长，颗粒将陆续从网络内脱落，结果基体表面就为纯粹的网络所覆盖。

中期阶段：网络状的结构形成以后并不是一成不变的，随着腐蚀时间的延长，硅基体表面将进一步裂变为更小的颗粒，且裂变将反复进行，颗粒将变得越来越细小，颗粒表面出现孔洞，连接颗粒之间的基体也随着变化。由于单晶硅在氢氟酸介质中的腐蚀是不均匀的，这些颗粒为不规则的圆锥状，颗粒之间存在着孔隙，类似于海绵状或网络状的疏松结构。

后期阶段：多孔硅的形成过程是硅基体上颗粒反复裂变的过程，同时伴有裂块的脱落，通过这两种途径形成孔洞结构。当腐蚀时间足够长时，一部分多孔硅膜层自身被腐蚀脱落和重新孔隙化，所以会出现孔隙率降低的现象。

　　2.腐蚀液浓度

　　实验中采用 0.12mol/L 和 0.24mol/L 两种浓度的腐蚀液，化学腐蚀时间分别为 5min、15min 和 30min。将制得的多孔硅样品放置于真空中保存，通过金相显微镜观察发现，如图 2.10 所示，在相同的腐蚀时间下，不同的腐蚀液浓度制备出的多孔硅表面微观形貌也不同；随着腐蚀液浓度的增加，腐蚀的程度越来越严重，孔隙变多且大孔壁变少，逐渐地出现了更微小的孔。

2.2.4　多孔硅微结构

　　1.X 射线衍射实验

　　以下使用的多孔硅实验材料由天津大学胡明教授提供。对于具有不同孔隙率的微米孔洞结构多孔硅薄膜，常温下使用 Rigaku D/max-2500 型 X 射线衍射仪的 Cu K$_{\alpha1}$(波长为 1.54052Å) 射线得到 X 射线衍射数据。图 2.14 所示为化学腐蚀的具有 96.25%孔隙率的多孔硅试样 (400) 反射的典型 X 射线衍射图，其中在 69.2° 附近具有最高光强的是单晶硅 (Si) 的峰位，在 69.8° 附近的 L 峰是 K$_{\alpha1}$ 和 K$_{\alpha2}$ 射线在高衍射角处发生分裂造成的，而多孔硅层的峰位是在 68.2° 附近的一个不明显的小峰，说明多孔硅层已经被腐蚀成没有一致晶格排列的无定形硅，这是因为晶格排列越一致，出现的峰半高宽越窄，光强也越大。根据布拉格定律

$$2d\sin\theta = \lambda \tag{2.3}$$

其中，λ 为 Cu K$_{\alpha1}$ 的波长，θ 为布拉格衍射角。

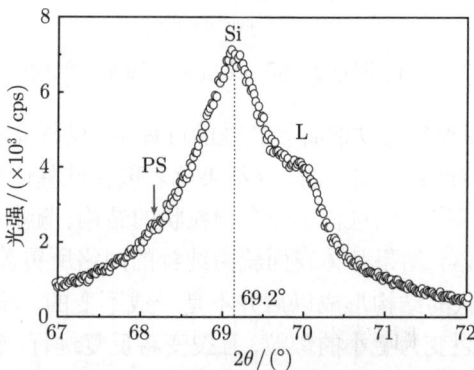

图 2.14　孔隙率为 96.25%多孔硅的 X 射线衍射图

　　从式 (2.3) 可分别得到单晶硅和多孔硅层的晶面间距 d 和 d'，从而得到垂直多孔层方向上的晶格应变 ε_z 为

$$\varepsilon_z = (d' - d)/d \tag{2.4}$$

同理，得到其他孔隙率多孔硅试样的结果，如图 2.15 所示。可见，微米级多孔硅结构中的晶格应变随孔隙率增加而增大，应变的最大值超过了 1%，正是这种晶格错配导致了多孔硅层中残余应力的出现。

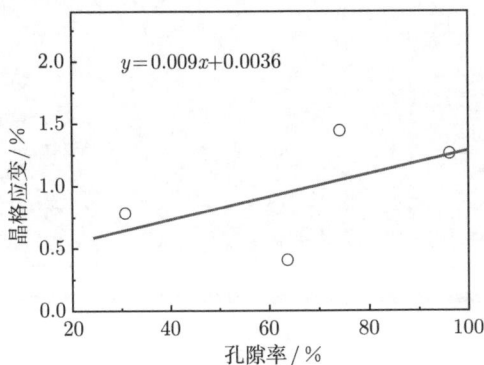

$$y = 0.009x + 0.0036$$

图 2.15　晶格应变与孔隙率之间的关系

2. 表面与横截面观察

对于 p 型 (100) 方向的硅晶片，采用电化学腐蚀法来制备纳米多孔硅，将制备好后的纳米多孔硅用去离子水冲洗后放入无水乙醇中进行保存。图 2.16(a) 所示为通过电化学腐蚀法制备的多孔硅薄膜表面的原子力显微镜显微三维形貌图，平面坐标轴刻度为 0.2μm，纵坐标轴的刻度为 20nm。

图 2.16(b) 所示为横截面的场发射扫描电镜照片 (放大倍率为 10 万倍)。可见，在硅晶片内部形成了一种类似毛细管状的多孔体，由大量孔洞和支柱组成，孔洞和支柱的直径在几个到十几个纳米尺度范围。

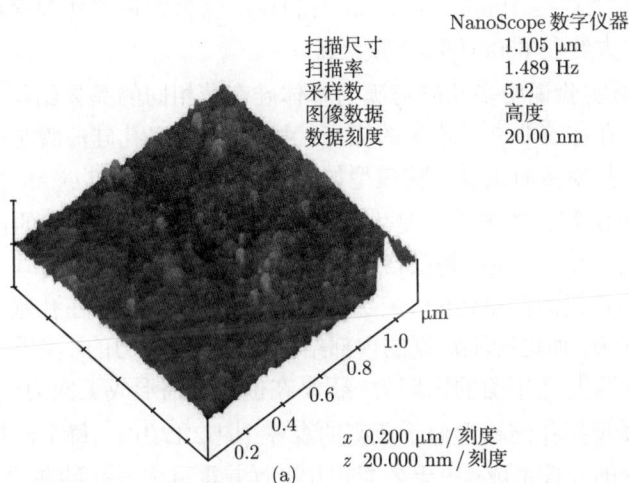

	NanoScope 数字仪器
扫描尺寸	1.105 μm
扫描率	1.489 Hz
采样数	512
图像数据	高度
数据刻度	20.00 nm

x　0.200 μm / 刻度
z　20.000 nm / 刻度

(a)

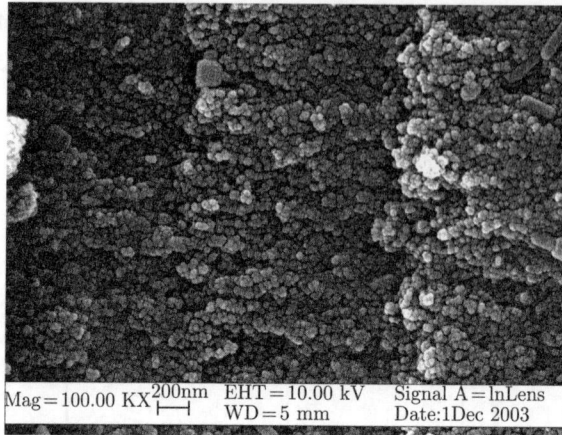

(b)

图 2.16　(a) 和 (b) 分别为电化学腐蚀多孔硅薄膜的 AFM 三维形貌和 FE-SEM 横截面形貌

　　电化学反应发生在这些孔洞的末端, 使得这些孔洞渐渐地生长到硅晶片内部。电化学腐蚀形成的是不十分规则的圆锥状孔洞, 在制备时不同的腐蚀时间和电流密度会影响孔洞的深度和密度。

3. 微结构模型

　　通过金相显微镜、原子力显微镜、扫描电子显微镜和场发射电子显微镜观察, 可以发现, 多孔硅薄膜表面和横截面形貌存在有大量的微、纳米尺度的孔洞结构, 随着孔隙率从 30%～80% 增加, p+ 型化学腐蚀多孔硅的晶格膨胀从 0.3%～1.4% 近似线性增加 (Miao et al., 2005)。从扫描电镜可观察到电化学腐蚀的 p 型多孔硅孔洞的典型尺寸大约在 10nm (Lei et al., 2004a), 这种大量的孔洞存在使其具有很高的内表面积 (大约在 $600\mathrm{m}^2/\mathrm{cm}^3$ 量级)。

　　X 射线衍射实验说明多孔硅薄膜与基体硅有着相同的晶体结构, 但是具有较大的晶格常数, 存在着非常不均匀的应变。由此可知, 多孔硅薄膜是一种类似毛细管状的多孔体, 其横截面微观结构模型如图 2.17(a) 所示 (Lei et al., 2004b)。

　　该模型中毛细管状的多孔层是由大量孔壁和孔洞组成, 孔壁的横截面表现为类似支柱的形式。因为多孔硅是晶格参数较大的超晶格, 在孔壁与基体之间的界面上将出现似刃型位错的晶格错配 (图 2.17(a) 中的放大部分)。在孔壁中将产生大的畸变而出现内应力, 而这种不规则的内部结构会导致内应力的不均匀分布, 此外在基体中相应会出现与之平衡的内应力, 于是在位错周围形成了应力场。

　　多孔硅的微观拓扑结构形似于茂密的森林 (图 2.17(b)): 每个硅柱由主干和其上繁密而无规律的分枝组成; 主干之间相互平行并垂直于多孔硅薄膜平面; 主干之

间的空间为主孔隙；分枝与主干之间、分枝相互之间的空间为子孔隙；分枝上到处密布着尺度更小的分枝和孔隙；硅柱主干和主孔隙的尺寸皆为几十纳米量级，而组成硅柱的晶粒和子孔隙的尺寸都在几个纳米量级。

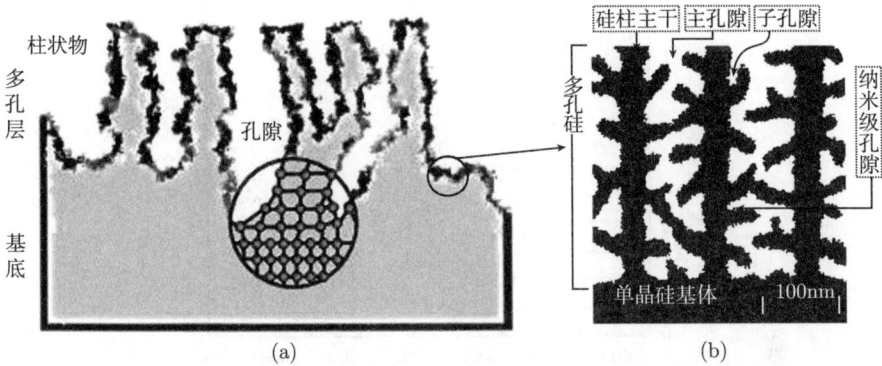

图 2.17　多孔硅薄膜横截面微结构模型 (a) 和微观拓扑结构 (b)

2.3　多孔硅力学性质的拉曼表征

当结构达到微/纳米层次时，许多物理现象和力学行为与宏观法则有着很大的不同。一些微尺度实验测试技术成功地检测出微纳米尺度下材料所表现出的迥异的力学性质及行为，而且与微结构特征和表、界面效应有着紧密的联系。

一方面是因为在微纳米尺度下与面积有关的表面力 (如毛细力、黏着力和摩擦力等) 远远大于与体积相关的重力、电磁力等，制约和改变了微尺度体系的本构关系。

另一方面是因为表征微尺度体系特征参数的影响规律尚不明晰，如多孔硅薄膜中一个重要参数就是孔隙率，其分布很不均匀，这会对其力学行为产生影响而且迄今人们对这种影响还了解的不多，这显示出多孔微结构物理和力学行为的复杂性。

2.3.1　拉曼光谱

常温下使用 Ranishaw RM2000 型显微共焦拉曼光谱仪进行测量，采用 100× 倍率物镜，入射光在试样表面聚焦成 1μm 大小的光斑，氩离子激光波长为 514nm。由于应力不是导致拉曼频移的唯一因素，当进行实验时要使用低功率的激光，否则加热效应会改变局部的应力分布，应通过实验得到拉曼频移与激光能量的函数关系，以便进行校正；另外，CCD 的温度会引起硅拉曼信号发生变化，使用时须进行冷却。

　　具有不同孔隙率的多孔硅样品表面得到的拉曼波谱数据, 如图 2.18 所示, 其中 p 型 Si 晶片的标准拉曼波谱为三重简并的光学声子, 而多孔硅的拉曼波形发生明显蓝移和非对称展宽。

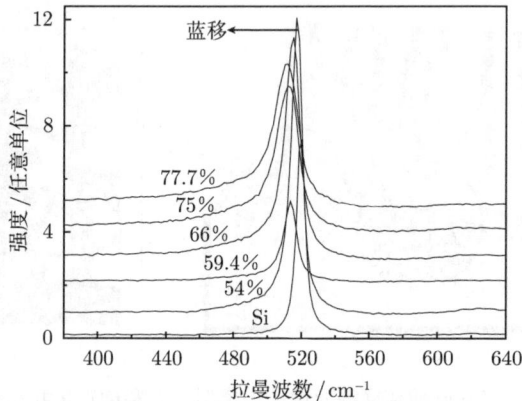

图 2.18　不同孔隙率的多孔硅对应的拉曼波谱发生蓝移现象 (Kang et al., 2007)

2.3.2　拉曼频移随孔隙率的变化

　　使用 Lorentzian 函数对拉曼实验数据进行拟合, 得到准确的波峰, 与硅晶体标准拉曼波谱相比 ($520cm^{-1}$), 多孔硅试样的拉曼特征峰所对应的拉曼频移与多孔硅孔隙率之间的关系如图 2.19 所示 (Lei et al., 2005b)。

　　因拉曼频移为负数, 多孔硅表面产生拉伸残余应力, 且随孔隙率的增大而逐渐增加, 这表明多孔硅薄膜因腐蚀造成与单晶硅基底间产生晶格错配。

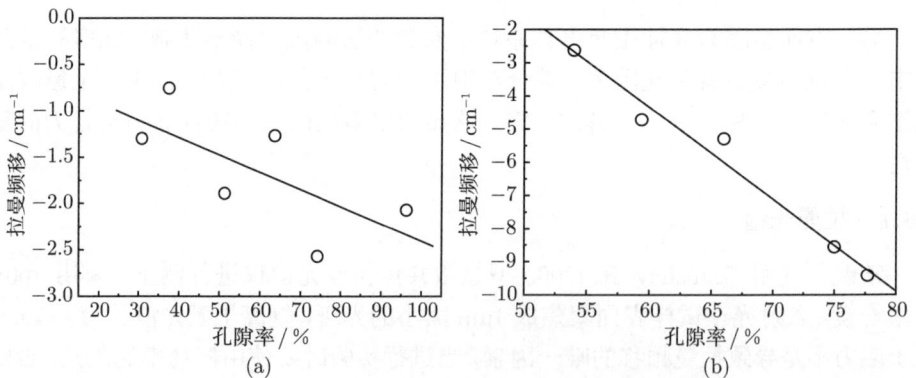

图 2.19　拉曼频移与多孔硅孔隙率之间的关系

(a) 化学腐蚀; (b) 电化学腐蚀

2.3.3 弹性模量与孔隙率关系

1. Gibson & Ashby 模型

目前，还没有更合适的模型来描述复杂微米孔洞结构多孔硅薄膜的弹性模量。对于开孔泡沫类型材料，可模型化为具有相同横截面积和长度的一组立方体阵列结构，它们交错连接且互相重叠。Gibson & Ashby 模型 (Gibson et al., 1988) 认为开孔泡沫材料的有效弹性模量为

$$E = CE_{\mathrm{Si}}\rho^2 \tag{2.5}$$

其中，ρ 为多孔层中硅占有的比例 ($\rho = 1 - P$)，P 为孔隙率，E_{Si} 为基体硅的弹性模量，C 为几何尺度因子常数。

从图 2.20 可见，Gibson & Ashby 模型 (取 C 为 0.74) 与 p+ 型电化学腐蚀的多孔硅的纳米压痕实验结果 (Bellet et al., 1996) 比较符合，可见多孔硅薄膜的纵横交错、杂乱排列的孔洞特征，比较符合开孔泡沫型材料模型的假设条件。

多孔硅的弹性模量与基体硅有着很大的不同，其细观弹性模量比基体硅(162GPa)低一个量级以上，且随着孔隙率的增加而降低，这与多孔硅微结构有着密切的关系。因此，像多孔硅这种特殊的多孔薄膜材料，其弹性模量等力学性质与基体的差别是不能忽略的。

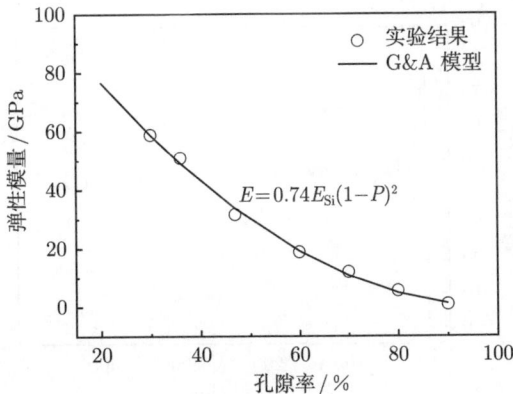

图 2.20 不同孔隙率多孔硅的弹性模量分布与理论比较

2. 横观各向同性模型

上述 Gibson & Ashby 模型适合于开孔泡沫材料，认为多孔硅是各向同性体。多孔硅的腐蚀孔洞生长机制会造成沿厚度方向的性能与垂直于厚度方向的性能不同，并且在垂直于厚度方向的面内各方向性质相同，可认为是弹性对称轴平行于厚度方向的横观各向同性材料，而不是理想的各向同性体。

纳米压痕实验选用电化学腐蚀制备的不同孔隙率的多孔硅试样, 图 2.21 给出了多孔硅样品的横截面光学显微镜照片, 测量得到多孔硅薄膜厚度约为 40μm。纳米压痕测量在常温下使用 MTS Nanoindenter XP 纳米压痕仪进行, 采用三角锥形 Berkovich 金刚石探针, 控制探针的压痕速率为 5nm/s, 压痕深度设为 500nm。

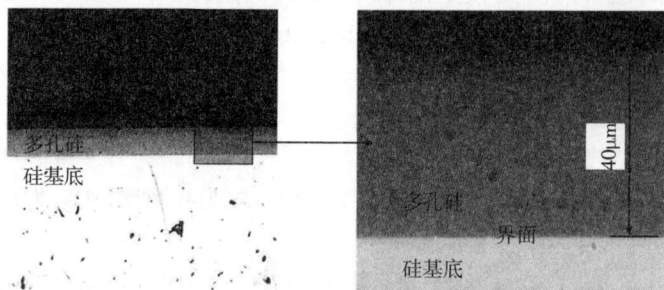

图 2.21　孔隙率为 60％的电化学腐蚀 [100]p+ 多孔硅横截面光学照片

图 2.22 给出了典型的多孔硅弹性模量随压深的变化曲线。由于压痕尺度效应、表面粗糙度等因素的影响, 在小于 50nm 压深时的弹性模量不稳定。在 50~500nm 压深内的弹性模量比较稳定。取稳定区域的平均值作为则该测点的弹性模量值, 再将检测面内所有测点的弹性模量值取平均, 得到多孔硅材料该方向的弹性模量。

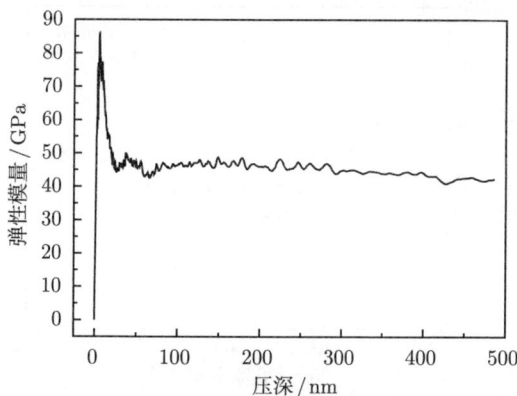

图 2.22　孔隙率 40％的多孔硅截面弹性模量随压深的变化曲线

多孔硅不同方向上的弹性模量随孔隙率的变化如图 2.23 所示, 可见多孔硅材料沿 x 轴与 z 轴两个方向的弹性模量均随孔隙率的增加而减小。由于其特殊的几何结构, 对于同一孔隙率的多孔硅而言, 其 x 轴方向弹性模量 E_x 与 z 轴方向弹性模量 E_z 具有明显差距, 这说明关于多孔硅的横观各向同性假设是可行的。

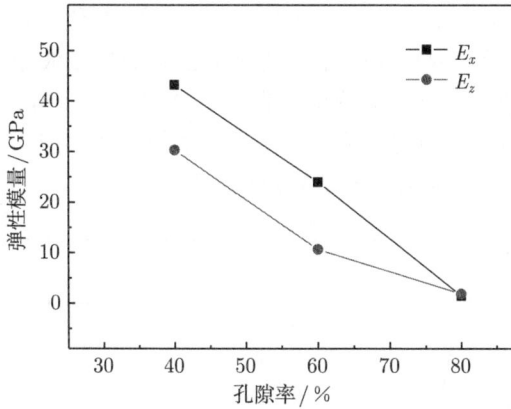

图 2.23　不同孔隙率多孔硅的弹性模量

2.3.4　拉曼频移与应力关系

多孔硅中的孔隙尺寸与致密硅中的晶粒尺寸相比是非常大的, 这会影响多孔硅的力学性质, 就像多孔铝中存在大量的缺陷会造成泡沫金属力学性质有较大变化。

目前, 认为多孔硅具有不同尺度的弹性模量, 在微观尺度上的弹性模量与原子连接刚度有关, 应与硅的相等 (因为它们的微观结构相同); 而宏观量级上的多孔硅被认为是连续体, 其弹性模量与多孔固体的结构和原子连接刚度有关, 随孔隙率增加而降低。对于物理毛细现象, 多孔硅也不能看成是一种连续体, 其细观弹性模量介于宏、微观之间并强烈地依赖于局部的微观结构。

1. 各向同性模型 (Lei et al., 2006)

假设多孔硅层为平面各向同性线弹性材料, 根据胡克 (Hooke) 定律有平面应变与平面应力关系为 $\varepsilon_{11} = S_{11}\sigma$ 和 $\varepsilon_{22} = S_{12}\sigma$, 且有 $S_{11} = 1/E$ 和 $S_{12} = -\nu/E$, 代入到背向散射方式观察时的拉曼频移/应变关系中 (式 (1.11) 中的第三项), 得到各向同性假设下的拉曼频移/应力公式为

$$\Delta w_3 = \frac{-\nu p + q(1-\nu)}{2w_0 E} \cdot \sigma = \Psi \cdot \sigma \tag{2.6}$$

其中, E 和 ν 分别为各向同性体的弹性模量和泊松比, p 和 q 为硅的声子变形电压常数, Δw_3 为拉曼频移, w_0 为无应变时特征峰的拉曼波数, $\Phi = 1/\Psi$ 为拉曼频移应力因子 (Raman shift to stress coefficient, RSS), 单位为 $\mathrm{MPa/cm^{-1}}$。

拉曼频移应力因子 Φ 表征的是拉曼光谱每单位的频移所对应的应力大小, 其越小, 表明介质的拉曼应力敏感性就越高。从这一点上看, 它与光弹性材料常数 (材料条纹值) 非常类似, 都是用来表征材料对应力作用的敏感程度。

根据文献 (Anastassakis et al., 1990) 中提供的硅的声子变形电压数据 $p = -1.85w_0^2$、$q = -2.31w_0^2$，取单晶硅无应变时特征峰的拉曼波数 $w_0 = 520\text{cm}^{-1}$。从图 2.20 得到细观弹性模量 E，取泊松比为 $\nu = 0.1$ (Barla et al., 1984)。将上述数据代入式 (2.6)，即可得到各向同性假设下多孔硅的拉曼频移应力因子与孔隙率的关系，如图 2.24 所示，实线为离散的实验数据的拟合结果。

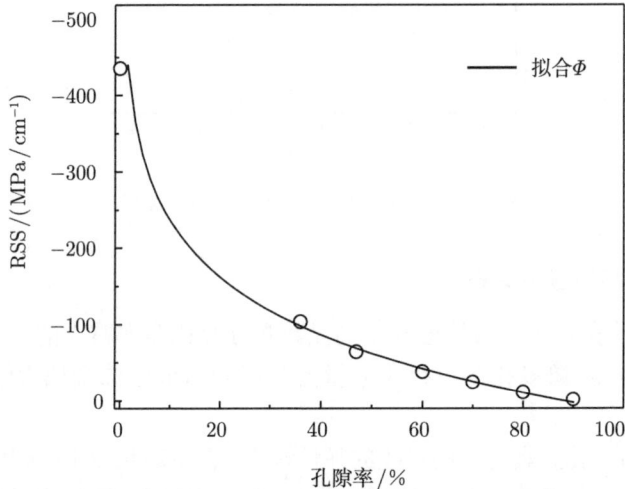

图 2.24　各向同性假设下多孔硅的拉曼频移应力因子与孔隙率关系

若 514nm 波长的激光聚焦成 1μm 光束直径，渗透深度为 0.77μm，拉曼散射体积约为 0.6μm³ (Ingrid, 1996)。在这个测量体积内，多孔硅仍然表现为多孔微结构形式，其弹性性质与细观尺度下的相同，微拉曼光谱技术所测量的应力应是在这个散射体积内的平均值。

因此，使用拉曼光谱技术测量多孔硅材料残余应力时，需要利用不同孔隙率下的拉曼频移应力因子将多孔硅的拉曼频移转化为应力。例如，对于孔隙率为 60% 的多孔硅，有 $\Phi = -38.19 \text{ MPa/cm}^{-1}$。

2. 横观各向同性模型 (Li et al., 2010)

由于多孔硅不同方向上的弹性模量会随孔隙率发生变化 (图 2.23)，式 (2.6) 不再适用。根据树状多孔硅的微观拓扑结构特点，将其视为弹性对称轴平行于硅树方向的横观各向同性材料。

将横观各向同性结构置入如图 2.25(a) 所示的晶体坐标系统中，令其弹性对称轴与 z 轴平行，材料在 xy 平面内各个方向的力学性质均相同。设多孔硅结构的应力主方向分别与 x、y、z 方向重合，其主单元体的方向及应力状态如图 2.25(b) 所示, 其中 σ_{xx}、σ_{yy}、σ_{zz} 为正应力。根据广义胡克定律有

$$\begin{cases} \varepsilon_{xx} = (\sigma_{xx} - \nu_{xy}\sigma_{yy} - \nu_{xz}\sigma_{zz})/E_x \\ \varepsilon_{yy} = (-\nu_{xy}\sigma_{xx} + \sigma_{yy} - \nu_{xz}\sigma_{zz})/E_x \\ \varepsilon_{zz} = -\nu_{xz}(\sigma_{xx} + \sigma_{yy})/E_x + \sigma_{zz}/E_z \end{cases} \quad (2.7)$$

其中, E_x、E_z 和 ν_{xy}、ν_{xz} 分别为 x、z 方向的弹性模量和 xy、xz 方向的泊松比。

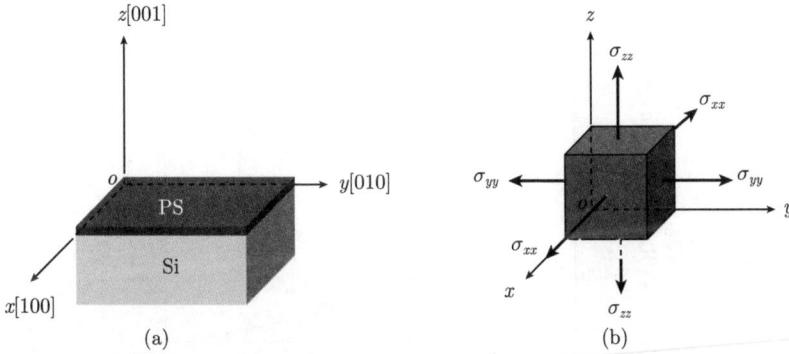

图 2.25 多孔硅薄膜样品坐标系 (a), 主单元体的方向及应力状态示意图 (b)

将横观各向同性材料应变/应力关系式 (2.7) 代入晶格动力学特征方程 (式 (1.9)), 得到横观各向同性材料针对不同测量表面的拉曼频移/应力公式为

$$\begin{cases} \Delta w_1 = \Psi_{11}\sigma_{yy} + \Psi_{13}\sigma_{zz} \\ \Delta w_2 = \Psi_{11}\sigma_{xx} + \Psi_{13}\sigma_{zz} \\ \Delta w_3 = \Psi_{33}(\sigma_{xx} + \sigma_{yy}) \end{cases} \text{且} \begin{cases} \Psi_{11} = \dfrac{-p\nu_{xy} + q(1-\nu_{xz})}{2w_0 E_x} \\ \Psi_{13} = \dfrac{-(p+q)\nu_{xz}}{2w_0 E_x} + \dfrac{q}{2w_0 E_z} \\ \Psi_{33} = \dfrac{-p\nu_{xz} + q(1-\nu_{xy})}{2w_0 E_x} \end{cases} \quad (2.8)$$

其中, Δw_1、Δw_2 和 Δw_3 分别为 yz、xz 和 xy 表面测量的拉曼频移。若考虑弹性模量和泊松比都相同, 即 $\nu_{xy} = \nu_{xz}$ 和 $E_x = E_z$, 此时横观各向同性假设变成各向同性假设, 式 (2.8) 中的 Ψ_{11}、Ψ_{13} 和 Ψ_{33} 与式 (2.6) 中的 Ψ 一致。

由于多孔硅薄膜很薄, 按平面应力状态处理 ($\sigma_{zz} = 0$), 式 (2.8) 进一步简化为

$$\begin{cases} \Delta w_1 = \Psi_{11}\sigma_{yy} \\ \Delta w_2 = \Psi_{11}\sigma_{xx} \\ \Delta w_3 = \Psi_{33}(\sigma_{xx} + \sigma_{yy}) \end{cases} \quad (2.9)$$

这里, $\Phi_{11} = 1/\Psi_{11}$ 和 $\Phi_{33} = 1/\Psi_{33}$ 为拉曼频移应力因子 (RSS), 单位为 $\text{MPa}/\text{cm}^{-1}$。

对于横观各向同性假设, 拉曼频移应力因子是与材料参数和测量的空间方位有关的常数。其中, 由于 z 方向为材料的弹性对称轴, 因此样品 yz 表面和 xz 表面的拉曼测量公式的系数是相同的, 而与 xy 表面测量公式中的系数不同。

从图 2.23 得到横观各向同性假设下的细观弹性模量 E_x 和 E_z, 取泊松比为 $\nu_{xz} = 0.09$ 和 $\nu_{xy} = 0.19$ (Li et al., 2010)。将上述数据和单晶硅声子变形电压常数代入上式, 即可得到横观各向同性假设下多孔硅的拉曼频移应力因子与孔隙率的关系, 如图 2.26 所示。

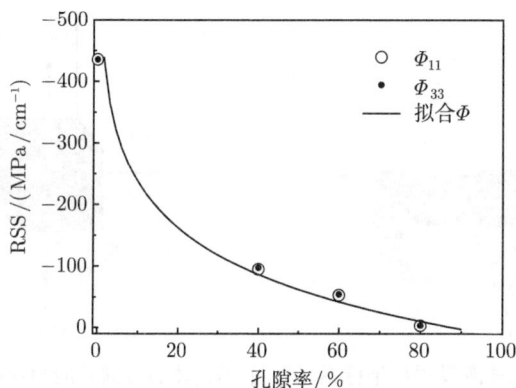

图 2.26　横观各向同性假设下多孔硅的拉曼频移应力因子与孔隙率的关系

从图 2.26 可见, 在横观各向同性模型下, 其细观弹性模量比基体硅 (162GPa) 低一个量级以上, 且随着孔隙率的增加而降低, 与各向同性模型下得到的拟合结果 (同图 2.24 中的实线) 接近。对于孔隙率为 60% 的多孔硅, 拉曼频移应力因子分别为 $\Phi_{11} = -52.7 \mathrm{MPa/cm^{-1}}$ 和 $\Phi_{33} = -54.1 \mathrm{MPa/cm^{-1}}$, 与各向同性模型得到的结果 ($\Phi = -38.19 \mathrm{MPa/cm^{-1}}$) 相比有差别, 这与不同批次多孔硅样品的弹性模量和泊松比的差异性有关。

从式 (2.6) 和式 (2.9) 可见, 应力与拉曼频移成正比, 当拉曼频移为负时对应拉伸应力, 反之对应压缩应力。通过拉曼频移的分布能够洞察应力的变化情况, 因此本章对多孔硅残余应力的讨论只给出拉曼频移的变化, 如果要给出应力分布则需要给出对应的模型条件。例如, 表面残余应力可用各向同性假设, 横截面残余应力可用横观各向同性假设。

2.4　表面与截面残余应力

2.4.1　表面裂纹区

针对化学腐蚀多孔硅 (图 2.10(a)) 样品, 选择表面裂纹区域的不同位置进行拉曼测量, 图 2.27(a) 为 RM2000 型拉曼光谱仪拍摄的显微图像 (50 倍物镜, 放大 1250 倍)。从裂纹区腐蚀区域内一点 (用 "o" 表示) 开始, 沿着水平线向右每间隔 1μm 测量一点。

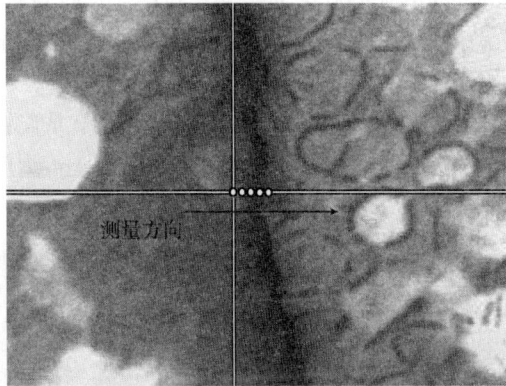

(a)

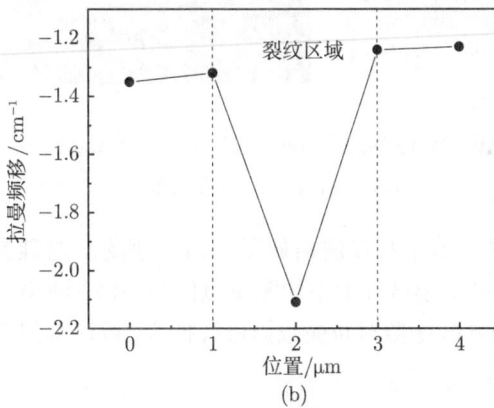

(b)

图 2.27 化学腐蚀多孔硅裂纹区域 (a) 和对应的拉曼频移分布 (b)(邱宇等, 2004)

试样上不同测量点的拉曼波形明显蓝移, 以测量位置点为横坐标, 拉曼频移为纵坐标作图, 如图 2.27(b) 所示, 因为拉曼频移为负数, 所以残余应力为拉伸应力, 裂纹形式为张开型。测量点从左向右经过裂纹区域, 拉曼频移和应力增大, 在裂纹的中央位置达到最大, 而在裂纹区外的应力迅速下降。

2.4.2 腐蚀过渡区

通过电化学腐蚀法来制备多孔硅薄膜, 选用电阻系数为 $0.01\sim0.02\Omega\cdot cm$ 的 p 型 [100] 方向的硅晶片, 将其切成 $1.0cm\times1.0cm$ 大小的样片。将方形样片用开圆孔的模板进行掩模后, 作为阳极放入 HF 酸和乙醇的混合溶液中进行通电极化处理。

如图 2.28 所示，电化学腐蚀反应只发生在未掩模的圆形区域内，这样就形成了腐蚀区、未腐蚀区以及它们之间的过渡区。通过改变电流密度，很容易得到具有不同孔隙率的多孔硅薄膜层。

常温下使用 Ranishaw RM2000 型显微共焦拉曼光谱仪进行测量，采用 20× 倍率物镜，显微图像的满量程为 250μm，氩离子激光波长为 514nm，入射光在试样表面聚焦成 5μm 大小的光斑 (也可以聚焦成 1μm 直径的光斑)。

使用经电化学腐蚀的一片多孔硅试样进行拉曼测量，从腐蚀区域内一点 (在图 2.28 中用小圆圈表示) 开始，沿着水平线向右每间隔 0.5mm 测量一点 (序号依次记为 1#到 5#)。

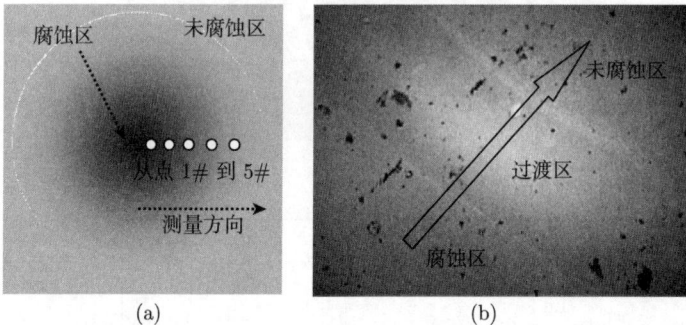

图 2.28　电化学腐蚀多孔硅 (Lei et al., 2004c; Kang et al., 2005)

(a) 示意图；(b) 实际拍摄图

试样表面上不同测量点的拉曼波谱如图 2.29(a) 所示。与硅晶体标准拉曼波谱相比 (520cm^{-1})，多孔硅薄膜试样上不同测量点的拉曼波形明显向左偏移，且波形发生展宽。使用 Lorentzian 函数对拉曼数据进行拟合，可以得到准确的拉曼波峰位置，如图 2.29(b) 所示。

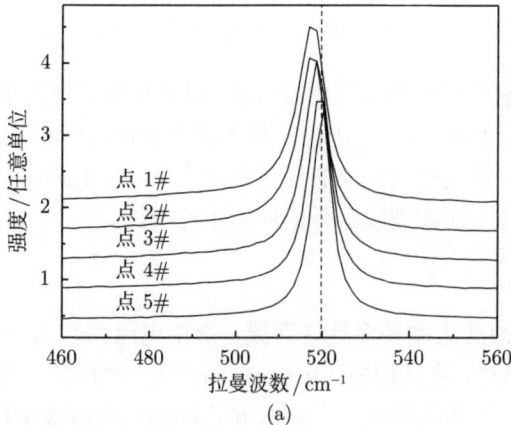

(a)

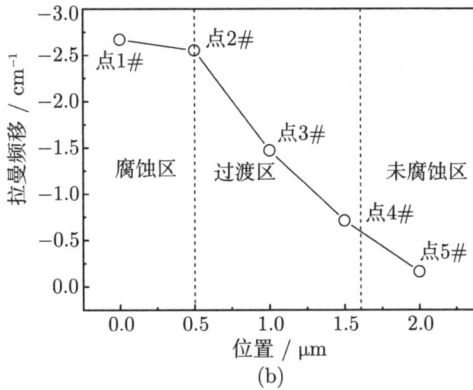

图 2.29   电化学腐蚀多孔硅的各测量点的拉曼波谱 (a) 和对应的拉曼频移分布 (b)

因为拉曼频移为负数，所以残余应力为拉伸应力。从腐蚀区、过渡区到未腐蚀区各测量点的拉伸残余应力逐渐减小，且呈连续过渡的形式；腐蚀区各点的残余应力较大且应力梯度小，过渡区的残余应力梯度大，而轻微腐蚀区的残余应力和应力梯度都较小，较高的残余应力与应力梯度的变化会影响 MEMS 的工作性能。

2.4.3   横截面

若想测量应力随厚度的变化情况，有三个方法可行：一是通过改变激励激光的波长从而改变所探测深度，其缺点是所测得的拉曼信号来自整个探测区域；更好的方法是使用系统的共焦性，这个方法仅适合于透明试样 (如 GaN 或金刚石)，而对于不透明的试样 (如硅) 就不适合了；第三种方法是劈开试样，如果需要还要进行打磨，然后测量横截面。

根据扫描电镜 (SEM) 观察得到实验所用的多孔硅薄膜厚为 $10\sim15\mu m$，按 [011] 方向掰开试样，沿横截面厚度方向分别选择接近表面和距离表面分别为 3、6、9、12 和 $27\mu m$ 的位置上测量 6 个点，用从 1# 到 6# 进行标记。其中，6# 在硅基体中、5# 在硅基体接近界面处，其他测量点都在多孔层中；6# 为 p 型硅晶片标准拉曼波谱 ($520cm^{-1}$)，为三重简并的光学声子；其他测量点的拉曼波形发生明显移动和非对称展宽，越靠近多孔层表面，拉曼波峰向低波数移动越大，如图 2.30(a) 所示。

沿横截面厚度方向上拉曼频移如图 2.30(b) 所示。可见，靠近多孔硅表层的拉伸残余应力表现出部分松弛；接近表层的应力最大，而靠近界面的应力逐渐降低；在基体靠近界面处出现与之平衡的压缩应力，基体远离界面处无应力。

由于多孔硅层具有较大的晶格间距，从而使得在薄膜与基底之间出现晶格失配而产生残余应力，所以晶格失配和孔隙率影响着横截面上的残余应力分布：在多孔硅表面因发生应力松弛而可以忽略晶格失配的影响，而在界面附近是孔隙率和晶格失配相互影响的结果；在表面上有着最高的孔隙率，而在界面附近有着最低的孔隙率。此外，多孔硅横截面上的残余应力也有可能是来源于覆盖在多孔结构上的氧化硅，这依赖于样品的表面形貌以及环境的湿度和照明等外部条件。

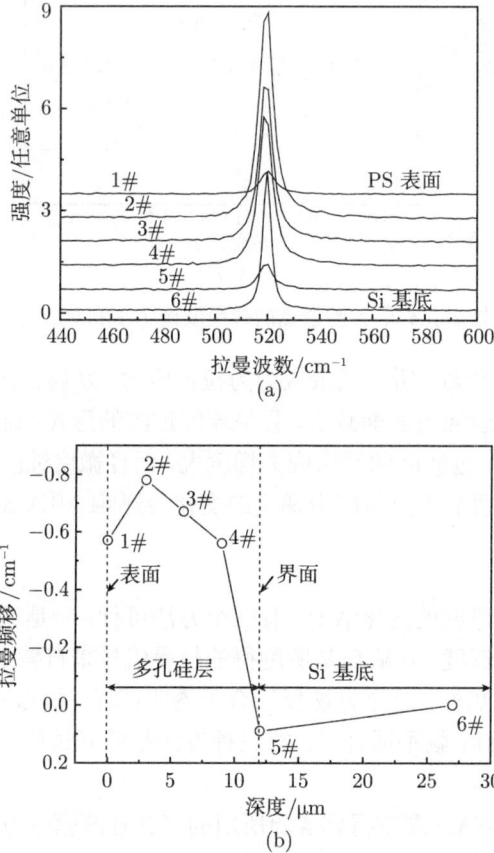

图 2.30   沿着多孔硅/硅横截面上不同位置的拉曼波谱变化 (a) 和拉曼频移变化 (b)

(Lei et al., 2005b)

更为精细的多孔硅/硅横截面上的拉曼测量结果如图 2.31 所示，实验样品为 60%孔隙率多孔硅薄膜结构。拉曼实验使用 Ranishaw RM2000 显微共焦拉曼系统，514nm Ar⁺ 激光光源，选用 50× 物镜，激光被聚焦为 2μm 直径的光斑。实验测量区域为试件横截面上沿厚度方向从多孔硅薄膜表面至基底 210μm 深度处，测点间距 (即光斑中心点每次移动的距离) 为 1μm。

如图 2.32 所示，多孔硅薄膜中的残余应力是拉应力，除了在膜表面小范围区域内有一定程度的缓释外，在多孔硅材料区域内的应力较稳定，该残余拉应力是导致多孔硅薄膜开裂的主要原因。

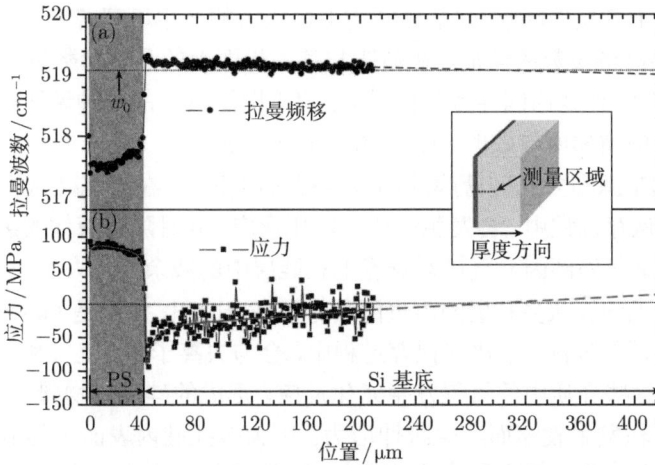

图 2.31 沿着多孔硅/硅横截面上更为精细测量的拉曼频移变化 (a) 和残余应力变化 (b)
(Qiu et al., 2009)

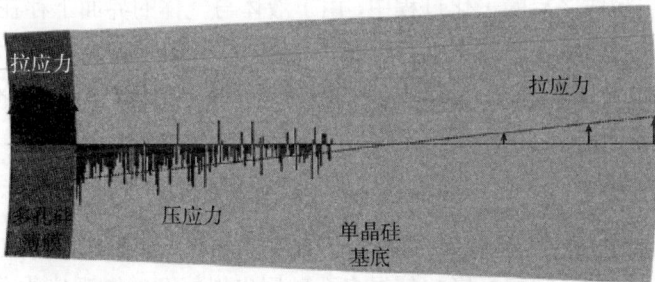

图 2.32 残余应力引起多孔硅薄膜结构翘曲示意图

在多孔硅与硅基底的界面区域内应力的变化梯度大，从拉应力急剧变化到最大压应力，分析其原因为多孔硅制备工艺使这一区域晶格错配梯度大，因而材料内部的残余应力也急剧变化。

除了界面区域，在硅基底中压应力近乎线性地减小，由测试点给出的应力变化趋势以及截面平衡的概念可以推论硅基底中的应力线性增至拉应力，整个截面的拉、压应力相互平衡。由此可知，多孔硅膜材料在制备过程中产生的残余应力引起了整个结构的翘曲变形。

2.4.4 残余应力产生机理

通常认为，薄膜中的残余应力是热应力、内应力和外应力综合影响的结果，热应力是由于薄膜与基底材料具有不同的热膨胀系数而引起的。由于多孔硅薄膜与硅基体具有相同的晶格结构，故多孔硅薄膜的残余应力主要是指它的内应力和外应力影响。关于多孔硅薄膜/硅基体结构中内应力的产生机理普遍认为，内应力是由于多孔硅层晶格参数的增加，在薄膜与基底界面上的晶格参数发生错配而产生的。但是，究竟是什么原因导致晶格错配尚不明晰，其中的一种说法是认为在界面上的声子频率的增加所导致的 (Mantotas et al., 2001)。

外应力的来源与多孔硅薄膜的制备过程密切相关，在多孔硅试样制备好后的冲洗、干化和保存过程中，会发生氧化和氢化反应，同时随着液体的蒸发会出现毛细力的作用，这些外部因素直接影响着多孔硅层中的残余应力大小。

由于这种毛细管状多孔层的内表面具有很高表面积，大约是 $600\mathrm{m}^2/\mathrm{cm}^3$。在多孔硅试样制备后的冲洗、干化和保存过程中，会与去离子水、空气和乙醇等外部介质相接触，与这些介质中的氧气发生氧化反应，形成的硅氧化物覆盖在内表面上，会引起内表面积发生收缩而产生拉伸应力。因为多孔硅内表面上的氧化膜是不断生长的，因此在多孔硅再次湿化的过程中，这种应力不会消失，属于不可逆的应力影响。

此外，当在毛细管状的孔洞中进行腐蚀过程的时候，其中存在着大量电解液和气体。多孔硅层形成之后的干化过程中，由于液体与气体的界面上存在着表面张力的作用，随着孔洞内液体的蒸发就会出现毛细力。这种毛细力是施加于毛细管状多孔体内表面上的外部作用力，在完全干化时就会消失，当再次湿化时又会出现，属于可逆的应力影响。

1. 微力学模型

通过上述的分析，我们认为多孔硅薄膜的残余应力主要是由内应力和外应力两部分所组成，它们之间相互影响使得多孔硅层出现复杂的微观应力分布，图 2.33 所示为微力学模型。

其中，内应力主要是由于薄膜和基底之间的晶格错配而产生的 —— 晶格错配应力 (lattice mismatch stress)，它的作用范围是存在于晶格错配的界面区域。外应力主要来自两方面的贡献，一是来源于薄膜内表面张力所引起的拉伸应力 —— 毛细应力 (capillary stress)，其作用范围在液体、气体和多孔硅孔洞的三相接触线上；二是薄膜表面所覆盖的氧化膜所引发的拉伸应力 —— 氧化应力 (oxidative stress)，它作用于整个内表面上。

当然，残余应力还可能存在其他的来源，例如，由于多孔硅制备后经氢钝化 (hydrogen passivate) 在内表面上出现的范德瓦耳斯力 (van der Waals force)，被氢所覆盖的内表面相互吸引也会引发拉伸应力，它将在全场发挥作用。

使用如图 2.33 所示的多孔硅薄膜微力学模型，通常假设多孔硅层是一种各向同性体，即在层中存在有各向同性的平面应力，所以在以下的计算中，用平面应力的平均值来代替实际复杂的应力微观分布。多孔硅层中的残余应力 σ 是晶格错配

应力 σ_{m}、毛细应力 σ_{c} 和其他应力 σ_{o} 之和,即有

$$\sigma = \sigma_{\mathrm{m}} + \sigma_{\mathrm{c}} + \sigma_{\mathrm{o}} \tag{2.10}$$

其中,其他应力 σ_{o} 包括由于氧化层引起的氧化应力、由于氢钝化所引发的范德瓦耳斯力及其他因素综合影响的结果,下面分别说明薄膜中残余应力的各组成分量。

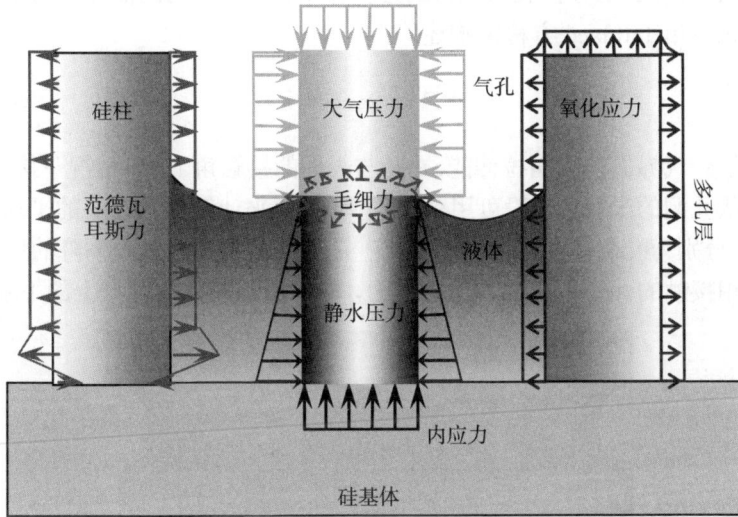

图 2.33 多孔硅薄膜横截面微力学模型 (Lei et al., 2004b)

2. 晶格错配应力

在多孔硅在腐蚀过程中形成大量的毛细管状的孔洞,因多孔层的晶格常数发生膨胀而造成多孔硅层与基体硅之间界面上出现晶格错配。(004) 反射的 X 射线衍射实验发现对于不同孔隙率的多孔硅薄膜 (p+ 型),它的晶格间距的相对变化 $\Delta a/a$ 在 $10^{-3} \sim 10^{-2}$ 变化,因此附着在基底上的多孔硅薄膜会受到由晶格错配而引发的双向平面应力 σ_{m} 的作用,由胡克定律可知

$$\varepsilon_{\mathrm{m}} = \Delta a/a \tag{2.11}$$

$$\sigma_{\mathrm{m}} = E\varepsilon_{\mathrm{m}}/(1-\nu) \tag{2.12}$$

其中,E 和 ν 分别为多孔硅薄膜层的弹性模量和泊松比。根据多孔硅薄膜的微力学模型,晶格错配应力可表现为拉伸应力或者是压缩应力,且应力分布是不均匀的。

3. 毛细应力

在多孔硅孔洞形成过程中,微孔洞中会存留着大量电解液和气体。在多孔硅层

形成之后的干化过程中, 由于液体与气体的界面存在着表面张力的作用, 随着孔洞内液体的蒸发会出现毛细力, 而且多孔层中的微孔越小, 这种毛细应力就越大。

液体与固体间会形成弯液面, 如图 2.34 所示, 对于两个亲水性平板会产生相互吸引的毛细力, 其大小与弯月面的几何形状有关。在两板之间液桥边缘的弯液面必须满足具有相同的接触角 θ, 并且弯液面的形状依赖于平板的形状。

由于液/气界面上存在表面张力的拉伸作用, 毛细管内的液体压力下降, 这种压力的变化可用 Laplace 方程来描述

$$\Delta P = 2\gamma\cos\theta/r \tag{2.13}$$

其中, γ 是液/气界面的表面拉伸能, θ 是与表面的接触角 (通常情况下接近于 0), r 是毛细管状孔洞的半径。一般可用公式 $r = 2\rho/S$ 来计算多孔硅层的平均孔径, 其中 ρ 和 S 分别为孔隙率和内表面积。ΔP 是毛细管内的液体中下降的压力, 也等于与液体相接触的孔壁单位面积上的压力, 即作用于多孔硅孔壁上的毛细应力。

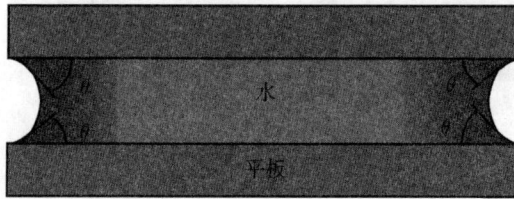

图 2.34   两平板之间的液桥, θ 为接触角

液/气界面上表面张力的拉伸作用使得毛细管状孔洞内表面之间相互吸引, 这样的结果会使孔洞的尺寸减小和内表面积降低, 因此孔壁受到拉伸作用。因为毛细管内的液体压力的下降受到孔洞的制约, 在多孔硅薄膜中的毛细管平均应力 σ_c 大约是等式 (2.13) 乘以孔隙率 ρ 来得到, 即

$$\sigma_c = \Delta P\rho = 2\gamma\rho\cos\theta/r \approx \gamma S \tag{2.14}$$

从上式可知, 毛细应力是孔壁单位面积上的压力, 特别是当孔壁一侧受力而另一侧不受力时, 就如同液体薄膜界面的情况一样, 孔壁将受到强烈的非对称力的作用, 会导致多孔硅孔壁的破裂。

4. 其他应力

当硅晶片经极化腐蚀制备好后, 通常用去离子水进行冲洗后进行干化, 保存在无水乙醇溶液中。在这一过程中不可避免地要同液体或空气中的氧气进行接触而发生氧化, 在多孔硅薄表面覆盖了一层硅氧化物。当多孔硅薄膜再次进行湿化之后, 晶格应变不能回到初始值, 这说明多孔硅薄膜发生了不可逆的氧化 (Chamard et al., 2001)。随时间的延长这种硅氧化物还要继续缓慢生长,可见氧化应力对多孔硅残余应力的影响是与时间相关的动态过程。

目前很少有相关的文献来说明和计算这种氧化应力的影响程度,由于范德瓦耳斯力的影响不大,只有几个 MPa,在我们的分析中忽略了范德瓦耳斯力和其他因素的影响,认为其他应力 σ_0 全部归功于氧化应力的影响。

2.5 多孔硅中的毛细效应

2.5.1 毛细效应起因

大量的微机械系统与液体之间的界面都存在着毛细作用,此作用在利用毛细力进行微结构自装配中得到了应用。如图 2.35 所示,在执行低量程高分辨力动态压入实验过程中,由于熔融硅具有吸湿性 (1~2nm 厚度的水膜),在 $-15 \sim -5$nm 范围内显示明显的吸附作用 (Zhang et al., 2004)。

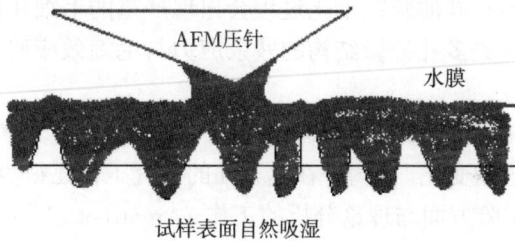

图 2.35 AFM 针尖与试样发生毛细液桥现象

亲水性固体表面、液体和气体三种介质之间存在着交界线,如图 2.36 所示,在三种介质的交界处 (三相接触点) 的表面拉伸能保持平衡,即为 Young 方程

$$\gamma_{sv} = \gamma\cos\theta + \gamma_{sl} \tag{2.15}$$

其中,γ_{sl}、γ_{sv} 和 γ 分别为固/液、固/气和液/气之间的界面能,接触角 θ 是常量 ($0 < \theta < \pi$)。如果 Δp 为液/气界面两侧的压力差,R_1 和 R_2 为液体界面的主曲率半径,那么有 Laplace 方程

$$\Delta p = \gamma(1/R_1 + 1/R_2) \tag{2.16}$$

值得注意的是,毛细力等于作用于三相接触线整个长度上表面张力 γ(三相接触线单位长度上的力) 的垂直分量 $\gamma\sin\theta$。对于亲水性平板 $\theta < 90°$),这时对应的是使两平板相互吸引的毛细力;反之,对于疏水性平板 ($\theta > 90°$),对应的是使两平板相互排斥的毛细力。如果平板是长方形或者圆形形状,则沿着整个三相接

触线上的弯液面是相同的，其所对应的毛细力大小也相同。如果平板边缘具有可变的曲率半径，则弯液面的形状沿着接触线也是可变的，所对应的毛细力大小也可变。

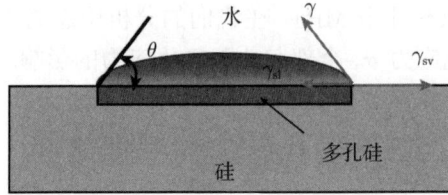

图 2.36   电化学腐蚀多孔硅表面上的蒸馏水液滴

在多孔硅试样制备好后的冲洗、干化和保存过程中，表面会与去离子水、空气和乙醇等外部介质相接触，不可避免地会发生氧气反应和与液体相关的毛细效应，这些外部因素直接影响着多孔硅层中的残余应力大小。这种加工工艺以及外部影响因素对微结构内部残余应力的演化发展起着重要的作用，影响着微电子器件的可靠性和寿命，如多孔硅薄膜在干化过程会出现严重的毛细作用而引发薄膜发生龟裂和翘曲。因此有关多孔硅微结构的残余应力与毛细效应研究具有重要的工程应用背景。

然而，对于毛细现象是如何引起微电子器件的结构和受力状态的变化，以及如何准确定量地表征这些变化，国内外在这方面的研究工作还很少。针对多孔硅薄膜而言，已有的一些实验方面与理论分析的工作 (Amato et al., 1996; Belmont et al., 1996; Chamard et al., 2001)，只是半定量地研究了毛细效应对多孔硅薄膜的影响。因此，在这一领域中需要更深入地开展实验应力分析方面的研究。

2.5.2   毛细效应模型

根据纳米多孔硅简单的微结构模型 (图 2.17) 可知，它是由纳米尺度的大量微支柱和微孔洞组成，在孔洞中填充大量的液体 (电解液)，就可以建立对应的毛细效应模型，如图 2.37 所示。

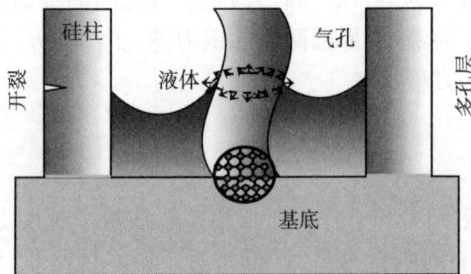

图 2.37   解释毛细效应的液桥模型

箭头表示毛细力对硅支柱的拉伸作用，插图为界面上的似刃型位错

纳米多孔硅中的下凹弯液面所产生的毛细力会使微支柱之间相互吸引,从而使微孔洞尺寸减小和内表面积降低,微支柱将受到拉伸作用,并导致多孔硅残余应力发生变化,图 2.37 中的箭头表示毛细力对微支柱的拉伸作用。若微支柱呈圆柱形形状,则沿着整个三相接触线上的弯液面是圆形的,其所对应的毛细力大小相同而方向不同。在三相接触线单位长度上的毛细力等于表面张力 γ 的垂直分量 $(\gamma\sin\theta)$。

实际上,由于微支柱和微孔洞的形状与尺寸都是不规则的,如果支柱边缘具有可变的曲率半径,则弯液面的形状沿着接触线也是可变的,其所对应的毛细力大小也可变。特别是当支柱两侧受力大小不一致时,就如同液体薄膜界面的情况一样,支柱将受到非对称力的作用,当力的非均匀部分过大或者变化过快时就会导致多孔硅支柱的破裂。

2.5.3 湿化与干化

在多孔硅薄膜的湿化和干化过程中,伴随发生着与液体表面能相关的毛细效应和表面与氧气之间的氧化效应,它们对薄膜中残余应力的演化发展起着重要的作用,通过下面的实验可以看出毛细效应在多孔硅干化过程中对残余应力的影响 (Lei et al., 2004d)。

1. 蒸馏水溶剂

常温下使用 Rigaku D/max-2500 型 X 射线衍射仪的 Cu K$_{\alpha 1}$(波长为 1.54052Å) 射线得到 X 射线衍射数据。当进行 X 射线衍射测量时,先把多孔硅试样浸入蒸馏水大约 5min,表面粘附有一层蒸馏水进行 X 射线衍射测量 (曲线 W1),如图 2.38(a) 所示;然后将试样吸干蒸馏水后置于空气中进行自然干燥约 10min 进行第二次测量 (曲线 D),可见经干化后试样的布拉格峰移向基体硅的布拉峰,对应的晶格失配从 0.3681% 降到 0.3461%,如图 2.38(b) 所示;为了进一步研究毛细效应的可逆性,最后将试样再次浸入蒸馏水中约 5min 后进行测量 (曲线 W2),经这次湿化之后的多孔硅布拉格峰又远离基体硅的布拉峰,但是没有回到初始位置,晶格失配为 0.3608%。由图 2.38(a) 可看到,在上述实验过程中,基体硅的布拉格峰的位置没有发生变化,说明在多孔硅样品表面涂一层薄的蒸馏水对 X 射线衍射的影响是很小的,可以忽略不计。

另外,多孔硅在干化之后,晶格失配发生轻微下降,这是因为从湿到干的过程中,随着液体的蒸发,在表面上产生了毛细力的作用,它所影响的晶格失配变化量约为 1.47×10^{-4};经再次湿化后,观察到布拉格峰没有回到初始位置,应变发生缓慢的移动,这是因为试样接触空气后会发生氧化反应,造成经重新湿化之后的晶格失配小于初始湿化时的情况,这样由于氧化效应所影响的晶格失配变化量约为

7.3×10^{-5}。可见，与毛细效应的影响相比，氧化效应对晶格失配的影响差不多要低一个数量级。这些效应对晶格失配的影响是很小的，约占总晶格失配的百分之几。

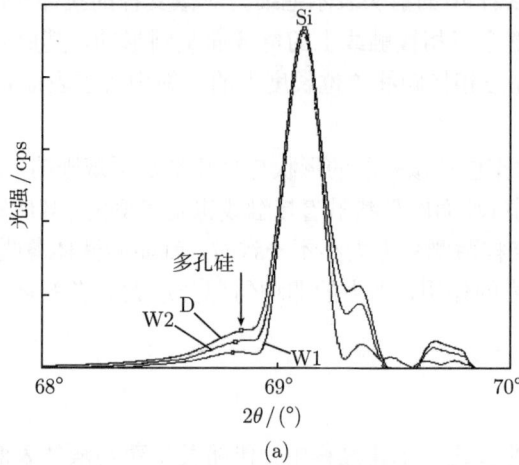

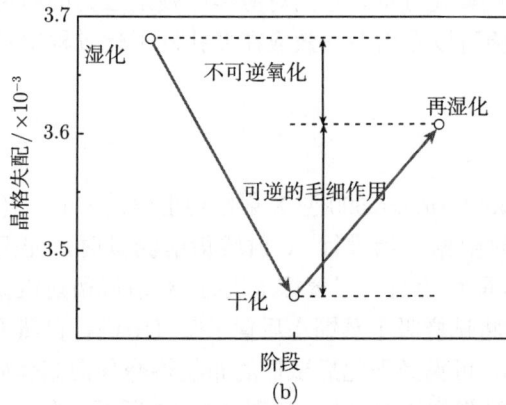

图 2.38　蒸馏水湿化–干化–再湿化循环过程中，电化学腐蚀多孔硅的 X 射线衍射变化曲线 (a) 和对应的晶格错配变化过程 (b)

　　使用蒸馏水进行拉曼测量，在湿化、干化和再次湿化循环过程中的拉曼光谱变化如图 2.39(a) 所示，与硅晶体标准的拉曼光谱相比，它们都发生各不相同的非对称展宽和移动，其中两次湿化情况下的拉曼光谱波形基本一致，而干化情况下的拉曼波谱的非对称展宽和移动程度很大。

　　在湿化、干化和再次湿化的循环过程中，其对应的拉曼频移如图 2.39(b) 所示。可见，多孔硅在干化之后的残余应力急剧上升，这是因为湿化时的多孔硅试样的微孔洞内充满了液体，毛细效应的影响很小；而干化时随着液体的蒸发，气体/液体界面在孔洞内部形成，在多孔硅内表面与液体之间形成了液桥，从而产生了毛细效应。当再次湿化后,试样表面覆盖有一层蒸馏水后毛细效应便消失,但残余应力并没有完全回到初始位置,而发生了轻微的变化。同 X 射线衍射实验一样,这也是因为多孔硅内表面与空气中的氧气发生反应所致,其影响比毛细效应要低。图 2.39(b) 实验结果表明多孔硅毛细效应的存在,结合多孔硅的拉曼频移应力因子,可以定量给出了毛细作用力的大小。

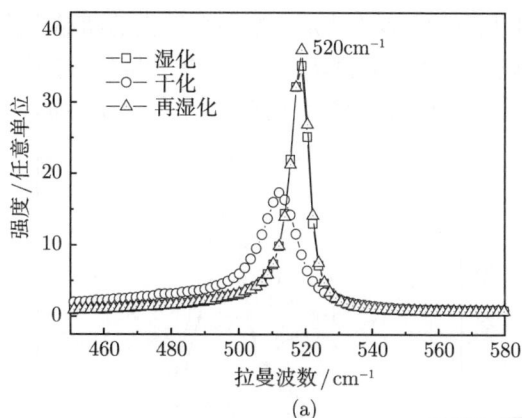

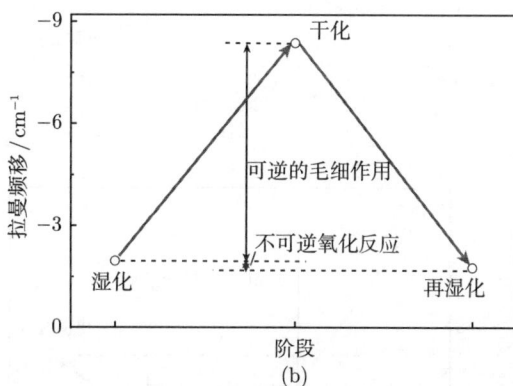

图 2.39 蒸馏水湿化–干化–再湿化的循环过程中,电化学腐蚀多孔硅的拉曼光谱变化曲线 (a) 和相应的拉曼频移变化过程 (b)

2. 无水乙醇溶剂

相比之下,使用无水乙醇溶剂得到的 X 射线衍射变化曲线如图 2.40(a) 所示,其对应的晶格应变变化如图 2.40(b) 所示。与蒸馏水溶剂的结果类似,多孔硅使用无水乙醇溶剂在干化阶段的晶格应变下降,从 0.3913% 降到 0.3617%,经再次湿化后的晶格应变为 0.3765%,这是在干化阶段的毛细和氧化效应共同作用所致,它们所影响的晶格失配变化量都约为 1.48×10^{-4}。可见,使用无水乙醇溶剂时不会明显改善多孔硅在干化和湿化过程中的晶格失配变化程度, 但会加速多孔结构表面的氧化程度。因为无水乙醇是极易挥发的溶剂, 在上述实验过程中基体硅的布拉格峰的位置也发生了变化, 说明无水乙醇对多孔硅样品的 X 射线衍射行为有一定的影响。

　　X 射线衍射实验同时也证明多孔硅薄膜与基体硅有着相同的结构, 但是具有较大的晶格常数。由此可知, 多孔硅是晶格参数较大的超晶格结构, 在孔壁与基体之间的界面上将出现似刃型位错的晶格失配, 在孔壁中将产生大的畸变而出现内应力, 而这种不规则的内部结构会导致内应力的不均匀分布。

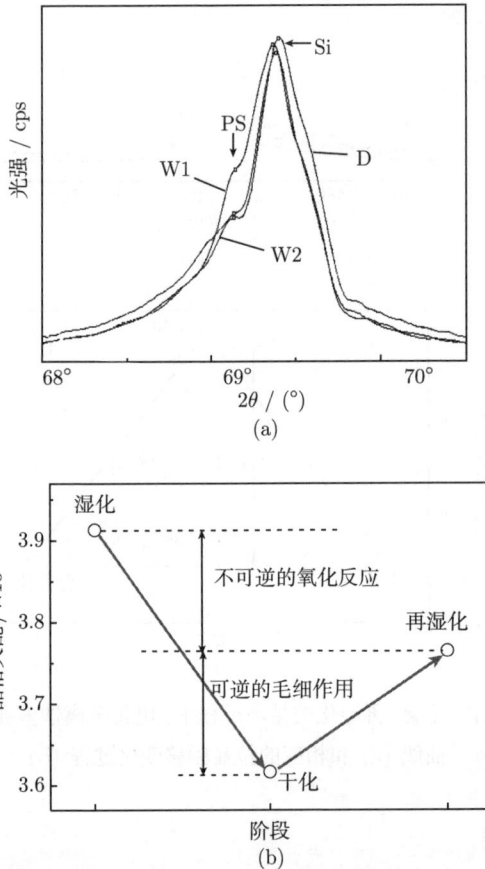

(a)

(b)

图 2.40　无水乙醇湿化 (W1)–干化 (D)–再湿化 (W2) 循环过程中, 电化学腐蚀多孔硅的
X 射线衍射变化曲线 (a) 和对应的晶格错配变化过程 (b)

　　相比之下, 使用无水乙醇溶剂得到的拉曼波形在不同阶段变化不大, 如图 2.41(a) 所示, 其对应的拉曼频移如图 2.41(b) 所示。与蒸馏水溶剂的结果相反, 多孔硅使

用无水乙醇溶剂在干化阶段的残余应力下降, 原因是无水乙醇是极易挥发的溶剂, 在干化阶段很短的时间内已完全挥发, 在硅支柱间的液桥作用急剧下降乃至完全消失, 毛细效应也相应地消失。当试样表面覆盖一层无水乙醇而再次湿化之后, 液桥的存在又引起毛细力发挥作用, 但由于氧化效应残余应力并没有完全回到初始位置而是发生了下降。由于氧化反应和毛细效应两者所导致的残余应力变化量大小相当。

由于无水乙醇的表面张力为 22mN/m, 要小于蒸馏水的表面张力 72mN/m, 使得多孔硅与乙醇之间的润湿性更好; 另外, 在接触角 θ 保持不变的情况下, 若溶剂的表面张力 γ 越大, 则垂直于固体表面的分量 $(\gamma\sin\theta)$ 越大, 对多孔硅多孔结构而言, 这意味着在干化时使用表面张力较小的溶剂可以降低残余应力及其变化量, 从而有效地避免裂纹的产生。

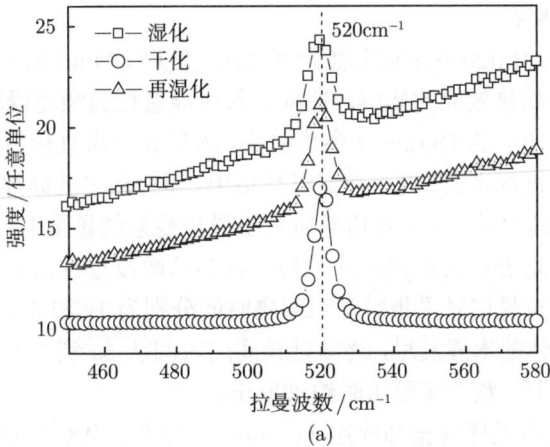

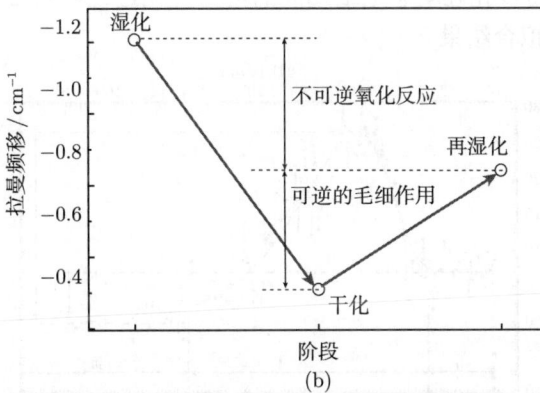

图 2.41 无水乙醇湿化–干化–再湿化的循环过程中, 电化学腐蚀多孔硅的拉曼光谱变化曲线 (a) 和相应的拉曼频移变化过程 (b)

毛细效应和氧化效应都是影响多孔硅薄膜残余应力演化发展的驱动力，它们之间既有相似性，但又存在区别。相同点为：毛细效应在干化阶段才出现，而在湿化阶段就会消失，实验证明这是个可逆的动态物理影响过程，它依赖于试样内表面与液体之间液桥的形成；而氧化效应是在干化阶段与空气接触后所产生的不可逆化学反应，一旦发生就会在薄膜内表面上形成氧化层，所造成的影响不会消失，而且氧化也是一种动态的生长过程，它依赖于样品的表面形貌以及环境的湿度和照明等外部条件。而这两种效应的不同点在于：毛细效应使拉伸残余应力明显增加，而氧化效应使拉伸残余应力略微下降。

可见，毛细效应主要影响着多孔硅薄膜干化阶段残余应力的发展演化，在多孔硅的加工过程中选择合适的干化工艺来减轻毛细效应对于避免多孔硅薄膜出现裂纹起着至关重要的作用。

2.5.4　动态毛细效应

采用 Ranishaw RM2000 显微共焦拉曼系统，使用 514nm Ar⁺ 激光作为激励光源。为了避免激光加热效应的影响，将激光入射能量设为激光器输出功率的 1%，即 0.23mW。选用 50× 的 Olympus 中焦镜头，入射光光斑直径为 2μm。

动态毛细实验进行步骤如下：在室温环境中，首先将多孔硅样品置于一个小型的培养皿中，多孔硅薄膜向上；将培养皿置于微拉曼系统显微平台上，聚焦入射光于多孔硅表面；在培养皿内缓慢注入乙醇，直到乙醇没过样品并超过样品表面约 0.1mm 为止；设置拉曼信号采集时间和间隔时间分别为 1s 和 5s，开始采集拉曼数据；当培养皿中液体基本挥发尽，逐渐延长间隔时间从 5s 到 1min，直到多孔硅基本干燥结束实验采样，整个实验历时约 20min。

所有的拉曼光谱采样数据都应用 Lorentzian 分布函数进行拟合，获得各自相应的频移位置，获得多孔硅动态毛细期间的应力变化过程如图 2.42 所示，实线为离散的实验数据的拟合结果。

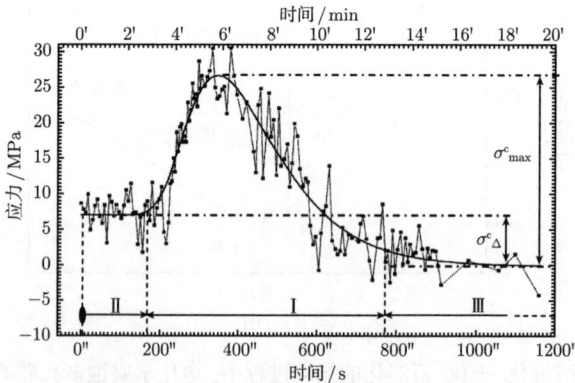

图 2.42　多孔硅薄膜动态毛细过程的微拉曼实验结果 (Qiu et al., 2008)

由图 2.42 可见，多孔硅薄膜中由毛细效应导致的应力随着时间非线性地变化，大致分为三个阶段：阶段 I、阶段 II 和阶段III。各阶段中具体的力学现象和他们各自可能的物理根源讨论如下。

阶段 I　随着液体不断挥发，液面 (即气–液界面) 自上而下穿过多孔硅层 (如图 2.43(a))，毛细效应主导了其间多孔硅中的应力变化。具体而言，毛细效应对固体的影响表现为液体对固体的吸附力，称为毛细力 ΔP。毛细力的作用位置在液面与固体表面的交汇处，称为三相交界；毛细力的方向为三相交界处液面的切向；毛细力的大小则取决于液体的表面张力；此外三相交界位置液面切向与固体表面切向的夹角称为接触角。

微观拓扑为森林状的多孔硅中的任意一个硅柱可以简化成如图 2.43(b) 所示的悬臂梁结构，其中梁轴向横截面的形状不规则，并且沿着轴向不断变化。由于固体硅材料与液体乙醇的接触角是一定的，毛细作用的方向便取决于三相交界处硅柱的表面形状。硅柱表面形状是曲折不定的，因此随着液面的不断下降，三相界面的位置不断变化，三相界面的切向也是不断变化的，液体作用于硅柱表面上的毛细力 ΔP 也必然是不均匀、不对称且不断变化的 (图 2.43(c))。

通过应力分解，ΔP 等效于一个垂直于硅柱 (即悬臂梁轴向) 的拉伸应力 σ^t 和一个平行于悬臂梁轴向的压缩应力 σ^p。由图 2.43(d) 可见，作用在硅柱外表、液面所在位置处 (也就是悬臂梁横截面周边上) 的 σ^t 和 σ^p 都是不均匀、不对称而且随着液面位置变化不断变化的 (图 2.43(e))。在外载荷的 σ^t 和 σ^p 作用下，多孔硅薄膜中产生了分布不均匀、不对称且非线性变化的内应力 σ^c。如此不均匀的内应力将会导致多孔硅在其生产与储藏过程中发生破坏。

阶段 I 过程中多孔硅内应力先是迅速增加到最大值，随后逐渐的下降。该应力冲击现象主要是由以下两个因素所致：一个是液桥的数量，因为多孔结构中液桥越多，三相交界的面积越大，单位体积内的毛细力所引起的内应力越大；另一个因素是液面的位置，即 σ^t 与 σ^p 的作用位置。随着液面连续下降，一些较高的硅柱最先暴露在空气中，液桥便在它们之间形成 (图 2.43(f) 中的椭圆圈)；随着越来越多的硅柱 (主干或分支) 从液体中露出 (图 2.43(g)~(h))，液桥数量便会迅速增加到其平台值，导致毛细效应所导致的内应力在阶段 I 早期迅速增大。与此同时，由于森林状的多孔硅结构中的硅柱可简化成不规则截面的悬臂梁，其受力状态如图 2.43(e) 所示，不同高度的毛细效应能够产生不同程度的内应力。由于液面越来越接近硅柱的根部，由 σ^t 所直接影响的多孔硅内应力逐渐减小直到消失。

阶段 II　即实验的开始阶段，多孔硅样品尚完全浸没于液体之中，其外载荷条件和内应力状态保持稳定。实验显示，浸没使得多孔硅样品承载了一定的应力。比较而言，暴露于空气中的多孔硅样品不承受该应力。这是因为当样品完全浸没于乙醇中时，多孔硅的孔隙并没有被完全填充 (Moretti et al., 2007)。这一现象可能源于试件的纳米尺度效应, 硅柱主干和主孔隙都是 10~100nm, 但晶粒和子孔隙的直径都只有几个纳米。由于气体分子很难从纳米级的孔隙中排出, 因此当气态和液态物质同时存在时, 毛细现象便会产生。一些非经典的应力和物理、化学现象, 如范德瓦耳斯力 (Gruning et al., 1995)、氧化效应、氢化 (钝化) 效应以及卡斯聂耳效应 (Moretti et al., 2007) 等, 也不同程度地影响了多孔硅浸没于乙醇中时的应力状态。

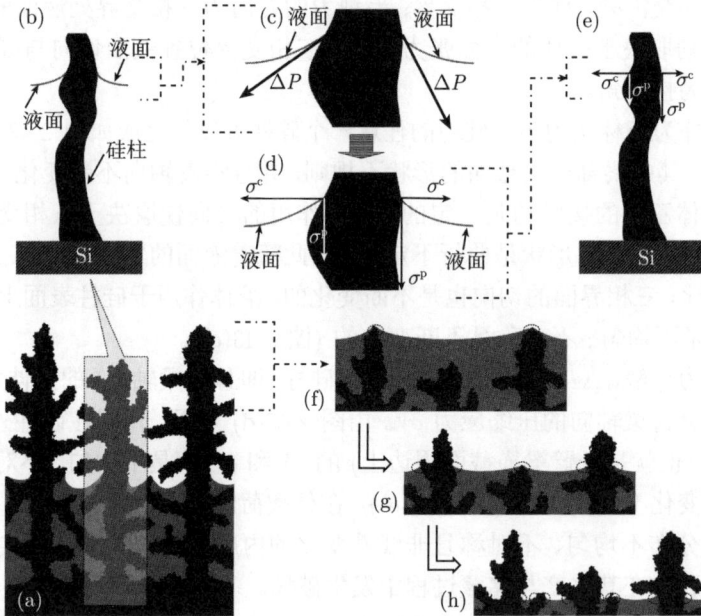

图 2.43　多孔硅毛细效应应力分析

(a) 浸湿的多孔硅微结构示意图；(b) 将任意硅柱简化成非均匀截面的悬臂梁结构；(c) 硅柱上毛细力 ΔP 的作用位置和方向；(d) ΔP 应力分解成 σ^{t} 和 σ^{P}；(e) 非均匀截面悬臂梁结构的受力状态, 同一截面上 σ^{t} 和 σ^{P} 分布不均匀不对称, 且随液面下降而不断变化；(f) 液桥最先在较高的硅柱间形成；(g) 随着液面下降液桥数量越来越多；(h) 液桥数量达到其平台值

阶段 III　当液面离开多孔硅与硅基底的界面, 动态毛细进入了第三阶段。但是, 毛细效应对多孔硅的影响并没有随之迅速消失。而且, 在实验进行到接近于阶段 I 和阶段 III 相交之际, 应力下降趋势明显减速。可见, 尽管整体已经暴露于空气中, 多孔硅中依旧存在毛细导致的应力。这是因为液面离开硅柱以后, 孔隙中仍然存在少量残余的乙醇, 其原因可部分地归结于发生在纳米尺度的毛细凝聚现象 (Buks et al., 2001)。残留的液体缓慢地挥发完全, 毛细现象的影响也随之逐渐消失。

基于以上对多孔硅干化过程中应力变化过程机理的分析, 便可以对多孔硅制备和存储过程中的破坏问题进行进一步的讨论。现有的大多数研究工作将多孔硅的坍陷、龟裂和剥落归结于总体的残余应力，其中晶格错配和畸变导致的本征应力是残余应力的主要组成，但是毛细效应以及其他工艺过程导致的工艺应力也是其中重要的一部分。

为了获得高质量的多孔硅，毛细效应几乎不可避免。这是因为，多孔硅的制备工艺中包含诸如浸没、冲洗、烘干等关键的技术关节。如果样品没有发生结构破坏或者化学变性，毛细效应是可逆的；但如果在其生产过程中承受了任何剧烈地或者反复地"湿–干–湿"的过程，亦或在液体中存储了很长的时间，多孔硅薄膜就可能因毛细效应导致破坏。毛细效应能够对多孔硅产生的破坏作用主要表现在以下几个方面。首先，毛细导致的应力在硅柱同一横截面周边上的分布是不均匀、不对称的 (图 2.43(d))；同时，垂直于硅柱轴向的应力 σ^t 随着液面高度而动态变化 (图 2.43(e))，液体的迅速挥发使得这种应力动态变化变成了冲击，反复的动态毛细过程更加剧了破坏的程度。

毛细导致多孔硅破坏的模式与其拓扑结构密切相关 (Mason et al., 2002)。对于森林状的多孔硅结构，相比硅柱本身的强度和硅柱与基底的界面强度，相邻硅柱之间的交联强度要弱很多 (图 2.43(d))，毛细导致的应力更容易诱发多孔硅发生龟裂，而非从基片上剥离。图 2.44 给出了多孔硅制备过程中发生的破坏现象的光学显微镜照片。其中图 2.44(a) 为完好的 60% 孔隙率的多孔硅样品经过 2 个月密封于乙醇之中后发生的龟裂现象；图 2.44(b) 为同批次样品经历数次反复的"湿–干–湿"的过程后表面的龟裂现象；图 2.44(c) 为图 2.44(b) 的横截面照片，可见样品的多孔硅薄膜发生了显著的龟裂。多孔硅是一种较为典型的多孔材料，其毛细导致的破坏也具有一定的典型性。其他领域的研究也曾报道过类似的现象，例如，植物的组织干燥、吸湿过程中的开裂现象。

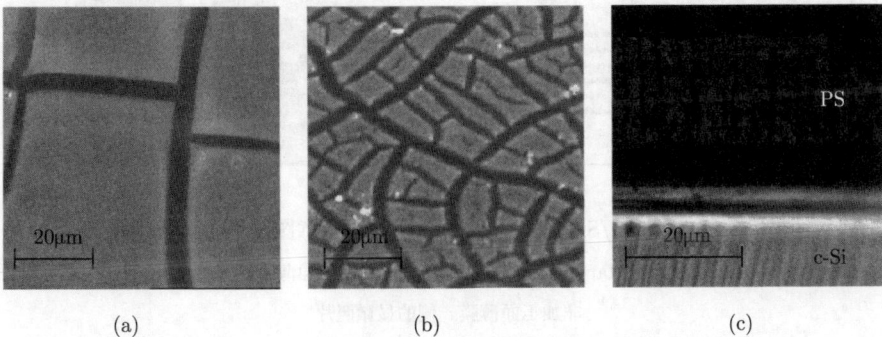

(a)　　　　　　　　(b)　　　　　　　　(c)

图 2.44　毛细效应导致多孔硅破坏的现象

(a) 长期浸没导致的龟裂；(b) 反复的毛细效应作用导致的龟裂；(c) 样品的横截面

基于以上对多孔硅动态毛细效应导致的残余应力和破坏现象及其机理的讨论，建议通过采取以下措施来减少多孔硅结构制备、存储过程中毛细所导致的破坏失效：①制备和存储中选用表面张力较小的溶液；②制备中控制毛细过程的速度，降低出现动态毛细效应的频率；③控制工艺参数 (腐蚀液配比、电流密度和腐蚀时间等)，以获得孔隙密度更为均匀、结构缺陷更少的多孔硅样品。

2.6 氧 化 硅

非制冷红外成像阵列是一种新型的微电子器件，每一个像素都是基于光学读出的双材料 (如 SiO_2 和 Au 组合) 悬臂梁结构，具有感应和转换红外信号功能 (Ou et al., 2013)。在热氧化生成 SiO_2 层时通常存在较大的残余应力导致样品发生屈曲现象，采用微拉曼光谱技术可对其残余应力产生的机理进行分析。

选用 [100] 晶向 p 型 3″ 双抛单晶硅，厚度为 $(325\pm25)\mu m$，电阻率为 $8\sim12\Omega\cdot cm$。晶片清洗后采用干法热氧化再基片制备 SiO_2 薄膜，氧化温度为 $1100°$，所得 SiO_2 厚度为 $1\mu m$。

热氧化所制备的样品两个表面皆呈紫色，如图 2.45 所示，这说明 Si 基片双面都产生了 SiO_2 薄膜。其中一面是加工面，因与热氧气充分接触，其 SiO_2 厚度得以精确控制；另一面是非加工面，因与热氧气接触不充分，其厚度未经控制。图 2.45(a) 给出了样品横截面示意图，图 2.45(b) 和 (c) 分别为加工面一侧和非加工面一侧的光学显微照片。如图可见，加工面一侧 SiO_2 厚度 $d_1 \approx 1\mu m$；非加工面 SiO_2 薄膜厚度 $d_2 < 1\mu m$ ($0.5\sim0.8\mu m$)。

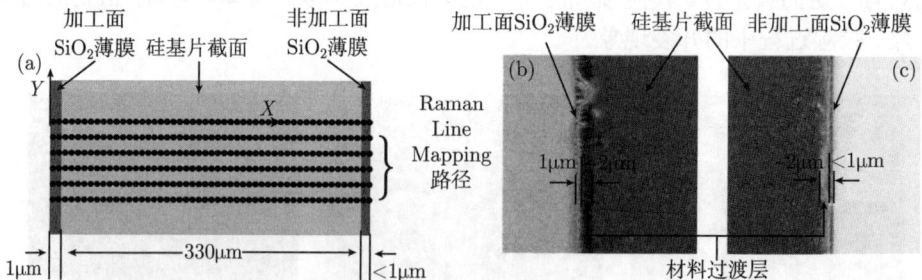

图 2.45 SiO_2 薄膜/Si 基片 (样品 A) 横截面示意图及光学显微镜照片

(a) 截面示意图和 Raman Line Mapping 路径；(b) 横截面在加工面薄膜一侧的显微照片；(c) 横截面在非加工面薄膜一侧的显微照片

从加工流程上看，热氧化会在深度方向上引入残余应力分布。采用英国 Renishaw 公司生产的 RM2000 显微共焦拉曼光谱系统，选用 514nm Ar^+ 激光器，其输出功率为 23mW，采集功率为 10%；背反式采集拉曼数据，50× 物镜，入射光斑直径为 2μm，采集积分时间为 3s，采样波谱范围为 100~1000cm^{-1}。

采用拉曼线扫描模式精确获得各样品在深度 X 方向的拉曼波数分布，扫描起始点为试件加工面一侧，采样间距为 1μm。

图 2.46 给出了样品 A 试件的拉曼实验所得沿厚度方向的波数分布，其中离散的正方形点为实验所得的拉曼波数数据。由于热氧化 SiO$_2$ 为不定形态，本身没有显著的拉曼特征峰，因此实验数据皆为基片硅材料的拉曼信息。

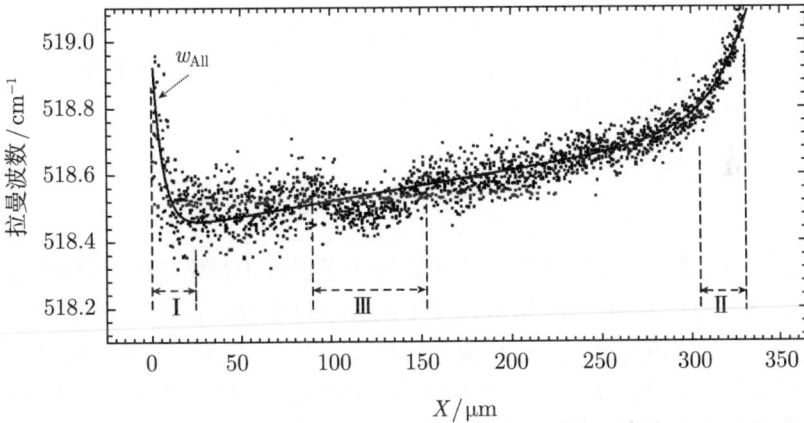

图 2.46　SiO$_2$ 薄膜基片 (样品 A) 横截面深度方向拉曼波数分布实验结果及数据拟合

可见，厚度方向上大部分区域，波数变化比较缓慢而且近似呈线性，这说明基体整体存在一定的整体翘曲；在基片两侧，从基片加工面边界到基片内部约 25μm 深度的范围内 (称为 Region I) 以及从基片非加工面边界到基片内部约 16μm 深度 (Region II) 波数变化剧烈且呈明显的非线性；此外，试件截面中部一段 (自加工面深度大约 90~150μm) 波数呈现不规则波动，称为 Region III，可能来源于 Si 基片内的晶体缺陷或杂质，导致晶格错配、相变以及应力集中。由于该缺陷 (或杂质) 没有对样品整体变形和薄膜工艺残余应力的分布产生明显的影响，所以不做考虑。

针对整体的翘曲变形，暂时不考虑两端受薄膜影响较大的局部区域 (Region I、II) 和不规则的 Region III，对试件截面中段的实验结果进行线性拟合结果为

$$w_{\mathrm{Line}}(x) = 518.42 + 9.03 \times 10^{-4} x \, (\mathrm{cm}^{-1}) \tag{2.17}$$

将翘曲变形导致的波数从原始结果中减去，得到局部区域波数变形的分布。其中，针对包括 Region I、II 的梯度变化，引用 "指数衰减模型" (Chen et al., 2003) 对此

段数据进行拟合, 为

$$\begin{cases} \text{Region I}: & w_{\text{I}}(x) = 0.48\text{e}^{-\frac{x-1}{5.73}} \ (\text{cm}^{-1}) \\ \text{Region II}: & w_{\text{II}}(x) = 0.34\text{e}^{\frac{x-331}{21.03}} \ (\text{cm}^{-1}) \end{cases} \tag{2.18}$$

将式 (2.17) 与式 (2.18) 叠加在一起, 如式 (2.19), 就获得了 SiO_2 薄膜基片 (即样品 A) 横截面波数分布的总拟合结果, 见图 2.46 中的实线显示, 即

$$w_{\text{All}}(x) = w_{\text{Line}}(x) + w_{\text{I}}(x) + w_{\text{II}}(x) \tag{2.19}$$

进一步考虑单晶硅的拉曼频移应力因子 (-435MPa/cm^{-1}), 可以获得基片横截面的残余应力分布。再利用横截面上力和弯矩平衡这两个基本条件, 推算出基片两侧薄膜内部的平均工艺残余应力 (邓卫林等, 2012)。

2.7 小   结

多孔硅或氧化硅薄膜/单晶硅基体是微电子器件中最常用的功能结构形式材料, 其工艺应力控制和在微/纳米尺度上的力学可靠性是微电子器件可用性的保证, 必然要求在这种尺度上进行结构分析和实验探索。特别是, 在微纳尺度上表面力的影响要远大于体积相关作用力的影响。常规实验手段无法满足上述测量条件, 微拉曼光谱技术可用来定量地分析和表征内、外部因素的变化对微型器件在微结构和受力状态上的影响。

离子注入单晶硅是一个表面改性的过程, 在离子注入层出现了无定形硅成分, 在过渡区结晶率呈梯度变化, 硬度和模量也随之相应改变。另外, 离子注入层内的晶格错配会造成较大的压缩内应力, 是残余应力出现的因素之一。划痕过程会造成单晶硅发生部分无定形硅的结构相变, 而离子注入过程一方面调整了无定形硅的结构参数, 同时也改变了表面划痕上的残余应力状态 (由拉伸变为压缩状态), 这与划痕附近和离子注入层内所出现的无定形硅有着密切的联系。

多孔硅薄膜与基体硅有着相同的晶体结构, 但其微观拓扑结构形似于茂密的森林, 通过微结构模型和微力学模型来说明其残余应力的出现机理: 晶格失配、毛细作用与孔隙率是影响表面和横截面残余应力的关键因素。

多孔硅的细观弹性模量与基体硅有着很大的不同, 其随着孔隙率的增加而降低, 比基体硅低一个量级以上, 这种在力学性质的尺度效应符合 Gibson & Ashby 模型。上述的尺度效应也造成了拉曼频移应力因子随孔隙率而变化, 本章给出的各向同性模型和横观各向同性模型建立起拉曼频移与应力之间的联系。

多孔硅是一种纳米级毛细管状的多孔体, 在湿化、干化和再湿化过程中的毛细效应和氧化效应对多孔硅薄膜的微结构和受力状态都会产生影响, 其中毛细效应

是主要的影响因素，它依赖于试样内表面与液体之间液桥的形成，是个可逆的物理影响过程，在干化阶段才会引起残余应力急剧上升；而氧化效应是在干化阶段与空气接触后所发生的不可逆化学反应，会导致残余应力发生轻度的下降。通过实验建立起来的多孔硅毛细液桥模型，可以有效地分析和解释毛细效应对残余应力的影响及其可逆性。在多孔硅的加工过程中选择表面张力较低的溶剂来减轻毛细效应的影响，对于避免多孔硅薄膜出现裂纹起着至关重要的作用。

参 考 文 献

包兴, 胡明. 2008. 电子器件导论. 2 版. 北京: 北京理工大学出版社.

邓卫林, 仇巍, 焦永哲, 张青川, 亢一澜. 2012. 硅基底多层薄膜结构材料残余应力的微拉曼测试与分析. 实验力学, 27(1): 1-9.

邱宇, 雷振坤, 亢一澜, 胡明, 徐晗, 牛宏攀. 2004. 微拉曼光谱技术及其在微结构残余应力检测中的应用. 机械强度, 26(4): 389-392.

Amato G, Bullara V, Brunetto N, Boarino L. 1996. Drying of porous silicon: a Raman, electron microscopy, and photoluminescence study. Thin Solid Films, 276(1-2): 204–207.

Anastassakis E, Canterero A, Cardona M. 1990. Piezo-Raman measurements and anharmonic parameters in silicon and diamond. physical Review B, 41(11):7529–7535.

Barla K, Herino R, Bomchil G, et al. 1984. Determination of lattice parameter and elastic properties of porous silicon by X-ray diffraction. Journal of Crystal Growth, 68(3): 727–732.

Bellet D, Lamagnere P, Vincent A, Brechet Y. 1996. Nanoindentation investigation of the Young' modulus of porous silicon. Journal of Applied Physics, 60(7): 3772–3776.

Belmont O, Faivre C, Bellet D, Brechet Y. 1996. About the origin and the mechanisms involved in the cracking of highly porous silicon layers under capillary stresses. Thin Solid Films, 276(1-2): 219–222.

Buks E, Roukes M L. 2001. Stiction, adhesion energy, and the Casimir effect in micromechanical systems. Physical Review B, 63(3): 033402.

Canhanm L T, Groszek A J. 1992. Characterization of microporous Siby flow calorimetry: Comparison with a hydrophobic SiO_2 molecular sieve. Journal of Applied Physics, 72(4): 1558–1565.

Chamard V, Pichat C, Dolino G. 2001. Rinsing and drying studies of porous silicon by high resolution X-ray diffraction. Solid State Communications, 118(3): 135–139.

Chen J, Wolf I D. 2003. Study of damage and stress induced by backgrinding in Si wafers. Semiconductor Science and Technology, 18(4), 261–268.

Fang Z Q, Hu M, Zhang W, Zhang X R. 2008. Micro-Raman spectroscopic investigation of the thermal conductivity of oxidized meso-porous silicon. Acta Physica Sinica, 57(1):

103–110.

Fu Y Q, Luo J K, Milne S B, Flewitt A J, Milne W I. 2005. Residual stress in amorphous and nanocrystalline Si films prepared by PECVD with hydrogen dilution. Materials Science and Engineering B, (124–125): 132–137.

Gibson L J, Ashby M F. 1988. Cellular Solids: Structures and Properties. New York: Pergamon.

Gruning U, Yelon A. 1995. Capillary and Van der Waals forces and mechanical stability of porous silicon. Thin Solid Films, 255(1-2): 135–138.

Gurarie V N, Otsuka P H, Jamieson D N, Prawer S. 2006. Crack-arresting compression layers produced by ion implantation. Nuclear Instruments and Methods in Physics Research Section B: Beam Interactions with Materials and Atoms, 242(1-2): 421–423.

Ingrid D W. 1996. Topical review: micro-Raman spectroscopy to study local mechanical stress in silicon integrated circuits. Semiconductor Science and Technology, 11(2): 139–154.

Ingrid D W. Stress measurements in Si microelectronics devices using Raman spectroscopy. 1999. Journal of Raman Spectroscopy, 30(10): 877–883.

Kang Y L, Qiu W, Lei Z K. 2007. A robust method to measure residual stress in micro-structure. Optoelectronics Letters, 3(2): 126–128.

Kang Y L, Qiu Y, Lei Z K, Hu M. 2005. An application of Raman spectroscopy on the measurement of residual stress in porous silicon. Optics and Lasers in Engineering, 43(8): 847–855.

Lei Z K, Kang Y L, Cen H, Hu M, Qiu Y. 2005c. Residual stress on surface and cross-section of porous silicon studied by micro-Raman spectroscopy. Chinese Physics Letters, 22(4): 984–986.

Lei Z K, Kang Y L, Cen H, Hu M. 2006. Variability on Raman shift to stress coefficient of porous silicon. Chinese Physics Letters, 23(6): 1623–1626.

Lei Z K, Kang Y L, Cen H, Qiu Y, Hu M. 2005a. Experimental study on mechanical properties of micro-structured porous silicon film. Transaction of Tianjin University, 11(2): 85–88.

Lei Z K, Kang Y L, Hu M, Qiu Y, Cen H. 2004b. Origin mechanism of residual stresses in porous silicon film. Proc. of SPIE, 5641: 116–123.

Lei Z K, Kang Y L, Hu M, Qiu Y, Xu H, Niu H P. 2004a. An experimental study of residual stress measurements in porous silicon using micro-Raman spectroscopy. Chinese Physics Letters, 21(2): 403–405.

Lei Z K, Kang Y L, Hu M, Qiu Y, Xu H, Niu H P. 2004c. An experimental study of residual stress measurements in porous silicon using micro-Raman spectroscopy. Chinese Physics Letters, 21(2): 403–405.

Lei Z K, Kang Y L, Qiu Y, Hu M, Cen H. 2004d. Experimental study of capillary effect in porous silicon using micro-Raman spectroscopy and X-ray diffraction. Chinese Physics Letters, 21(7): 1377–1380.

Lei Z K, Pan X M, Kang Y L, Yun H, Mu Z X. 2009. Experimental investigation of p-Si (100) surface modified by ion implantation. Proc. of SPIE, 7375: 73755F.

Lei Z K, Pan X M, Liu G, Yun H, Mu Z X. 2008. Micro-Raman analysis on scratch of Si surface modified by ion implantation. Key Engineering Materials, (373-374): 497–500.

Li Q, Qiu W, Tan H Y, Guo J G, Kang Y L. 2010. Micro-Raman spectroscopy stress measurement method for porous silicon film. Optics and Lasers in Engineering, 48(11): 1119–1125.

Li X D, Wei C, Yang Y. 2005. Full field and micro region deformation measurement of thin films using electronic speckle pattern interferometry and array microindentation marker method. Optics and Lasers in Engineering, 43(8): 869–884.

Manotas S, Agullo-Rueda F, Moreno J D, Ben-Hander F, Martinez-Duart J M. 2001. Lattice-mismatch induced-stress in porous silicon films. Thin Solid Films, 401(1-2): 306–309.

Mason M D, Sirbuly D J, Buratto S K. 2002. Correlation between bulk morphology and luminescence in porous silicon investigated by pore collapse resulting from drying. Thin Solid Films, 406(1-2): 151–158.

Mattox D M. 2000. Ion plating — past, present and future. Surface and Coatings Technology, (133-134): 517–521.

Miao H, Gu P, Liu Z T, Liu G, Wu X P, Zhao J H. 2005. Bulge deformation measurement and elastic modulus analysis of nanoporous alumina membrane using time sequence speckle pattern interferometry. Optics and Lasers in Engineering, 43(8): 885–894.

Moretti L, Stefano L D, Rendina I. 2007. Quantitative analysis of capillary condensation in fractal-like porous silicon nanostructures. Journal of Applied Physics, 101(2): 024309.

Ou Y, Li Z G, Dong F L, Chen D P, Zhang Q C, Xie C Q. 2013. Degisn, fabrication, and characterization of a 240×240 MEMS uncooled infrared focal plane array with 42-μm pitch pixels. Journal of Microelectromechanical Systems, 22(2): 452–461.

Prabakaran R, Raghavan G, Tripura S, Kesavamoorthy R. 2005. A morphization of Si (100) under O$^+$ implantation studied by spectroscopic ellipsometry. Solid State Communications, 133(12): 801–806.

Qian J, Yu T X and Zhao Y P. 2005. Two-dimensional stress measurement of a micromachined piezoresistive structure with micro-Raman spectroscopy. Microsystem Technologies, 11(2-3): 97–103.

Qiu W, Kang Y L, Li Q, Lei Z K, Qin Q H. 2008. Experimental analysis for the effect of dynamic capillarity on stress transformation in porous silicon. Applied Physics Letters, 92(4): 041906

Qiu W, Li Q, Kang Y L, Lei Z K. 2009 Residual stress in porous silicon film with micro-

Raman spectroscopy. Proc. of SPIE, 7522: 75221M.

Zhang T H, Huan Y. 2004. Substrate effects on the micro/nanomechanical properties of TiN coatings. Tribology Letters, 17(4): 911–916.

第3章　碳纳米管及其复合材料的力学性能

当前，以碳纳米管 (carbon nanotube，CNT) 为基本结构要素的碳纳米管复合材料、碳纳米管纤维、碳纳米管薄膜和碳纳米管块体等材料已经制备出来 (Wernik et al., 2010; 刘璐琪等, 2011)，并有望在电极材料、传感器、人造肌肉、催化剂载体、储能材料等多个领域广泛应用 (Jorio et al., 2008; Lu et al., 2012; Hu et al., 2010)。这些碳纳米管复合材料的共同特点是具有多级结构，深刻认识这样多级结构材料的力学性能对改进其制备工艺、实现其应用具有重要意义。

本章介绍通过宏观拉伸、原位微拉曼和 SEM 观测的多尺度联合实验手段，对具有多级结构的碳纳米管纤维、碳纳米管薄膜和碳纳米管复合材料进行力学性能的实验测量与分析；同步测量载荷作用下碳纳米管纤维宏观变形与微观结构碳纳米管的力学响应，分析碳纳米管纤维多级结构中的各级结构变形以及对宏观变形的贡献。在实验基础上给出碳纳米管纤维的近似本构关系和多级界面力学模型，探讨碳纳米管复合材料的破坏机理。

3.1　碳纳米管纤维

3.1.1　碳纳米管与碳纳米管纤维

碳纳米管与金刚石、石墨、富勒烯同为碳的一种同素异形体，是 1991 年 1 月由日本筑波 NEC 实验室的物理学家使用高分辨透射电子显微镜从电弧法生产的碳纤维中发现的 (Iijima, 1991)。

碳纳米管在结构上可以近似视为由一层或若干层石墨卷曲而成的中空管，如图 3.1 所示。按照管子的层数不同，分为单壁碳纳米管 (single-walled carbon nanotube, SWNT) 和多壁碳纳米管 (multi-walled carbon nanotubes, MWNT)。管子的半径方向为纳米尺度，轴向则通常可达十到数百微米。严格地讲，碳纳米管是一种管状的碳分子，管上每个碳原子采取 sp^2 杂化，相互之间以碳–碳 σ 键结合起来，形成由六边形组成的蜂窝状结构骨架。每个碳原子上未参与杂化的一对 p 电子相互之间形成跨越整个碳纳米管的共轭 π 电子云。

碳纳米管的结构特征，可以用原子排列方向矢量 $c = n_1 a_1 + n_2 a_2$ 表征，其中 a_1 和 a_2 分别表示两个基矢，或者记为 (n, m)，习惯上 $n \geqslant m$，称为手性指数。当 $n = m$ 时，手性角 (螺旋角) 为 30°，称为扶手椅形 (armchair form) 碳纳米管；

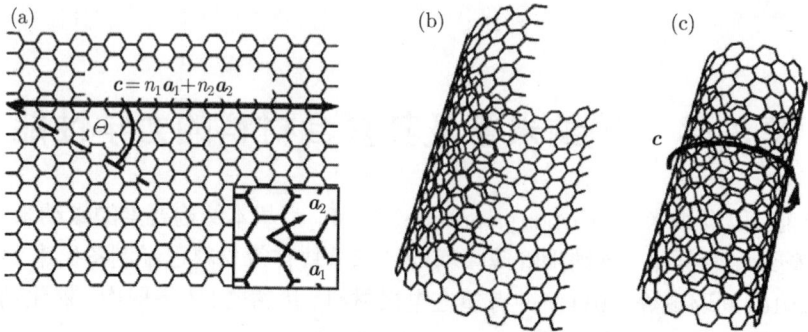

图 3.1 碳纳米管的结构特征与手性指数

当 $n > m = 0$ 时，手性角为 $0°$，称为锯齿形 (zigzag form) 碳纳米管；当 $n > m \neq 0$ 时，手性角介于 $0° \sim 30°$，将其称为手性 (chiral form) 碳纳米管。

碳纳米管的分子结构决定了它具有独特的力、电、光和化学性质 ((Hone et al., 2000)。在力学性能方面，由于碳纳米管中碳原子采取 sp^2 杂化，相比 sp^3 杂化，sp^2 杂化中 s 轨道成分比较大，碳纳米管表现出高模量、高强度的特性。单壁碳纳米管的抗拉强度为 $50 \sim 200GPa$，比碳纤维整整高出一个数量级，是 Q235 钢的 100 倍，但密度却只有钢的 1/6；它的弹性模量可达 1TPa，约为钢的 5 倍，与金刚石的弹性模量相当，却拥有良好的柔韧性。常用的碳纳米管制备方法主要有：电弧放电法、激光烧蚀法、化学气相沉积法 (碳氢气体热解法)、固相热解法、辉光放电法、气体燃烧法以及聚合反应合成法等 (魏飞等, 2012)。

碳纳米管纤维是由碳纳米管组装而成的新材料，以下使用的碳纳米管纤维实验材料由天津大学李亚利教授提供，图 3.2 为化学气相沉积法制备的碳纳米管纤维的多尺度形貌照片。由图可见，碳纳米管纤维在微观尺度上是束和丝结构，纳观尺度是更小的碳纳米管束与扁平状碳纳米管结构。其中，宏观纤维的直径为 $150\mu m$ 左右，是一种中空薄壁结构；微观尺度束的直径为 $0.02 \sim 0.1\mu m$，基本沿纤维轴向排列，丝的直径为 $0.02 \sim 0.05\mu m$，填充在束间并互相嵌接；纳观尺度是由双壁碳纳米管堆叠而成，由于直径较大 $(8 \sim 10nm)$，其截面塌陷并叠堆，如图 3.2(c) 所示。

3.1.2 碳纳米管纤维拉曼光谱的基本力学信息

在载荷作用下，碳纳米管纤维的拉曼特征峰波数、半高宽和峰强会发生变化。为便于叙述，把拉曼波数、半高宽、积分强度以及拉曼 D 峰与 G 峰的积分强度比 (I_D/I_G) 统称为拉曼全谱形信息。拉曼全谱形数据能够给出材料中碳纳米管受力变形的丰富信息。原因是，拉曼实验获得的是微米尺度测点内所有碳管散射信息的叠

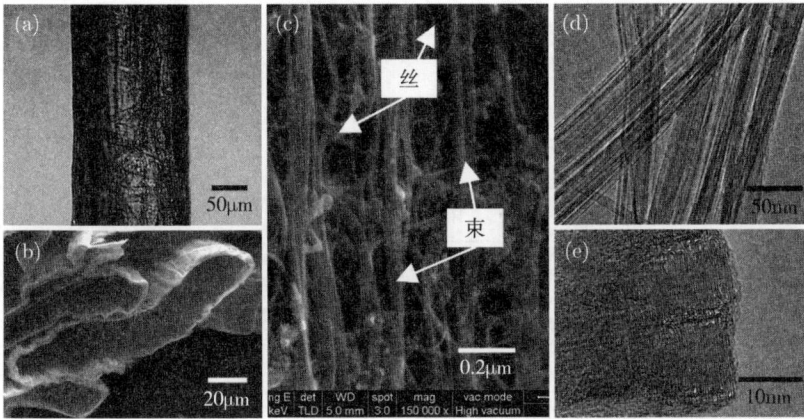

图 3.2 碳纳米管纤维的多尺度形貌 (Zhong et al., 2010)(详见书后彩图)

(a) 纤维外形光学照片；(b) 一组纤维的横截面 SEM 照片；(c) 纤维表面 SEM 照片；(d) 纤维内束 (或丝) 的透视电子显微镜 (TEM) 照片；(e) 束 (或丝) 端部的 TEM 照片

加结果, 其中, 谱峰波数是测点内各碳管拉曼波数的统计平均值, 半高宽则显示碳纳米管材料受力的均匀性, 峰强反映碳纳米管沿激光偏振方向的顺向程度。图 3.3 给出了全谱形信息与碳纳米管受力关系的示意图：如果测点内所有碳管的沿载荷方向受力相同, 它们的频移量相同, 谱峰的宽度不发生变化 (图 3.3(a))；反之, 如果测点内碳管的受力大小不均, 其各自频移量不同, 谱峰会增宽 (图 3.3(b))；当测点内碳管均沿激光偏振方向排布, 测得的谱峰较强 (图 3.3(a))；当测点内碳管沿激光偏振方向的顺向度分散, 测得的谱峰则较弱 (图 3.3(c))。此外, 拉曼 D 峰与 G 峰的积分强度比 (I_D/I_G) 可以反映碳纳米管的缺陷情况, I_D/I_G 越大, 缺陷密度越高 (Cronin et al., 2004；Murakami et al., 2004；Lachman et al., 2009)。

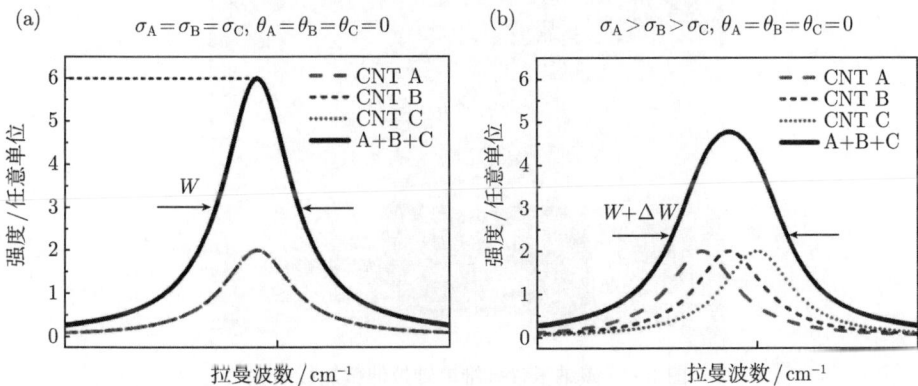

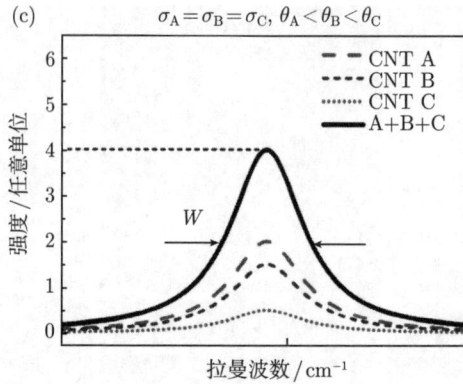

图 3.3　拉曼全谱形信息随碳纳米管受力均匀性和顺向程度不同的示意图 (李秋等，2014)

其中 σ 为碳管的轴向应力，θ 为碳管轴向与入/散射激光偏振方向的夹角，W 为拉曼峰的半高宽

(a) 测点内各碳管受力相同且轴向与激光偏振方向一致，测得的谱峰强并且窄；(b) 测点内碳管受力大小不均，测得的谱峰较宽；(c) 测点内的碳管沿激光偏振方向的顺向度分散，测得的谱峰强度较小

3.1.3　碳纳米管纤维宏微观力学性能协同实验

碳纳米管纤维的多级结构决定了它的力学行为具有多尺度、分级的特征。因此，对碳纳米管纤维力学性能的研究需要能够反映材料跨尺度力学行为的联合测量手段。Li 等 (2011) 采用宏观拉伸及原位微拉曼实验并结合 SEM 观测对碳纳米管纤维进行了跨尺度的力学研究。

纤维的宏观拉伸使用放置在微拉曼光谱仪测试平台上的细丝纤维应力应变加载测量系统 (图 3.4)，该系统具有微位移加载与微力实时测量的功能，位移控制精度为 0.01mm，力载测量精度为 0.001N，在拉曼环境下能够实现碳纳米管纤维样品微小位移载荷、力载荷和拉曼信息的同步监测 (亢一澜等，2010)。

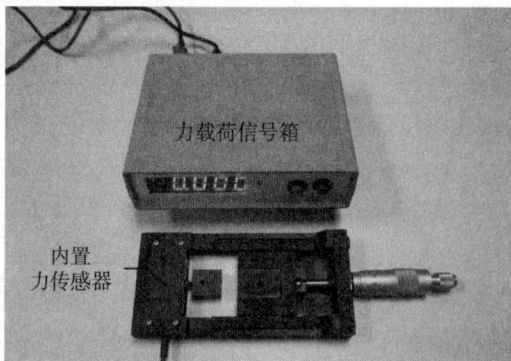

图 3.4　碳纳米管纤维单轴拉伸微加载装置

原位拉曼数据的采集使用 Renishaw inVia 显微共焦拉曼光谱系统，632.8nm He-Ne 激光光源；背向散射；双偏振模式，入/散射光的偏振方向与纤维轴向一致；50× 物镜；线聚焦，样品表面的光斑呈 $2\mu m \times 50\mu m$ 的矩形。

碳纳米管纤维的拉伸名义应力-名义应变曲线如图 3.5 所示。纤维应力在拉伸变形的初始阶段随应变线性增大，随后增长变得缓慢，直至纤维出现损伤，应力开始下降。因此纤维的整个拉伸过程可分为弹性、强化和损伤断裂三个阶段：在弹性阶段 I 中，应变小于 1%；强化阶段 II 中，应变介于 1%~11.5% 的范围；损伤断裂阶段 III，应变大于 11.5%。在该曲线的应力计算中，首先根据纤维的横截面 SEM 照片测得表观的纤维壁厚和周长，得到纤维的表观截面面积，由此计算表观应力并得出纤维的表观杨氏模量为 15.6GPa，表观屈服极限 ($\sigma_{0.2}$) 为 0.18GPa，表观强度极限为 0.3GPa。考虑到纤维壁内含有大量空隙，进一步根据 SEM 照片估算纤维中实际承载的碳纳米管的体积分数为小于 50%，由此计算有效应力并得出纤维的有效杨氏模量为 31.2GPa，有效屈服极限为 0.36GPa，有效强度极限为 0.6GPa。此外，实验给出纤维的延伸率约为 11%。从以上数据可以看出，该碳纳米管纤维同时具有优异的强度与良好的韧性。

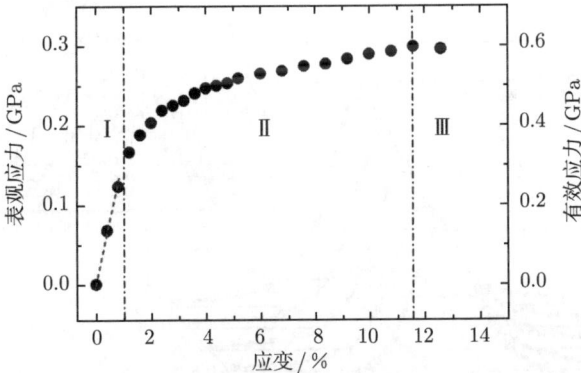

图 3.5 碳纳米管纤维的拉伸应力随应变的变化

碳纳米管纤维材料的拉曼光谱如图 3.6 所示。其中 D 峰的位置约为 $1331cm^{-1}$，G 峰的位置大约在 $1581cm^{-1}$，G' 峰的拉曼波数约为 $2652cm^{-1}$。碳纳米管的 G' 峰对轴向变形最为敏感 (Cronin et al., 2005)，因此一般着重于 G' 峰进行测量与分析。

典型载荷状态下，纤维拉曼 G' 峰的形貌如图 3.7 所示。由图可见，拉伸载荷作用下碳纳米管纤维的拉曼 G' 峰向低波数一侧移动，半高宽和峰强均增大。

3.1.4 碳纳米管纤维多级结构变形机理

碳纳米管纤维的不同尺度结构具有不同的载荷响应。在上述多尺度协同实验的基础上, 本节按纳观碳纳米管、微观碳纳米管束和丝在不同变形阶段的载荷响应来分析纤维的变形机理。

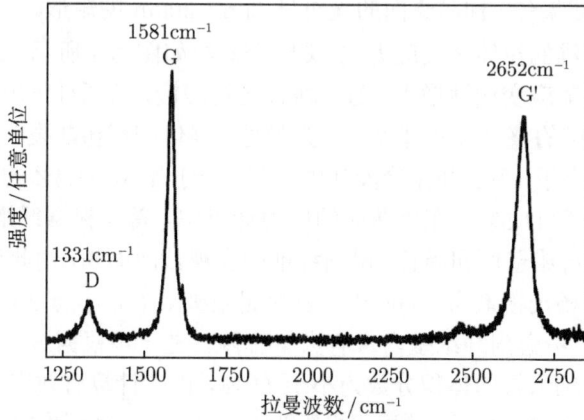

图 3.6　碳纳米管纤维材料的拉曼光谱

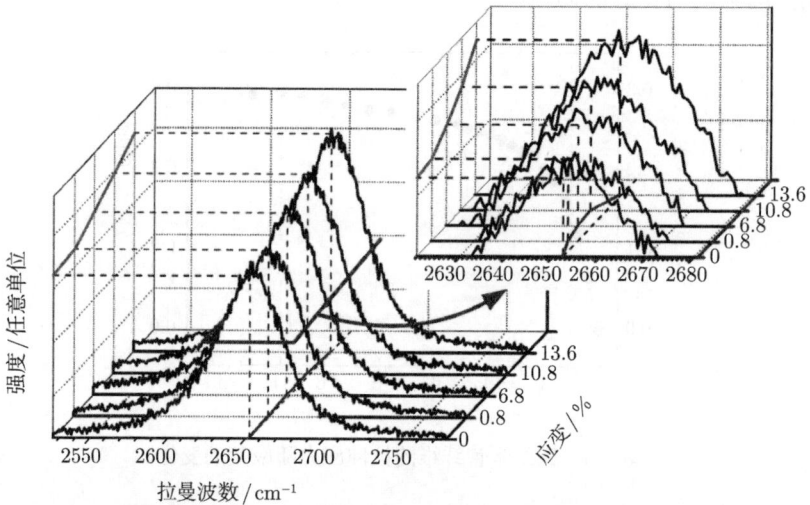

图 3.7　不同载荷状态下碳纳米管纤维的拉曼 G′ 峰形貌 (Li et al., 2011)

1. 碳纳米管的载荷响应

纳观碳纳米管在纤维拉伸变形过程中的载荷响应可通过 G′ 峰全谱形信息的变化进行分析。在纤维应变小于 1% 的弹性阶段 I 中, G′ 峰的峰位移动与应变呈线性关系 (图 3.8(b)), 表明碳纳米管被加载, 并且纤维初始弹性变形主要来自碳纳米管的弹性形变。在拉伸载荷的作用下, G′ 峰的半高宽从 47 cm⁻¹ 增大到 51 cm⁻¹。G′

峰的增宽表明纤维内碳纳米管的承载不均匀性不断增大。而且，G′ 峰的增宽几乎全部来自低波数一侧 (图 3.7)，这种不对称的增宽说明纤维中有一些碳纳米管没有参与承载。

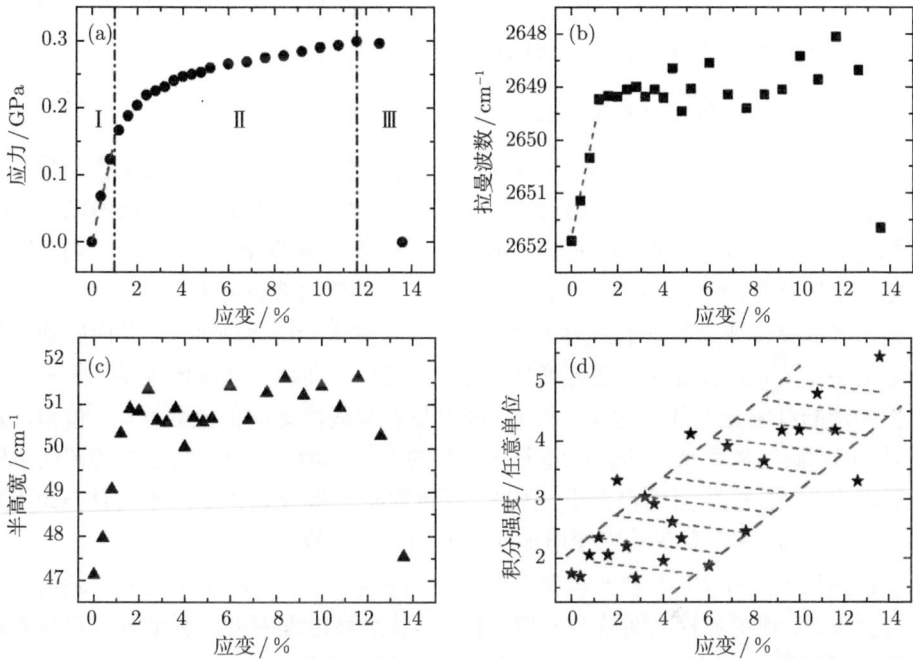

图 3.8 碳纳米管纤维的拉曼 G′ 峰信息随纤维应变的变化

(a) 纤维的应力–应变曲线; (b) 拉曼波数随应变的变化; (c) 半高宽随应变的变化; (d) 积分强度随应变的变化

在应变为 1%～11.5% 的强化阶段 II 中，G′ 峰峰位移动和半高宽的增长很小，表明碳纳米管自身的变形增量很小。纤维拉伸过程中碳纳米管的缺陷与损伤程度通过 I_D/I_G 监测。实验测得 I_D/I_G 的值如表 3.1 所示，在不同应变时 I_D/I_G 的值几乎是常数，于是可以断定，在纤维的拉伸过程中，碳纳米管没有发生明显的损伤或键的断裂。因此，可以把纤维的屈服归因于滑移。这与 Zhang 等 (2012) 在低应变率下对碳纳米管纤维拉伸破坏机理的研究结果相一致。滑移的发生是由于应力超过了碳纳米管间的界面剪切极限。在 0～11.5% 的应变范围内 (阶段 I 和 II)，G′ 峰的积分强度不断增大 (图 3.8(d))，表明碳纳米管发生了向着加载方向的顺向。

表 3.1 碳纳米管纤维在典型载荷状态下的 D 峰与 G 峰积分强度比 (I_D/I_G)

应变/%	0	1.2	5.2	13.6
I_D/I_G	0.241	0.243	0.243	0.241

纤维断裂后, G' 峰的拉曼波数和半高宽都恢复至拉伸加载前的初始值(2652cm^{-1} 和 47cm^{-1}), 说明碳纳米管完全被卸载, 碳纳米管的变形完全恢复了。这表明了碳纳米管的形变由应力引起, 并且是弹性的。G' 峰的强度在纤维断裂后仍然保持着较高的值, 没有恢复到加载前的初始值, 表明纤维断裂后仍保持着碳纳米管的顺向状态, 纤维的断裂是由于滑移损伤的积累和扩展所致。

2.碳纳米管束和丝的载荷响应

以图 3.2(c) 所示的碳纳米管束和丝为研究对象, 结合拉曼 G' 峰全谱形信息的变化和纤维的宏观拉伸力学行为特征, 可分析纤维微观尺度的变形机理以及各级结构力学行为之间的关联 (Li et al., 2012)。在纤维变形的弹性阶段 I 中, 当外载逐渐施加于纤维时, 纤维内的碳纳米管束首先承担主要的载荷并发生弹性变形, 束内碳纳米管的弹性变形随外载线性增加; 曲卷的碳纳米管丝逐渐伸展, 其内碳纳米管受力很小; 纤维的宏观应力随应变线性增大。在这一阶段, 纤维内碳纳米管的平均弹性变形随纤维应变线性增加, 故 G' 峰拉曼波数线性地向低波数移动。值得注意的是, 束内碳纳米管承担的载荷随着外载荷的增加而增大, 而多数丝内的碳纳米管承载很小, 并且承载变化也很小。因此, 纤维内碳纳米管总体受力不均且差距不断增大, 这与 G' 峰半高宽随应变增加而不断增大相一致。

在强化阶段 II 中, 随着外载荷增加, 当束内碳纳米管间界面上的应力超过界面剪切极限时, 碳纳米管之间就会发生滑移。尽管滑移过程中束内碳纳米管自身的弹性变形增量很小, 但管间滑移使得碳纳米管束发生塑性大变形。与此同时, 一些丝被逐渐拉直并承担部分载荷, 丝内碳纳米管受载增加产生弹性变形。在这个阶段, 纤维的宏观应力随应变缓慢增长, 纤维表现出应变强化。应变强化的产生一方面是由于纤维特殊的束和丝结构, 换句话说, 束发生滑移变形时, 丝逐渐参与承载; 另一方面是由于双壁碳纳米管横截面的扁平几何构形, 滑动摩擦阻滞作用较强。此阶段由于束内碳纳米管轴向形变变化很小, 因此 G' 峰的波数与半高宽都变化缓慢, 正如图 3.8(b) 和 (c) 所示。此外, 纤维拉伸过程中, 丝逐渐伸直, 丝内碳纳米管逐渐顺向至加载方向, 这与图 3.8(d) 所示的 G' 峰强度呈现增大趋势相一致。

在损伤断裂阶段 III 中, 尽管更多的丝参与承载, 但束内碳纳米管间界面的滑移损伤不断积累, 将导致碳纳米管间彼此脱离, 即束的断裂, 断裂点扩展最终导致纤维的破坏。纤维断裂后, 伸直并承载的碳纳米管丝仍保持着沿纤维轴向的排布状态, 因此 G' 峰峰强不会恢复到拉伸前的初始值 (图 3.8(d))。

基于上述分析, Li 等 (2012) 给出了如图 3.9 所示的纤维多级结构承载和变形的物理模型, 显示了碳纳米管纤维宏-微-纳观多级结构在三个拉伸变形阶段的力学响应及其相互关联。此外, 通过以上分析可以看出, 多层级的显微结构、碳纳米管束与碳纳米管丝的性质差异、双壁碳纳米管扁平几何构形形成的独特界面, 是该碳纳米管纤维兼具较好的强度和韧性的关键因素。

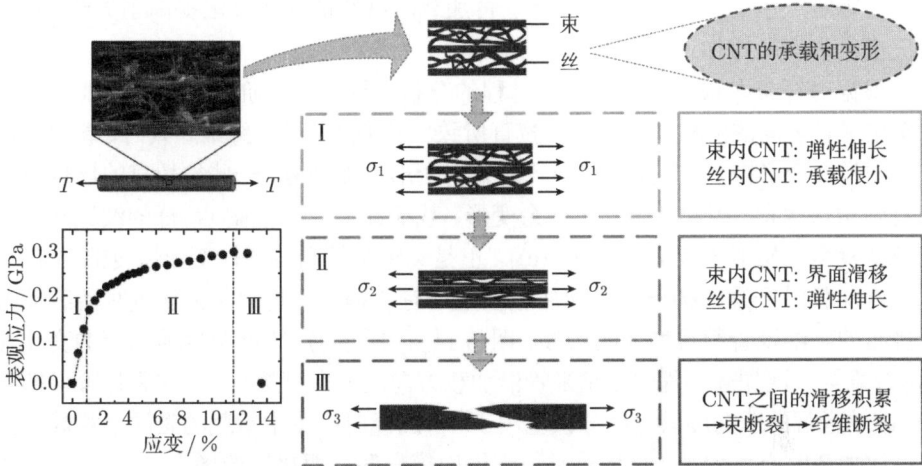

图 3.9 碳纳米管纤维宏–微–纳观多级结构在三个拉伸变形阶段的力学响应

3. 关于碳纳米管纤维多级结构变形机理的讨论

碳纳米管纤维受载前后的 SEM 图像 (图 3.10) 和纤维加载/卸载/再加载实验 (Li et al., 2013) 验证了上述碳纳米管纤维多级结构的变形机理。与未受载的纤维相比，承载断裂后的纤维内碳纳米管丝几乎全部伸直并沿纤维轴向排列。未受载时纤维内的碳纳米管束和丝的平均直径约为 23nm，而承载断裂后断口附近的碳纳米管束和丝的平均直径约为 14nm，碳纳米管束和丝的变细，说明碳纳米管之间发生了滑移。此外，纤维的断口末端不平整，也支撑了纤维的滑移破坏。

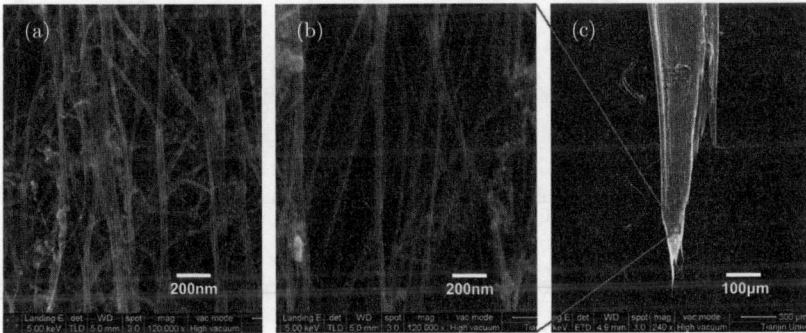

图 3.10 碳纳米管纤维受载前后的 SEM 图像 (Li et al., 2011)

(a) 未受载；(b) 和 (c) 断裂末端

纤维加载/卸载/再加载的应力/应变曲线如图 3.11(a) 所示，将纤维加载超过弹性阶段，至 4.4% 应变、0.23GPa 应力时将载荷卸至零，然后再加载直至断裂。载荷卸至零时产生了 3.4% 的残余变形，再加载时纤维的屈服极限提高了大约 50%，杨氏模量也有所增加。

根据对纤维多级结构承载变形过程的分析，纤维强化阶段的变形主要是由束内碳纳米管之间的滑移和一些丝被拉直所致，在强化阶段将纤维卸载时，碳纳米管自身的弹性变形恢复，界面滑移导致的束的变形不能恢复，一些被拉直的丝也不能恢复到初始状态，因此纤维产生残余变形。载荷卸至零时拉曼 G′ 峰的波数和半高宽都恢复至初始值 (图 3.11(b) 和 (c))，正是碳纳米管自身弹性变形恢复的结果。

再加载时纤维的杨氏模量和屈服极限均有所提高，是因为再加载时沿载荷方向排布的碳纳米管数目增加的缘故。图 3.11(d) 所示的 G′ 峰强度随应变的变化显示，纤维第一次加载过程中碳纳米管沿加载方向的顺向度提高，而在强化阶段卸载后，碳纳米管的顺向度只是部分恢复，因此再加载时纤维中承载的碳纳米管数目比第一次加载时有所增加，这导致了纤维杨氏模量和屈服极限的增大。

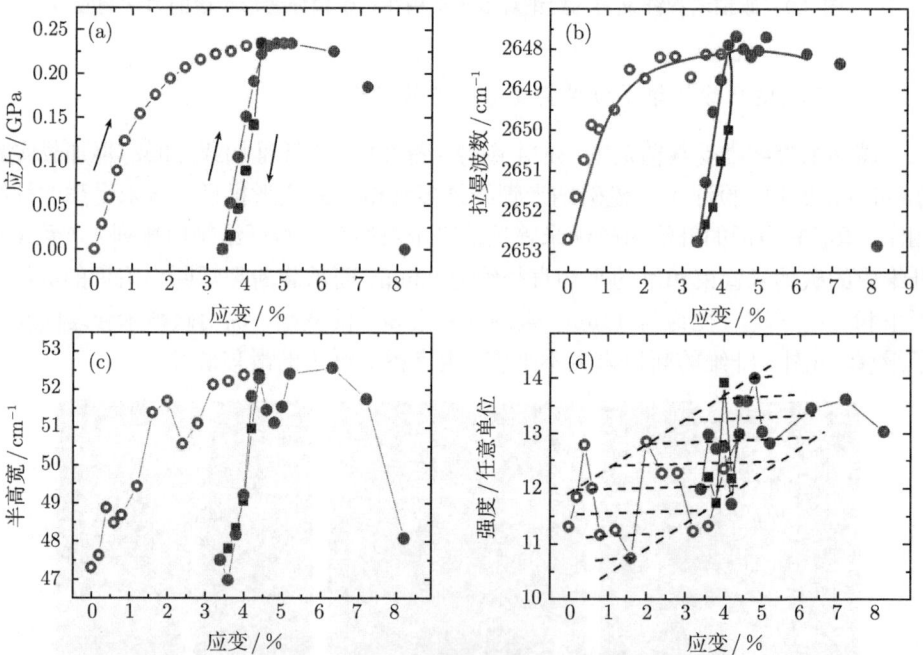

图 3.11　碳纳米管纤维在加载 (空心圆形)、卸载 (实心正方形) 和再加载 (实心圆形) 过程中的力学响应

(a) 纤维应力随应变的变化；(b) 拉曼 G′ 峰波数随应变的变化；(c) 拉曼 G′ 峰半高宽随应变的变化；(d) 拉曼 G′ 峰强度随应变的变化

此外，在残余变形的基础上，纤维再加载至断裂时的延展率大约为 3.6%，比

纤维直接拉伸至断裂时的延展率 11%减小了 7.4%。实际上，碳纳米管间界面的剪切韧性随着剪切滑移而降低，纤维在再加载期间经历更多的滑移时，碳纳米管更容易彼此脱离而导致纤维破坏。这说明纤维的宏观韧性由碳纳米管间界面的剪切滑移韧性决定。因此，提高碳纳米管间的界面剪切韧性有助于提高碳纳米管纤维的韧性。

图 3.12 给出了拉曼 G' 峰波数与纤维 (碳纳米管) 应力之间的关系，它呈现出线性变化。这进一步证明，尽管纤维在拉伸过程中表现出弹性、强化和损伤断裂的不同阶段，但是其内部的碳纳米管始终处于弹性变形状态，未发生塑性形变。

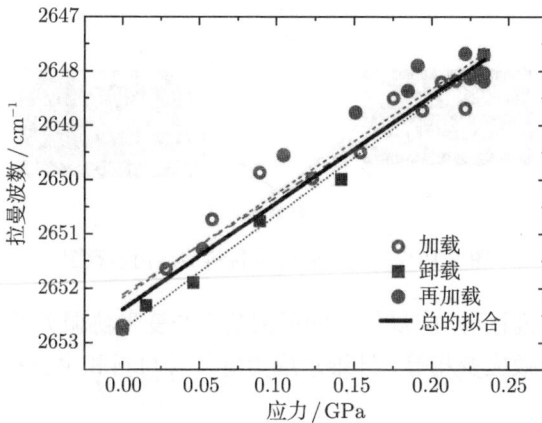

图 3.12　碳纳米管纤维在加载 (空心圆形)、卸载 (实心正方形) 和再加载 (实心圆形) 过程中的拉曼 G' 峰波数随纤维应力的变化

需要说明的一点是本实验测得的双壁碳纳米管纤维 G' 峰与 Young 等 (Cui et al., 2009) 测得的双壁碳纳米管的 G' 峰不同。Young 等测得双壁碳纳米管的 G' 峰包含两个组分：源于双壁碳纳米管内壁的低频 G_1' 组分和源于外壁的高频 G_2' 组分。而这里并没有观察到 G' 峰含有两个组分。分析原因是，该实验材料中，构成纤维的双壁碳纳米管的直径很大 (8~10nm)，分别来自内外壁的两个 G' 峰组分距离非常近，难以分辨。具体而言，由碳纳米管 G' 峰位置 $\omega_{G'}$ 与其直径 d_t 之间的关系式 $\omega_{G'}(cm^{-1}) = \omega_0 + \beta/d_t$ (其中 ω_0 和 β 分别是二维石墨的 G' 峰位置和直径相关系数)，取 $\beta = -35.4cm^{-1} \cdot nm$ (Dresselhaus et al., 2005)，碳纳米管的内外壁间距为 0.34nm(图 3.2(c))，根据最小的双壁碳纳米管直径，计算得到来自同一个碳管内外壁的两个 G' 峰组分的最大间距为 0.38cm^{-1}。另外，构成纤维和薄膜的双壁碳纳米管的直径大小在 8~10nm 范围内连续分布，分别来自大直径碳管内壁和小直径碳管外壁的 G' 峰组分部分交叠在一起，也使得两个 G' 峰组分难以分辨。

3.1.5　碳纳米管纤维力学性能建模

基于上述对碳纳米管纤维多级结构的承载和变形过程的分析，可建立描述这类纤维材料宏观力学性能的近似的本构关系，并由此对纤维力学性能的影响因素进行讨论 (Li et al., 2012)。考虑到纤维材料的微观结构及其变形特点，将纤维材料近似看成是由丝和束两种材料组成的 (图 3.13)。其中，丝材料的拉伸变形相对容易，当承受拉伸载荷时，应力总是随着应变线性增加；而束材料具有相对高的杨氏模量，在拉伸加载的初始阶段发生弹性变形，一旦应力超过某一值，就会进入塑性变形阶段。

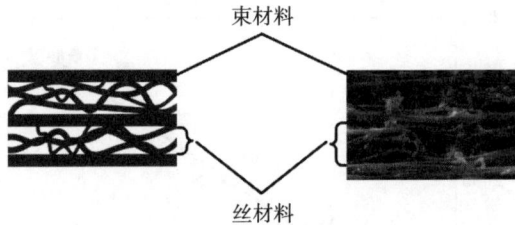

图 3.13　碳纳米管纤维材料的结构示意图

纤维作为准一维材料，应满足力的平衡条件与变形协调关系，即纤维应变与丝材料和束材料的等效应变相等，纤维总应力等于丝材料和束材料的等效应力之和

$$\mathrm{d}\varepsilon = \mathrm{d}\varepsilon_\mathrm{t} = \mathrm{d}\varepsilon_\mathrm{b} \tag{3.1}$$

$$\mathrm{d}\sigma = V_\mathrm{t}\mathrm{d}\sigma_\mathrm{t} + V_\mathrm{b}\mathrm{d}\sigma_\mathrm{b} \tag{3.2}$$

其中，$\mathrm{d}\varepsilon$ 和 $\mathrm{d}\sigma$ 分别为纤维的有效应变增量和有效应力增量；$\mathrm{d}\sigma_\mathrm{t}$、$\mathrm{d}\sigma_\mathrm{b}$、$\mathrm{d}\varepsilon_\mathrm{t}$ 和 $\mathrm{d}\varepsilon_\mathrm{b}$ 分别为丝材料和束材料的等效应力和等效应变增量；V_t 与 $V_\mathrm{b} = 1 - V_\mathrm{t}$ 分别表示纤维内丝材料和束材料的等效体积分数。

根据丝材料的变形特征，可近似认为丝材料是线弹性材料，其应力–应变关系式为

$$\sigma_\mathrm{t} = E_\mathrm{t}\varepsilon_\mathrm{t} \tag{3.3}$$

其中，E_t 为丝材料的等效杨氏模量，其值由丝的弯曲形态、紧实度以及丝间的界面性质决定。

束材料的力学性质使用 Ramberg–Osgood (RO) 幂硬化模型来描述，其应力/应变关系表示为 (Hutchinson, 1968)

$$\frac{\varepsilon_\mathrm{b}}{\varepsilon_\mathrm{b0}} = \frac{\sigma_\mathrm{b}}{\sigma_\mathrm{b0}} + C\left(\frac{\sigma_\mathrm{b}}{\sigma_\mathrm{b0}}\right)^n \tag{3.4}$$

其中，σ_{b0} 和 $\varepsilon_{b0}=\sigma_{b0}/E_b$ 分别为束材料的屈服极限和屈服应变，E_b 为束材料的杨氏模量，并且 $E_b \gg E_t$；C 和 $n(n>1)$ 是两个无量纲常数，分别为束材料的强化系数和强化指数。C 与碳纳米管间的界面剪切强度有关，C 值越小，碳纳米管间的界面剪切强度越大；n 与碳纳米管间界面滑动的摩擦阻滞作用有关，n 值越小，碳纳米管间的界面滑动摩擦阻滞作用越大。

联合式 (3.1)~ 式 (3.4)，得到碳纳米管纤维材料的本构关系式如下

$$\frac{\varepsilon}{\varepsilon_0} = \frac{1}{V_b}\left(\frac{\sigma}{\sigma_0} - \frac{V_t E_t \varepsilon}{E_b \varepsilon_0}\right) + \frac{C}{V_b^n}\left(\frac{\sigma}{\sigma_0} - \frac{V_t E_t \varepsilon}{E_b \varepsilon_0}\right)^n \tag{3.5}$$

其中，$\varepsilon/\varepsilon_0$ 与 σ/σ_0 分别为无量纲应变和应力；ε_0 与 σ_0 分别为纤维的屈服应变和屈服应力，且 $\varepsilon_0=\varepsilon_{b0}$、$\sigma_0=\sigma_{b0}$；$E_t/E_b$ 为丝材料和束材料的等效杨氏模量比。

碳纳米管纤维材料的本构关系式 (3.5) 中的材料参数可以通过拟合纤维的拉伸实验曲线进行确定。对于实验中使用的碳纳米管纤维，根据 SEM 照片估算束材料与丝材料的体积分数 V_b 与 V_t 分别为 80% 和 20%。由于 $E_b \gg E_t$，近似取 E_t/E_b 的值为 0.01。通过最小二乘法用方程 (3.5) 拟合图 3.5 中的实验数据，得到实验中碳纳米管纤维材料的强化系数 C 和强化指数 n 约为 0.02 和 8，拟合曲线如图 3.14 中的实线所示。因此，研究中使用的碳纳米管纤维材料的本构关系可以确定为

$$\frac{\varepsilon}{\varepsilon_0} = 1.247\frac{\sigma}{\sigma_0} + 0.119\left(\frac{\sigma}{\sigma_0} - 0.002\frac{\varepsilon}{\varepsilon_0}\right)^8 \tag{3.6}$$

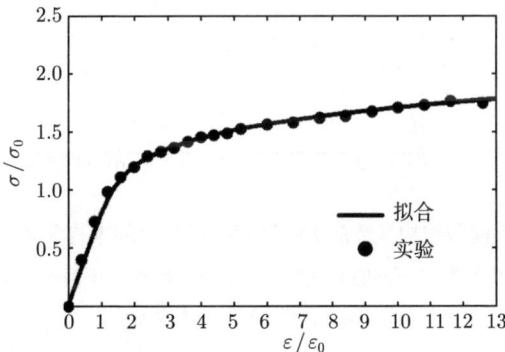

图 3.14 使用本构方程 (3.5) 拟合的碳纳米管纤维应力–应变曲线，实线为拟合结果，实心圆点为实验测试数据

基于本构关系式 (3.5) 可进一步讨论微结构性能参数对碳纳米管纤维宏观力学性能的影响。图 3.15(a) 给出了当束丝体积比和模量比不变时，碳纳米管间界面剪切强度对纤维力学性能的影响。可见，碳纳米管间界面剪切强度越大 (强化系数 C 越小)，纤维的屈服极限越高，即纤维呈现出的材料强度越好；反之纤维的强度越

差。图 3.15(b) 给出了当束丝体积比和模量比不变时，碳纳米管间界面滑动摩擦阻滞作用对纤维宏观力学性能的影响。可见，碳纳米管间界面滑动摩擦阻滞作用越大 (强化指数 n 越小)，纤维呈现出的应变强化程度越高，反之纤维的应变强化则不明显。图 3.15(c) 给出了束丝体积比对纤维宏观力学性能的影响。可见，束丝体积比越高，纤维整体的强韧度越好，弹性模量和强韧性能均有所提高。这是由于在弹性阶段，主要由束中的碳纳米管承载，承载的碳纳米管越多，产生相同宏观变形所需要的载荷越大，纤维呈现的宏观模量和强度就越高。

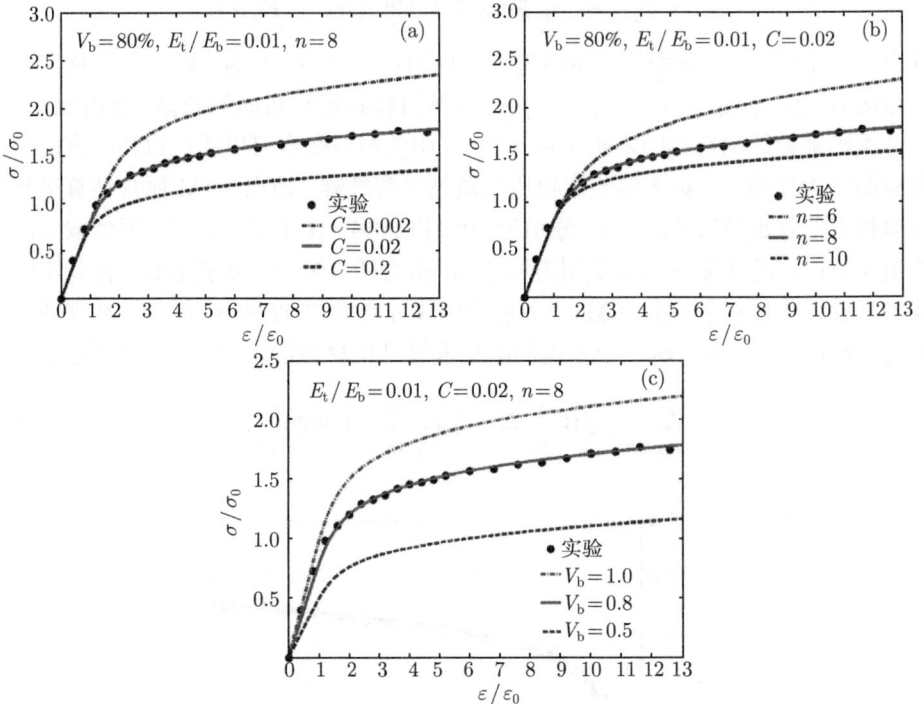

图 3.15   具有不同微结构参数的碳纳米管纤维材料的本构关系 (Li et al., 2012)

(a) 强化系数 C 不同的本构关系；(b) 强化指数 n 不同的本构关系；

(c) 束丝体积比不同的本构关系

因此，提高束丝体积比，改善碳纳米管间的界面剪切强度和界面滑动摩擦阻滞作用，对于提高纤维的强韧度有重要作用。

3.1.6   碳纳米管纤维多级结构的界面强度

多尺度实验结果和近似本构关系式表明碳纳米管纤维的宏观力学行为与多级结构的界面相互作用 (界面强度和界面摩擦阻滞) 密切相关。在图 3.2 碳纳米管纤维形貌照片的基础上，Deng 等 (2014) 给出了多级结构模型，如图 3.16 所示，并对碳纳米管纤维多级结构界面力学性能进行了近似的分析。

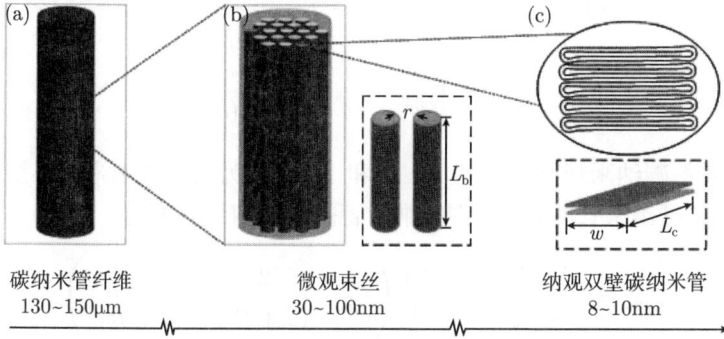

图 3.16 碳纳米管纤维的多级结构 (详见书后彩图)

(a) 宏观纤维；(b) 微观束丝网络；(c) 纳观双壁碳纳米管

首先，在微观尺度，近似将束简化为半径为 r 的圆柱，如图 3.17(a) 所示。束与束间的界面结合力源于范德瓦耳斯相互作用，两平行束之间的范德瓦耳斯力为 (Parsegian et al., 2006)

$$E_{\text{bundle}} = \frac{AL_{\text{b}}r^{1/2}}{16d_0^{5/2}} \tag{3.7}$$

其中，A 为哈梅克常数，L_{b} 和 d_0 分别为束之间的接触长度和距离。界面剪切强度由静摩擦强度控制，束间界面剪切强度为

$$\tau_{\text{bundle}} = \frac{\mu \cdot F_{\text{bundle}}}{w_{\text{e}}L_{\text{b}}} = \frac{\mu A r^{1/2}}{16w_{\text{e}}d_0^{5/2}} \tag{3.8}$$

其中，μ 为束间摩擦系数，w_{e} 为束间的有效接触宽度，定义为两个束之间距离为 $3d_0$ 时的宽度，因此 $w_{\text{e}} = 2\sqrt{(r^2 - (r - d_0)^2)}$。

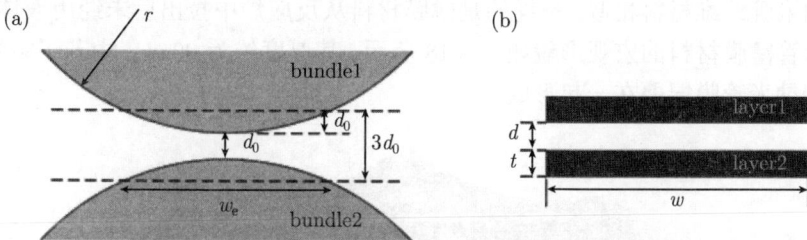

图 3.17 细观尺度的束间界面结合力计算示意图 (正视图)(a)；微观尺度的双壁碳纳米管层间界面结合力计算示意图 (正视图)(b)

在纳观尺度，由图 3.2(e) 可观察，双壁碳纳米管截面呈扁平状，且长轴尺寸远大于短轴尺寸，因此将束 (丝) 内部扁平双壁碳纳米管堆层简化为规则堆叠的石墨

烯层 (图 3.17(b))。两相对的石墨烯层 (即双壁碳纳米管壁) 之间的范德瓦耳斯力为
(Parsegian et al., 2006)

$$F_{\text{tube}} = \frac{AwL_{\text{c}}}{6\pi} \left(\frac{1}{d^3} - \frac{2}{(d+t)^3} + \frac{1}{(d+2t)^3} \right) \tag{3.9}$$

其中, t 为双壁碳纳米管壁的厚度, w, d 和 L_{c} 分别为双壁碳纳米管堆层的宽度和
间距以及双壁碳纳米管的长度, 则碳纳米管间界面剪切强度为

$$\tau_{\text{tube}} = \frac{\mu' \cdot F_{\text{tube}}}{wL_{\text{c}}} = \frac{\mu'A}{6\pi} \left(\frac{1}{d^3} - \frac{2}{(d+t)^3} + \frac{1}{(d+2t)^3} \right) \tag{3.10}$$

其中, μ' 为双壁碳纳米管管壁之间的摩擦系数。

因此可得束水平和碳纳米管水平上的界面剪切强度比

$$\alpha = \frac{\tau_{\text{bundle}}}{\tau_{\text{tube}}} = \frac{3\pi\mu r^{1/2}}{8\mu'w_{\text{e}}d_0^{5/2}} \left(\frac{1}{d^3} - \frac{2}{(d+t)^3} + \frac{1}{(d+2t)^3} \right)^{-1} \tag{3.11}$$

结合 SEM/TEM 照片, 分别选取束的半径 r 与距离 d_0 的范围为 15~50nm 和
0.5~1nm。双壁碳纳米管的壁厚 t 与双壁碳纳米管堆层的间距 d (0.34nm) 相等。碳
纳米管之间的摩擦系数 μ 与束之间的摩擦系数 μ' 相同。由式 (3.11) 计算得到微观
尺度束间与纳观尺度管间的界面强度比 α 在 0.03~0.27。分析结果表明束间的界面
强度明显弱于双壁碳纳米管间的界面强度。

3.2　碳纳米管薄膜

碳纳米管薄膜材料从 CVD 过程形成的碳纳米管气凝胶中制备而来, 制备方法
与碳纳米管纤维材料相似, 不同的是薄膜材料从反应炉中拉出后未经历液体处理。
碳纳米管薄膜材料的宏观形貌如图 3.18 所示, 其厚度约为 20μm, 由若干纳米级厚
度的碳纳米管膜层叠在一起形成。

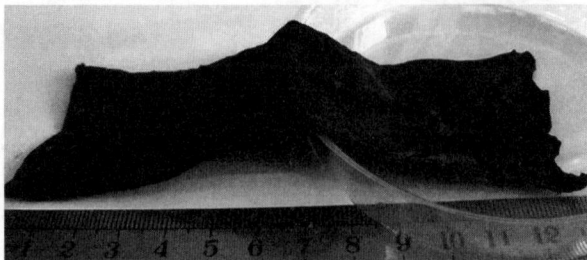

图 3.18　碳纳米管薄膜材料的宏观形貌

碳纳米管薄膜材料的显微形貌如图 3.19 所示，在微观上是由碳纳米管束 (直径 0.01~0.05μm) 构成的疏松的非规则网络结构。将网络结构中的管束结点近似作为碳管束粘接基元 (图中方框中所示)，两根碳管束的中间段依靠范德瓦耳斯力等微观作用力粘接在一起形成粘接区，端部成锐角分开。在纳观尺度，碳管束由双壁碳纳米管塌陷堆叠而成。因此，碳纳米管薄膜材料具有薄膜–碳纳米管束网络–碳纳米管三级结构。

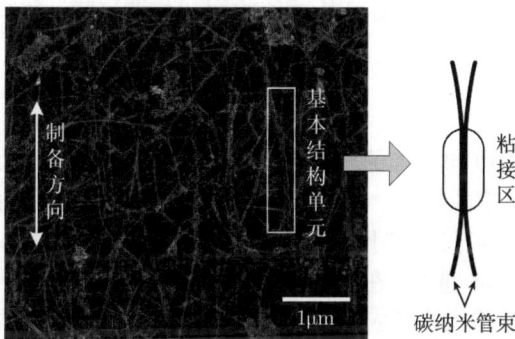

图 3.19 碳纳米管薄膜的 SEM 图像及细观碳管束粘接基本结构单元示意图 (李秋等, 2011)

观察图 3.19 可初步判断碳管束粘接基元的排布以薄膜的拉出方向 (以下简称制备方向) 占优。通过薄膜材料沿不同方向的偏振拉曼谱峰强度测定实验可确认该判断的正确性。实验采取固定入/散射光偏振方向、旋转薄膜试件的方式进行。如图 3.20 所示，将碳纳米管薄膜固定在标有角度刻线的旋转平台的中心位置，使薄膜制备方向与旋转平台 0~180° 刻线方向重合。测量时以 15° 的步长旋转台面，使 0~180° 刻线与入/散射光偏振方向的夹角分别为 0°，15°，30°，···，165°，180°。拉曼光谱的采集使用 Renishaw inVia 拉曼光谱系统，632.8nm He-Ne 激光光源，背向散射，双偏振模式；50× 物镜；线聚焦方式，聚焦光斑的中心设置在旋转平台的圆心处。

实验发现，随着入/散射光偏振方向与薄膜材料制备方向夹角的不同，G' 峰强度发生明显的变化。当入射激光的偏振方向与薄膜材料制备方向相同时，G' 峰的强度最高；随着二者之间夹角的增大，G' 峰强度逐渐减小；当激光偏振方向与薄膜制备方向垂直时，G' 峰的强度最低。这说明在碳纳米管薄膜中，沿着其制备方向排布的碳纳米管数量较多，而沿着垂直方向排布的碳纳米管数量较少，这就证实了关于沿薄膜制备方向排布的碳管束粘接基元数量占优的判断。以下将薄膜的制备方向称为薄膜材料的纵向，将与纵向垂直的方向称为薄膜材料的横向。

3.2.1 碳纳米管薄膜力学性能实验

碳纳米管薄膜是微观结构各向异性的二维薄膜材料，其沿不同方向的拉伸力学行为及破坏机理必然不同。下面介绍通过沿薄膜纵向、横向和 45° 方向的拉伸加载与同步微拉曼探测，以及 SEM 观测实验对该问题的研究。

碳纳米管薄膜实验材料由天津大学李亚利教授提供，使用微加载装置进行拉伸测试，拉伸试件宽度为 2mm，标距长度为 10mm，其长度方向分别平行于薄膜纵向、平行于薄膜横向、与薄膜纵向成 45° 角。同步的微拉曼测试使用 Renishaw inVia Reflex 激光拉曼光谱仪进行，选用 632.8nm He-Ne 激光光源；50× 物镜；线聚焦；不同载荷状态下的拉曼信息从试件的同一位置采集。薄膜试件拉伸破坏后，使用 SEM 对试件的形貌进行观测。

1. 纵向拉伸

碳纳米管薄膜沿纵向拉伸的应力–应变曲线如图 3.20(a) 所示。考虑到薄膜材料拉伸时具备有限变形的特点，在给出名义应力–名义应变曲线的同时给出了真应力–真应变曲线。由图可见，在小于 5% 的低应变范围，真应力–真应变曲线与名义应力–名义应变曲线基本重合。在应变大于 5% 之后，二者的差距逐渐变得显著，并且随着应力的增加而增大，真应变小于名义应变，其最大值为名义应变最大值的 80% 左右，真应力大于名义应力，其最大值大约为名义应力最大值的 150%。考虑到简洁性，后续实验数据中只给出薄膜的名义应力和名义应变。

与宏观拉伸力学性能同步得到的拉曼 G′ 峰形貌如图 3.20(b) 所示，应变下 G′ 峰向低波数偏移 (蓝移)，低波数一侧加宽，且峰强增大了。

碳纳米管薄膜沿纵向拉伸破坏后局部和断口末端部位的 SEM 形貌照片如图 3.21 所示，薄膜断口末端呈拔丝状 (图 3.21(a))，临近断口部位的碳管束基本被拉直且沿加载方向呈丝状 (图 3.21(b))，表明薄膜发生了滑移破坏。图 3.21(c) 为薄膜破坏后非断口部位的微观形貌，碳管束网格形状与未加载时 (图 3.21(d)) 相比发生了明显构形变化，大部分碳管束被拉至沿加载方向排列，并且变得更紧密了。

基于实验结果，分析碳纳米管薄膜材料纵向拉伸过程中微观网络结构的承载变形过程为：当外载施加于薄膜时，碳管束网络结构随即发生几何变形，管束基元

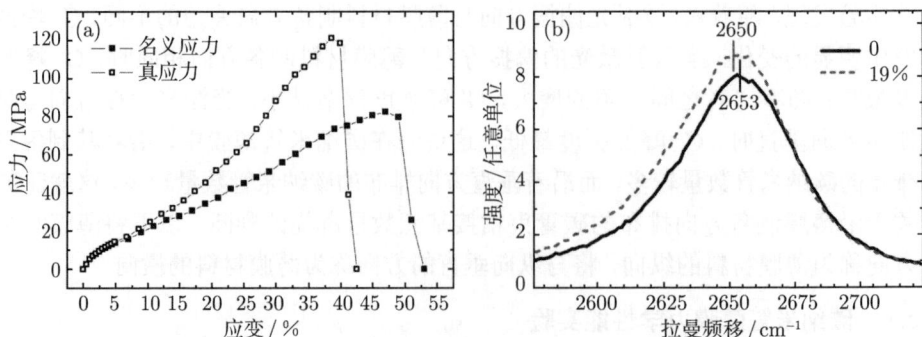

图 3.20　纵向拉伸碳纳米管薄膜的应力–应变曲线 (a) 和应变下的 G′ 峰蓝移 (b)

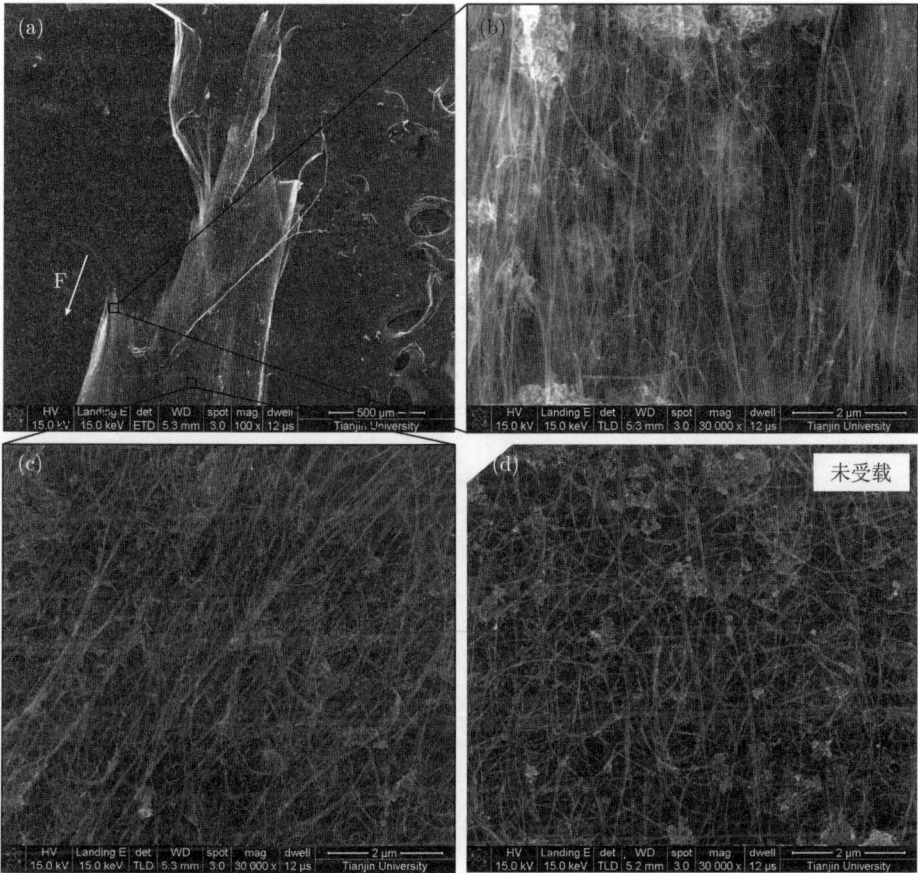

图 3.21 纵向拉伸碳纳米管薄膜破坏后与未加载时的 SEM 照片

(a) 为断口宏观形貌；(b)、(c) 和 (d) 分别为临近断口部位、非断口部位和未加载时的微观形貌

沿载荷方向变长并且变窄，期间，沿薄膜纵向排布的碳管束与较小尺寸的管束基元承担载荷，发生弹性变形；随着载荷增加，当首先承载的小尺寸管束基元粘接区的应力达到碳纳米管束间界面剪切极限时，基元粘接区发生束间滑移，滑移导致膜内应力重新分配，大部分应力转移到滑移基元周围的碳管束基元上，于是大尺寸管束基元开始承载。当大尺寸基元粘接区也发生束间滑移，载荷就会转移到更大尺寸的基元上。这种主要承载的碳管束群体的不断更替，不仅使薄膜呈现出应变强化，而且推迟了应力集中的发生。一旦某些滑移碳管束彼此脱离，碳管束网络形成局部损伤并逐渐扩展，最终导致整个膜层的破坏。

薄膜 G' 峰拉曼波数和半高宽随应变的具体变化支撑上述分析。如图 3.22 所示，拉曼波数–名义应变曲线表现为三个阶段：应变小于 18% 的阶段 I、应变在 18%～31% 的阶段 II、应变大于 30% 的阶段 III。

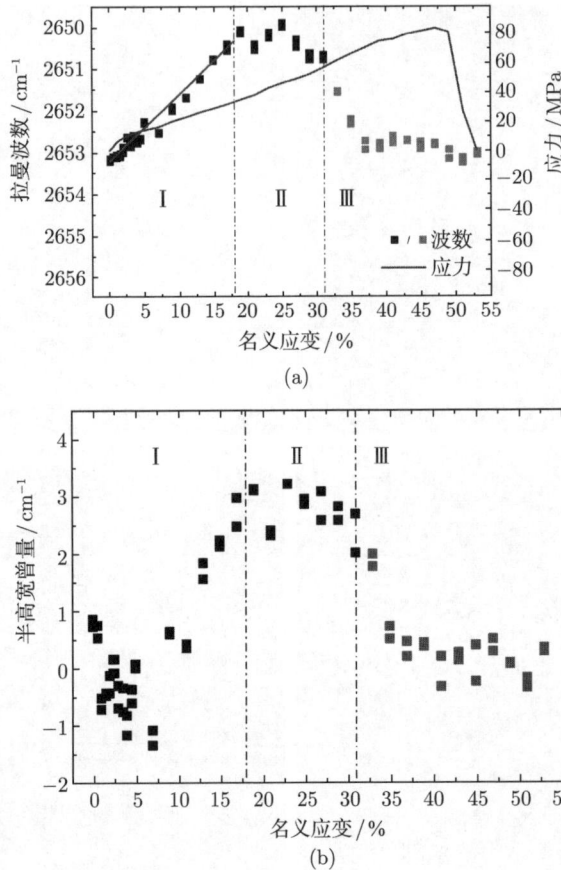

图 3.22　纵向拉伸碳纳米管薄膜 G′ 峰拉曼波数 (a) 和半高宽 (b) 随应变的变化

在阶段 I 中，G′ 峰拉曼波数从 2653.3cm⁻¹ 线性下降至 2650.3cm⁻¹，表明薄膜内碳纳米管被加载，碳纳米管的平均弹性变形增加。拉曼波数随应变下降的速率为 0.2cm⁻¹/1%，比碳纳米管纤维拉伸加载时的下降速率 (2.2cm⁻¹/1%，见图 3.8(b)) 小一个量级，这说明薄膜的宏观变形大部分来自碳管束网络结构的几何变形。G′ 峰半高宽不断增大，表明碳的米管受力非均匀性不断增加，一些碳管米承载增大而另一些碳管米承载很小或没有承载。

在第 II 阶段，G′ 峰拉曼波数和半高宽变化小，显示薄膜内发生了碳纳米管的米间滑移。共减小了 3cm⁻¹，这与碳纳米管纤维的 G′ 峰拉曼波数减小量 (3.2cm⁻¹) 基本相同，表明薄膜与纤维中碳纳米管束间界面的平均承载能力，或者说是对剪切载荷的传递能力相当，纤维制备工艺过程中的液体处理使碳纳米管束之间的排列更加紧密，但没有对碳纳米管束间界面传递剪切载荷的能力产生明显影响。

在第 III 阶段，拉曼波数和半高宽逐渐恢复至未加载时的初始值，而后不再变化, 说明膜层破坏后其内碳纳米管的变形逐渐恢复了。碳纳米管发生卸载变形恢复时, 薄膜宏观应力未出现明显下降, 分析其原因, 可能是由于拉曼光谱探测的少数膜层先发生了破坏。

2. 横向拉伸

碳纳米管薄膜横向拉伸破坏后的 SEM 照片 (图 3.23) 显示了横向拉伸与纵向拉伸具有不同的变形与破坏机理。横向拉伸试件断口末端边缘与加载方向垂直且较为平整 (图 3.23(a)), 暗示了碳管束基元的撕裂破坏, 这也使得断口末端部位的碳纳米管束没有明显的方向性 (图 3.23(b))。图 3.23(c) 为非断口部位的微观形貌, 与未受载薄膜 (图 3.23(d)) 相比碳管束基元在加载方向被拉长, 表现出较大的几何变形。

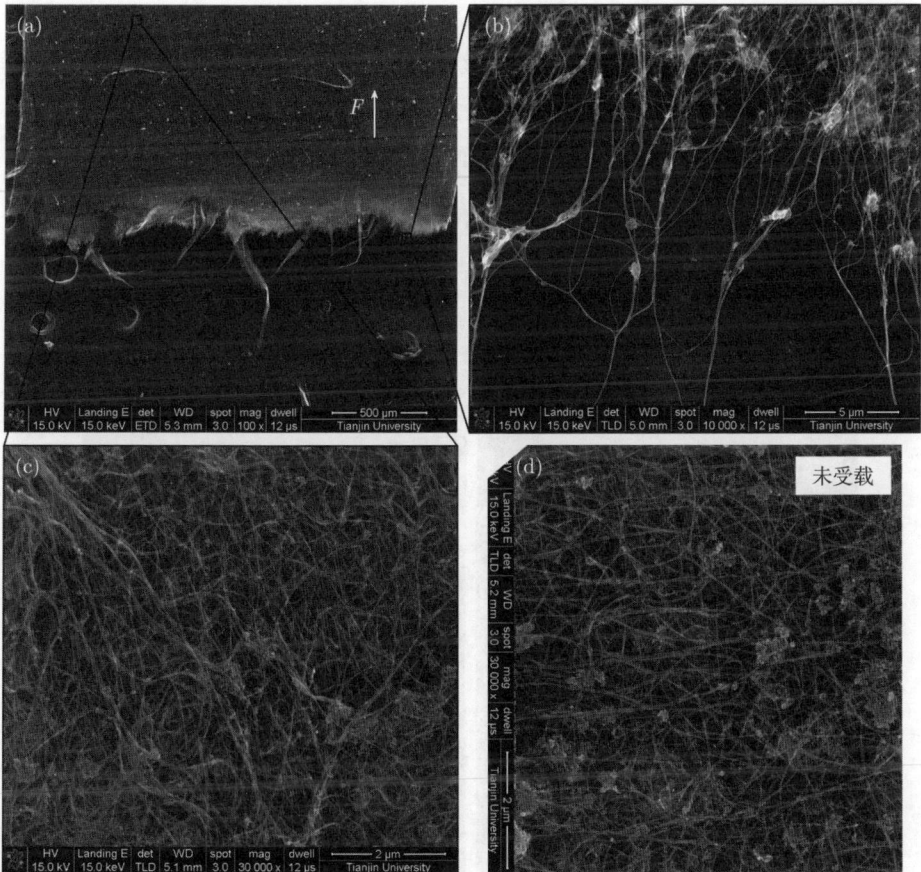

图 3.23　横向拉伸碳纳米管薄膜破坏后与未加载时的 SEM 照片

(a) 为断口宏观形貌, (b)、(c) 和 (d) 分别为断口末端部位、非断口部位和未加载时的细观形貌

　　基于实验结果，分析碳纳米管薄膜材料横向拉伸过程中碳管束网络结构的承载变形过程为：当外载施加于薄膜时，碳管束网络随即发生几何变形，碳管束基元的束间夹角被拉大，与此同时，部分沿薄膜横向排布的碳管束承担载荷发生弹性变形；随着变形增加，碳管束基元的束间夹角越来越大，承载逐渐增加；当应力超过基元粘接区束间界面的拉伸极限时，粘接区界面发生开裂；粘接区被完全撕开后碳管束网络出现局部损伤并逐渐扩展，最终导致整个膜层的破坏。

　　碳纳米管薄膜横向拉伸时的 G' 峰拉曼波数–应变曲线、半高宽增量–应变曲线也表现出与纵向拉伸时类似的阶段性特征。与纵向拉伸不同的是，横向拉伸时拉曼波数从加载之前的 $2653.3\mathrm{cm}^{-1}$ 最终下降至 $2652.3\mathrm{cm}^{-1}$，即减小量为 $1\mathrm{cm}^{-1}$，比纵向拉伸时少 $2\ \mathrm{cm}^{-1}$，表明碳管束基元粘接区界面能传递的最大拉伸载荷小于最大剪切载荷。

3.45° 方向拉伸

　　薄膜沿 45° 方向拉伸破坏后的显微形貌如图 3.24 所示，试件断口末端边缘与加载方向大约成 25° 角且较为平整 (图 3.24(a))；断口末端部位的碳纳米管束基本

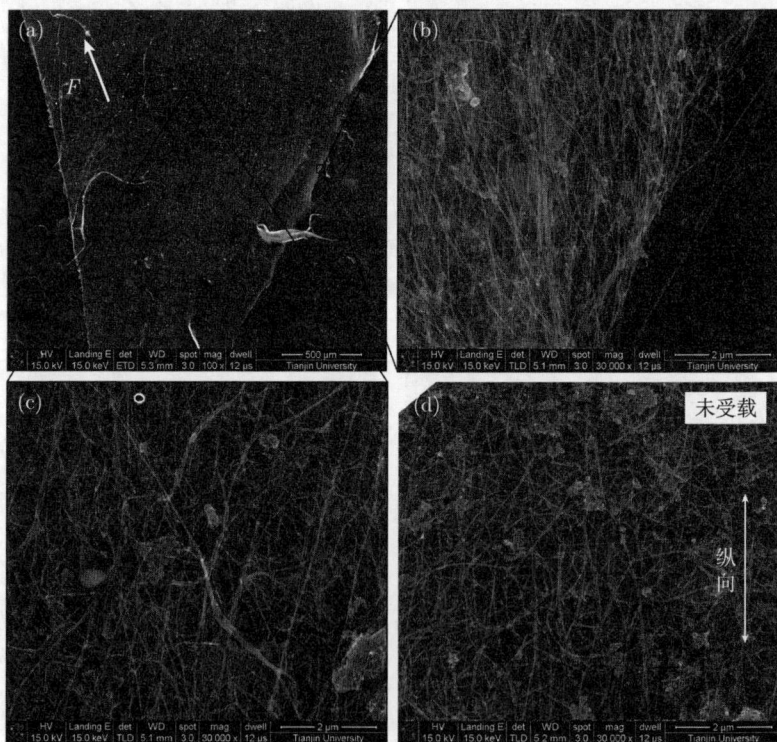

图 3.24　45° 方向拉伸碳纳米管薄膜破坏后与未加载时的 SEM 照片

(a) 为断口宏观形貌；(b)、(c) 和 (d) 分别为断口末端、非断口部位和未加载时的细观形貌

依边缘方向排布 (图 3.24(b))；非断口部位的碳管束网格形状 (图 3.24(c)) 与未加载时 (图 3.24(d)) 相比发生了明显构形变化，形成了沿粘接区方向的碳纳米管束长链。

3.2.2 碳纳米管薄膜材料变形特征

基于实验分析，沿三个不同方向拉伸薄膜时，其内的碳管束粘接基元具有不同的受力及破坏方式。如图 3.25 所示，沿纵向拉伸薄膜时，碳管束粘接基元受到平行于粘接区方向的作用力，当碳管束上的应力超过粘接区束间界面的剪切极限时，粘接区束间界面发生滑移，当碳管束滑移至彼此脱离时，粘接基元完全破坏；沿横向拉伸薄膜时，碳管束粘接基元受到垂直于粘接区方向的作用力，当碳管束上垂直于粘接区方向的应力超过粘接区束间界面的拉伸强度时，粘接区界面发生开裂，当碳管束被撕开至彼此脱离时，粘接基元完全破坏；沿 45° 方向拉伸薄膜时，基元上存在两种应力分量，分别平行于粘接区界面和垂直于粘接区界面，这两个方向的应力分量使得一些基元发生粘接区界面的剪切破坏，还有一些基元发生粘接区界面的拉伸破坏。

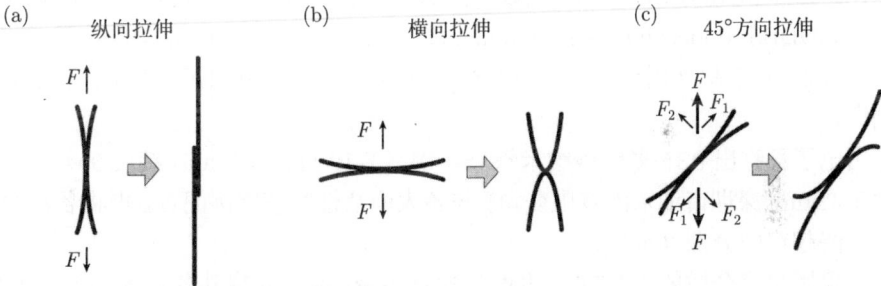

图 3.25 碳管束粘接基元在薄膜沿纵向、横向、45° 三个方向拉伸时的受力及破坏方式
(a) 粘接区界面剪切破坏；(b) 粘接区界面拉伸破坏；(c) 粘接区界面接剪混合破坏

与碳纳米管纤维力学性能相比，在变形刚度方面，碳纳米管薄膜的宏观变形明显大于碳纳米管纤维的变形，在强度方面，其强度明显低于碳纳米管纤维的强度。这其中薄膜材料管束结构的几何变形有较大贡献，纳观碳管结构变形的，相对贡献小，并且管束结构的界面结合力弱，是材料破坏的主要原因。

3.3　碳纳米管复合材料

利用碳纳米管的性质可以制作出很多性能优异的复合材料。例如，用碳纳米管材料增强的塑料力学性能优良、导电性好、耐腐蚀、可屏蔽无线电波等。由于碳纳米管径向的纳米级尺寸和高表面能导致其在聚合物中容易发生团聚而分散性较差,碳纳米管和聚合物之间的界面作用力较弱,载荷不能有效传递,碳纳米管就可能在剪切力作用下从聚合物中被拔出,这直接影响复合材料的力学性能。此外,聚合物纳米复合材料在高温下的力学行为的研究也是不容忽视的。

3.3.1 制备过程

碳纳米管在聚合物中的分散能力,是复合材料具有优良性能的前提。由于碳纳米管管径小、表面能大,很容易发生团聚而影响与聚合物界面的结合 (Islam et al., 2003)。为了提高分散能力通常采用共混合成法:将一定比例的环氧树脂和碳纳米管经过超声振荡共混使其分散均匀,但这种方法只能达到宏观上的分散均匀。为了进一步能达到在微观上尽可能分散均匀,需要加入表面活性剂来进一步提高分散能力 (Liu et al., 2005)。

选择合适的表面活性剂是提高碳纳米管在聚合物中分散能力的关键。制备实验选择了以下几种常见的表面活性剂:无水乙醇 (ethanol)、去离子水 (deionized water)、四氢呋喃 (tetrahy drofuran, C_4H_8O, 沈阳新兴试剂厂)、二甲基甲酰胺 (DMF-NN, N,N-dimethylformamide, C_3H_7ON, 天津市博迪化工有限公司)、十二烷基苯磺酸钠 (NaDDBS, dodecylbenzenesulfonic acid sodium salt, $C_{18}H_{29}NaO_3S$, 天津市大茂化学仪器供应站) 和十二烷基硫酸钠 (SDS, $CH_3(CH_2)_{10}CH_2OSO_3Na$, 沈阳新兴试剂厂)。

用电子秤称出 0.1g 多壁碳纳米管 (S-MWNT-10 直径 <10nm, 纯度 95%~98%, 长度 1~2μm, 深圳市纳米港有限公司) 与各表面活性剂按比例混合,再将各混合液置于水浴超声中分散 30min。

将采用超声分散的 MWNTs 表面活性剂溶液静置,观察其各自浑浊度的变化,结果如表 3.2 所示。可见,能够保证在一个月之内有较好分散性的溶剂只有 DMF-NN 和 1g NaDDBS+50mL 去离子水,虽然去离子水具有很好的分散性,但是不能稀释聚合物,而且挥发性差会增加实验时间;而 DMF-NN 溶剂与碳纳米管表面引

表 3.2 不同表面活性剂分散性结果

溶剂	6 小时	1 天	2 天	1 周	1 个月
50mL 四氢呋喃	浑浊	浑浊	浑浊	浑浊	完全沉淀
50mL DMF-NN	浑浊	浑浊	浑浊	浑浊	部分沉淀
50mL 乙醇	明显沉淀	完全沉淀	完全沉淀	完全沉淀	完全沉淀
50mL 去离子水	浑浊	浑浊	浑浊	浑浊	完全沉淀
1g NaDDBS+50mL 乙醇	明显沉淀	完全沉淀	完全沉淀	完全沉淀	完全沉淀
1g NaDDBS+50mL 去离子水	浑浊	浑浊	浑浊	浑浊	部分沉淀
1g SDS+50mL 乙醇	明显沉淀	明显沉淀	完全沉淀	完全沉淀	完全沉淀

入的功能团因相同的极性产生排斥力, 高于碳纳米管之间的范德瓦耳斯力, 明显减轻了团聚现象, 表现出有较好的分散稳定性。因此实验中选用 DMF-NN 溶剂, 此外添加适量的甲醇来增大环氧树脂的稀释程度。

基体选用 E51-618 环氧树脂 (上海树脂厂), 固化剂为乙二烯三胺 ($HN(CH_2CH_2NH_2)_2C_4H_{13}N_3$, 沈阳新化试剂厂), 增塑剂为邻苯二甲酸二丁酯 ($C_6H_4(COOC_4H_9)_2$, 沈阳市试剂厂)。聚合物复合材料的制备工艺为: 首先, 用电子秤称出 0.1g 多壁碳纳米管放入表面活性剂二甲基甲酰胺 (质量比 1:10) 中经约 30min 超声分散, 图 3.26(a) 为在表面活性剂中超声分散后的 MWNTs 的透射电镜 (TEM) 照片。然后, 放入配比重量的环氧树脂和增塑剂, 机械搅拌均匀后放入温度为 50°C 水浴中超声 20~60min; 最后在抽风橱中加入定量的固化剂, 搅拌均匀后浇注模具, 室温固化 24h 即可起模; 经 80°C 高温二次固化来稳定力学性质。通过振动分子超声分散也会产生气泡, 在真空干燥箱中脱去气泡可以阻止最终的复合材料中出现虚空。图 3.26(b) 为所制备 MWNTs 增强环氧树脂复合材料的扫描电镜 (SEM) 照片, 图中可见仍有部分区域没有被 MWNTs 填充。

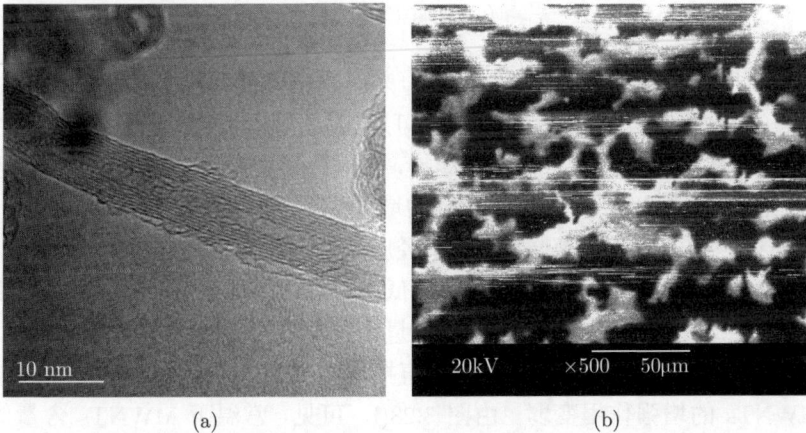

图 3.26 在表面活性剂中超声分散后的 MWNTs 的 TEM 照片 (a) 和 MWNTs 增强的环氧树脂复合材料的 SEM 照片 (b)

3.3.2 拉伸性能

使用配有 3119-402 型温度环境箱和温度控制器的 Instron3343 电子万能试验机, 来测量不同多壁碳纳米管含量 MWNTs/Epoxy 复合材料在室温和 50°C 下的力学性能。图 3.27(a) 给出了在常温下不同含量的 MWNTs/Epoxy 复合材料的应力应变曲线, 常温下低含量 (0~1.0wt%) 的 MWNTs/Epoxy 复合材料具有很好的弹性, 随着 MWNTs 含量增加, 材料的杨氏模量逐渐增大。图 3.27(b) 给出了 50°

下不同含量 MWNTs/Epoxy 复合材料的应力–应变曲线, 低含量 MWNT/Epoxy 复合材料具有较大的弹性模量和拉伸强度, 但是随着 MWNT 含量的增大, 这些力学性质又急剧降低。

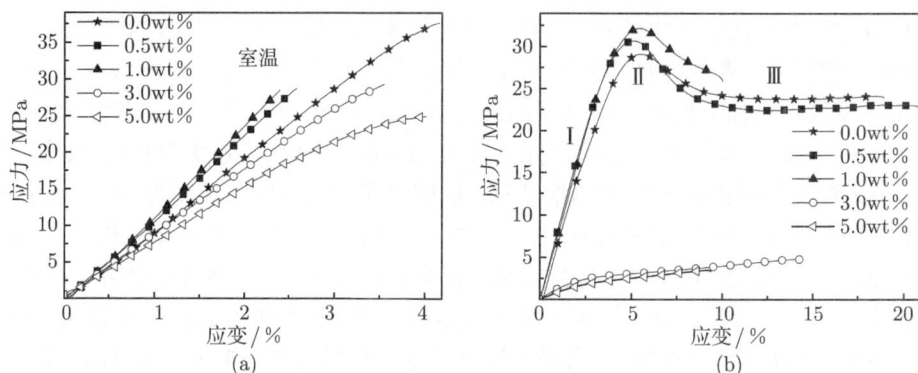

图 3.27　不同含量 MWNTs/Epoxy 复合材料在不同温度下的应力–应变曲线

(a) 室温; (b)50°C

在 50° 下, 对于碳纳米管含量 ≤1.0wt% 的复合材料, 应力–应变曲线明显分为 3 个阶段 (图 3.27(b)): 开始时材料处于可逆的黏弹性阶段 I, 随后进入塑性变形阶段 II, 此时材料的分子为层状排列结构, 最后分子由层状排列向纤维态转变, 进入流动颈缩阶段 III。随着碳纳米管含量的增加, 材料的韧性先增后降。另外, 对于碳纳米管含量 >1.0wt% 的复合材料, 不经历塑性颈缩变形就发生断裂。

由图 3.28(a) 可见在 MWNTs 含量较低时可以很好地分散于基体中, 但由于含量较低, 增强效果不明显。当 MWNTs 含量超过一定值后弹性模量发生下降, 是由于 MWNTs 含量较高时容易发生团聚, 直接影响 MWNTs 与基体的结合程度, 从而使 MWNTs 的增强作用变弱。由图 3.28(b) 可见, 常温下 MWNTs 含量对复合材料的韧性影响不大; 随着温度的升高, 材料韧性增加, 但 MWNTs 含量较大时材料韧性降低。常温下无论 MWNTs 含量为多少, 复合材料的拉伸强度均低于基体环氧树脂的拉伸强度, 含量对复合材料的韧性影响不大。这意味着添加一定含量的碳纳米管会起到增强相的作用, 但是加入过量的碳纳米管则由于分散困难造成增强网络无法形成, 反而降低了增强相和基体之间的界面强度。另外, 温度会导致复合材料界面结合能力明显退化, 两相界面作用阻碍不了基体高分子链的运动, 载荷传递效率下降, 对复合材料的弹性模量和拉伸强度有较大影响。

从上面的实验可以看出, 添加少量碳纳米管的环氧树脂表现出与纯树脂材料不同的力学行为。对于给定类型的碳纳米管, 可对其表面改性来增加分散性, 改善纳米管聚合物界面化学, 从而提高纳米管复合材料的界面强度。再者, 由于缺少微纳米尺度上的实验测量手段, 对碳纳米管增强聚合物的界面强度、应力传递范围和效率的实验研究是一项挑战性任务, 希望最终达到探究碳纳米管增强聚合物界面黏着性的分子尺度上的合理解释和优化界面原则。

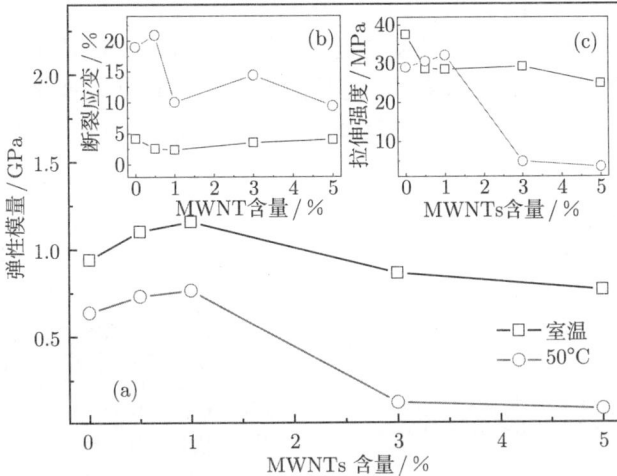

图 3.28　不同含量 MWNTs/Epoxy 复合材料在不同温度下的力学性质

(a) 弹性模量; (b) 断裂伸长率; (c) 拉伸强度

　　总之, 通过使用表面活性剂超声分散和固化工艺制备了不同含量的多壁碳纳米管/环氧树脂基聚合物复合材料, 常温下力学性能测试表明, 随着碳纳米管含量的增加, 材料的杨氏模量先增后降; 无论 MWNTs 含量为多少, 复合材料的拉伸强度均低于基体环氧树脂的拉伸强度。在 50° 时, 对于碳纳米管含量 ≤1.0wt% 的复合材料, 经历了可逆的粘弹性阶段以后进入了塑性颈缩变形; 随着碳纳米管含量的增加, 材料的韧性先增后降 (雷振坤等, 2008)。

3.3.3　讨论

　　以上研究表明, 复合材料的诸项性能与基体相比虽有所改善, 但效果明显不及预期并且不稳定 (特别是力学性能), 究其原因在于碳纳米管在复合材料中分散困难, 这一方面是因为碳纳米管本身具有巨大的表面能而容易聚集成束, 管束在大部分溶剂中的溶解度都非常低, 与聚合物混合时其缠结的聚集结构仍保持下来; 碳纳米管表面在原子水平上是光滑的, 这种惰性表面与聚合物的作用力很弱, 限制了界面应力传递的效率。

　　研究表明, 通过对碳纳米管的表面改性能够有效提高其分散性能, 主要包括两种方式: 物理吸附和化学改性。物理吸附主要基于范德瓦耳斯力吸附分子来改变碳纳米管表面形式, 改善与基体的相容性, 其优点是不会改变碳纳米管完美的结构,从而保持了力学性能, 但缺点是包覆分子与碳纳米管管壁的作用力较弱。化学改性一般通过官能团与碳纳米管管壁的共价键连接, 常见方法有酸氧化法在碳纳米管管壁表面引入羧基官能团、氟化法引入羟基或氨基官能团、自由基氧化法 (利用二元羧酸的有机过氧化物分解的自由基) 引入羟基官能团。

仅就碳纳米管与环氧树脂的复合而言, 羧化 (—COOH) 功能化能够大幅提高碳纳米管在环氧树脂中的分散效率。这是因为将 —COOH 功能化碳纳米管分散入环氧树脂中, —COOH 功能团与环氧基团发生杂交反应, 如图 3.29 所示。

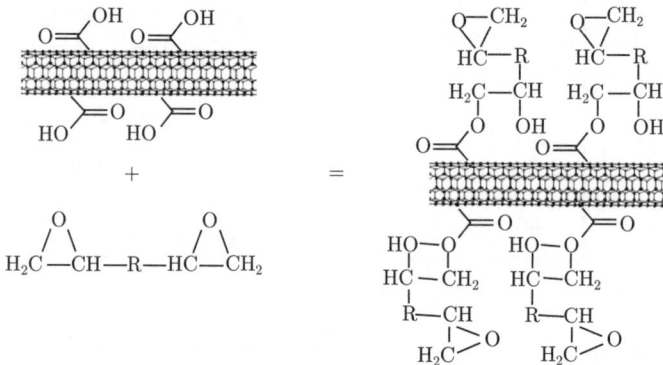

图 3.29　羧基功能化碳纳米管与环氧树脂之间的杂交反应

3.4　小　　结

碳纳米管复合材料是典型的多尺度结构材料, 包含纳观尺度的碳纳米管和微观尺度的碳纳米管束网络或碳纳米管束团簇, 其力学性能与不同尺度结构的载荷响应密切相关。深入研究碳纳米管基材料的力学性能需要能够反映材料跨尺度力学行为的联合的实验手段。由于拉曼光谱对碳纳米管应变的敏感性, 加上无损、非接触、1μm 级空间分辨率等特点, 原位微拉曼光谱技术成为跨尺度实验中连接宏、微观尺度的重要桥梁。

对碳纳米管纤维材料的宏观拉伸、原位微拉曼及 SEM 观测的多尺度实验综合分析表明, 在碳纳米管纤维拉伸变形的弹性、强化和损伤断裂三个阶段中, 其内碳纳米管只发生弹性变形, 没有塑性形变, 并且没有发生明显的损伤或键的断裂, 纤维屈服与破坏的原因可归结为滑移; 多层级的显微结构、束与丝的性质差异、双壁碳纳米管扁平几何构形形成的独特界面, 是该碳纳米管纤维能够同时具有较好的强度与韧性的关键因素。本构及界面力学建模表明, 提高束丝体积比, 改善双壁碳纳米管堆层间的界面剪切强度、剪切韧性和滑动摩擦阻滞作用, 对于提高纤维的强韧度有重要作用。

通过多尺度实验测量了碳纳米管薄膜沿纵向、横向和 45° 三个方向拉伸的力学性能，分析了薄膜材料的多尺度变形特征，提出了薄膜的碳管束粘接基元网格模型，初步探讨了碳纳米管薄膜材料变形及破坏方式的各向异性性质。

利用碳纳米管优良的力学、热学和电学性质可以制作出很多性能优异的复合材料。通过使用表面活性剂超声分散制备了不同含量的多壁碳纳米管/环氧树脂基聚合物复合材料，常温下力学性能测试表明，复合材料的诸项性能虽有所改善，但效果明显不及预期并且不稳定 (特别是力学性能)，究其原因在于碳纳米管在复合材料中分散困难，这需要对碳纳米管的表面进行改性来提高其分散性能。

参 考 文 献

亢一澜, 李秋, 仇巍. 2010. 拉曼环境下细丝纤维加载测量装置. 中国实用新型专利, ZL201010-102102.6.

雷振坤, 仇巍, 李秋, 亢一澜, 潘学民. 2008. 碳纳米管聚合物复合材料力学性质实验研究. 高分子材料科学与工程, 24(12): 134-136.

李秋. 2011. 微拉曼光谱技术在纳米材料力学性能研究中的应用. 天津大学博士学位论文.

李秋, 仇巍, 邓卫林, 亢一澜. 2014. 原位微拉曼测试技术在碳纳米管纤维和薄膜材料力学性能研究中的应用. 实验力学, 29(3):257-264.

刘璐琪, 高云, 张忠. 2011. 宏观碳纳米管聚集体的力学性能及其在复合材料中的应用进展. 力学进展, 41(1): 15-25.

魏飞, 骞伟中. 2012. 碳纳米管的宏量制备技术. 北京：科学出版社.

Baughman R H, Zakhidov A A, de Heer W A. 2002. Carbon nanotubes——the route toward applications. Science, 297(5582): 787-792.

Cronin S B, Swan A K, Unlu M S, et al. 2004. Measuring the uniaxial strain of individual single-wall carbon nanotubes: resonance raman spectra of atomic-force-microscope modified single-wall nanotubes. Physical Review Letter, 93(16): 167401.

Cronin S B, Swan A K, Unlu M S, et al. 2005. Resonant Raman spectroscopy of individual metallic and semiconducting single-wall carbon nanotubes under uniaxial strain. Physical Review B, 72(3): 035425.

Cui S, Kinloch I A, Young R J, et al. 2009. The effect of stress transfer within double-walled carbon nanotubes upon their ability to reinforce composites. Advanced Materials, 21(35): 3591-3595.

Deng W L, Qiu W, Li Q, et al. 2014. Multi-scale experiments and interfacial mechanical modeling of carbon nanotube fiber. Experimental Mechanics, 54(1): 3-10.

Dresselhaus M S, Dresselhaus G, Saito R, Jorio A. 2005. Raman spectroscopy of carbon nanotubes. Physics Report, 409(2): 47-99.

Hone J, Batlogg B, Benes Z, Johnson A T. 2000. Quantized phonon spectrum of single-wall carbon nanotubes. Science, 289(5485): 1730-1733.

Hu L, Hecht D S, Gruner G. 2010. Carbon nanotube thin films: fabrication, properties, and applications. Chem Rev, 110 (10): 5790-5844.

Hutchinson J W. 1968. Singular behaviour at the end of a tensile crack in a hardening material. Journal of the Mechanics and Physics of Solids, 16: 13-31.

Iijima S. 1991. Helical microtubules of graphitic carbon. Nature. 354(6348):56-58.

Islam M F, Rojas E, Bergey D M, Johnson A T, Yodh A G. 2003. High weight fraction surfactant solubilization of single-wall carbon nanotubes in Water. Nano Letters, 3(2): 269-273.

Jorio A, Dresselhaus G, Dresselhaus M S. 2008. Carbon Nanotubes: Advanced Topics in the Synthesis, Structure, Properties, and Applications. Berlin: Springer.

Lachman N, Bartholome C, Miaudet P, et al. 2009. Raman response of carbon nanotube/PVA fibers under strain. The Journal of Physical Chemistry C, 113(12): 4751-4754.

Li Q, Kang Y L, Qiu W, Li Y L, Huang G Y, Guo J G, Deng W L, Zhong X H. 2011. Deformation mechanisms of carbon nanotube fibres under tensile loading by in situ Raman spectroscopy analysis. Nanotechnology, 22(22): 225704.

Li Q, Kang Y L, Qiu W. 2013. Multi-scale analysis for tensile mechanical properties of carbon nanotube fibers by in situ Raman spectroscopy. Applied Mechanics and Materials, 385-386: 47-50.

Li Q, Wang J S, Kang Y L, et al. 2012. Multi-scale study of the strength and toughness of carbon nanotube fiber materials. Materials Science and Engineering A, 549: 118-122.

Liu J, Liu T, Kumar S. 2005. Effect of solvent solubility parameter on SWNT dispersion in PMMA. Polymer, 46: 3419-3424.

Lu W B, Zu M, Byun J H, et al. 2012. State of the art of carbon nanotube fibers: opportunities and challenges. Adv Mater, 24: 1805-1833.

Murakami T, Sako T, Harima H, et al. 2004. Raman study of SWNTs grown by CCVD method on SiC. Thin Solid Films, 464-465: 319-322.

Parsegian V A. 2006. Van der Waals Forces: A Handbook for Biologists, Chemists, Engineers, and Physicists. New York: Cambridge University Press.

Wernik J M, Meguid S A. 2010. Recent developments in multifunctional nanocomposites using carbon nanotubes. Applied Mechanics Reviews, 63: 050801.

Zhang Y N, Zheng L X, Sun G Z, et al. 2012. Failure mechanisms of carbon nanotube fibers under different strain rates. Carbon, 50(8): 2887-2893.

Zhong X H, Li Y L, Liu Y K, Qiao X H, et al. 2010. Continuous multilayered carbon nanotube yarns. Advanced Materials, 22(6): 692-696.

第4章 碳纳米管拉曼应变传感理论与应变花技术

随着材料与信息科学技术发展的需要，对宏观与微观尺度材料力学性能的检测，以及对微小器件的可靠性分析已经成为研究的热点 (Kang et al., 2010)。微拉曼技术因高分辨率、无损非接触等特点，近年来在微尺度力学测量领域得到了一系列的应用。针对该技术不适用于非拉曼活性材料的局限，一些研究者尝试将具有拉曼活性和敏感性材料的薄膜或纤维作为应力/应变传感器 (Miyagawa et al., 2001; 高云等, 2010)，从而实现对非拉曼活性、非敏感材料或结构的力学实验分析。

本章从认识纳米管的拉曼效应开始，将碳纳米管看成是拉曼应变传感器，定量分析随机分布的碳纳米管对整体光谱的综合贡献，建立碳纳米管应变传感测量的数学模型；总结给出拉曼应变花及相关偏振控制与标准化试样制备技术，通过开展标定实验获取传感性能，实现平面应变各分量及其分布场的精细测量。

4.1 碳纳米管的拉曼效应

碳纳米管规则的分子结构决定了其在激光激发下能够呈现出拉曼散射现象 (Alon, 2010)。碳纳米管具有拉曼活性而且其拉曼特征峰对变形敏感，此外碳纳米管还具有共振拉曼特性和偏振拉曼特性 (Duesberg et al., 2000)。

由于碳纳米管可视为由石墨烯卷成的无缝圆筒，因此它包含了石墨的所有拉曼散射性质；同时，碳纳米管的独特结构使其拥有更为独特的拉曼性质，如图 4.1 所示。根据群论，单壁碳纳米管的声子模式中有一部分是拉曼活性的 (手性单壁管有 14~16 个，非手性管仅 8 个)，在拉曼光谱上表现为若干特征峰，包括低频声学模特征峰 (30~60cm^{-1})、径向呼吸模特征峰 (RBM, 200~300cm^{-1})、缺陷振动模特征峰 (即 D 峰，1300cm^{-1} 附近)、切向拉伸模特征峰带 (即 G 峰，1600cm^{-1} 附近)、G′ 峰 (也称为 D* 峰，为 D 峰的倍频，2600~2800cm^{-1})，以及以上各峰在更高波数区域的倍频。

1.碳纳米管拉曼光谱对应变的敏感性

碳纳米管是一种典型的一维材料，其变形主要是轴向的拉伸或压缩。与大多数晶体材料相似，碳纳米管的拉曼光谱中多个特征峰与变形存在一定的对应关系，而且实验发现不同类型的碳纳米管、不同的特征峰与变形的对应关系是不同的。

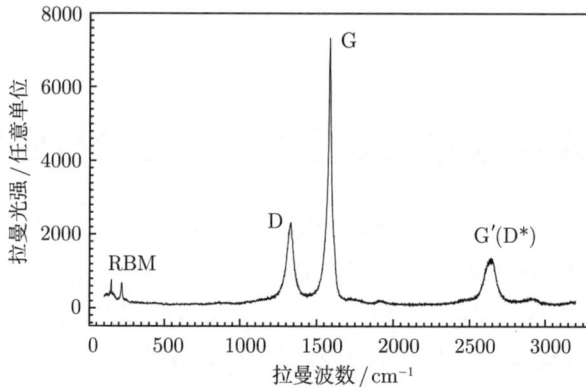

图 4.1　碳纳米管的拉曼光谱

从材料角度看，实验证明单壁管对变形的敏感度要高于多壁管，这可能是因为多壁管本身存在层与层之间的变形传递和界面效应 (Cooper et al., 2001)。从特征峰的角度看，有研究发现 G′ 峰对变形的传感较为理想，这是因为在小变形情况下 G′ 峰频移与轴向变形呈线性对应关系，而且 G′ 峰对变形的敏感度是所有碳管特征峰中最高的，单根碳管的应变–频移因子可达约 $37\mathrm{cm}^{-1}/\%$ (Cronin et al., 2005)。此外，G′ 峰作为高阶峰，其周围的拉曼活性模较少，在光谱上表现为 $2000\sim2800\mathrm{cm}^{-1}$ 区间孤立的特征峰。

2.碳纳米管的共振拉曼特性

共振拉曼是指当入射激光的能量和材料在光学尚被允许的电子跃迁能量相匹配时，拉曼散射效率将呈数量级增大。处于共振状态的拉曼散射，其拉曼光强可达到普通拉曼光谱的 $10^4\sim10^6$ 倍。

碳纳米管具有共振拉曼现象，而且比较容易实现。具体而言，纳米级的孔径和巨大的长径比使得碳纳米管电子/声子态呈现一维限制效应，其电子态密度 (DOS) 具有若干 Von Hove 奇异 (Dresselhaus et al., 2005)。当激/散光的电子态恰处于碳管的 Von Hove 奇异时，其拉曼散射呈现共振，表现为拉曼光强呈数量级增大。其中，He-Ne 激光器的 632.8nm 激光的电子能为 1.96eV，恰接近金属管 (指金属性单壁碳纳米管) 的键间跃迁能 E_{11}^{M}，因此当金属管被 632.8nm 激光入射时将表现出显著的共振拉曼现象，如图 4.2 所示 (Brown et al., 2000)。Ar$^+$ 激光器的 514.5nm 激光电子能为 2.41eV，恰在半导体管 (指半导体性单壁碳纳米管) 的键间跃迁能 E_{33}^{S} 附近，因此 514.5nm 激光入射时半导体管表现为拉曼共振。

由于 He-Ne 激光器和 Ar$^+$ 激光器是拉曼光谱仪最常用的两种激发光源，这就使碳纳米管的共振拉曼效应相比其他材料容易实现 (大多数材料需要采用波长连续可调的激光器寻找共振波数)。在共振拉曼状态下，单根碳纳米管样品也可得到一定光强的散射信息, 因此拉曼光谱是碳纳米管实验分析的手段之一。

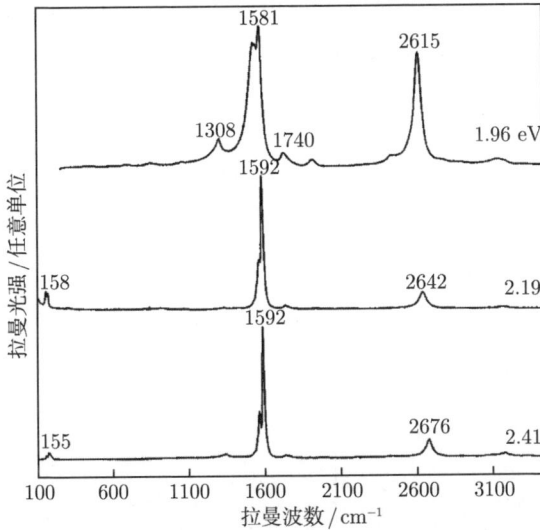

图 4.2 碳纳米管共振拉曼特征 (Brown et al., 2000)

3. 碳纳米管的偏振拉曼特性及天线效应

实验发现, 随着激/散偏振与碳纳米管轴向夹角的变化, 单根碳纳米管或碳纳米管阵列的拉曼光强也随之发生显著变化。

在非共振状态, 这种偏振敏感性主要取决于碳纳米管的点群特征, 不同的简谐振动模对应各自的偏振角度与拉曼光强的关系 (Saito et al., 1998)。理论上, G' 峰为 D 峰的 2 倍频, 而实验发现 D 峰与 G 峰中共振拉曼光强的主要提供者 A_{1g} 变化规律趋同, 于是视 G' 在光强变化规律上趋同于 A_{1g}, 如图 4.3 所示, 其光强与偏振角度解析关系可以用式 (4.1) 表达。由于入射光和散射光都发挥作用, 因此不同激发/散射偏振构型下的拉曼光强与偏振角度的关系各有不同。

$$
\begin{aligned}
&I_{VV} : I_{nR} \propto \left(\cos^2\theta - \frac{1}{2}\sin^2\theta \right)^2 \\
&I_{VH} : I_{nR} \propto \frac{9}{16}\sin^2 2\theta \\
&I_{V(V+H)} : I_{nR} \propto \left(\cos^2\theta + \frac{1}{4}\sin^2\theta \right)
\end{aligned}
\tag{4.1}
$$

当呈现共振拉曼状态时, 碳纳米管的电子/声子态一维限制效应成为主导拉曼光强的因素。依据 Aharonov-Bohm 原理, 碳管自身在其内部形成了局部偶极场, 其光电场是外部施加场与内部局部场的矢量和。由于后者很强, 碳管能够有效地将外来的光电场的偏振顺向于碳管的轴向。因此, 当且仅当入射激发光子的偏振方向与碳纳米管的轴向相同时才能发生从价 (电子) 带到导 (电子) 带之间的带间光跃迁，而那些不与碳管轴向平行的分量则小得可以忽略，拉曼光强与偏振角度的关系不再服从点群特征，该现象称为去偏振效应，或天线效应 (antenna effects)，如图 4.4 所示，其光强与偏振角度解析关系为

$$I_{VV}\!:\!I_R \propto \cos^4\theta$$
$$I_{VH}\!:\!I_R \propto \left(\cos^2\theta\right)\left(\sin^2\theta\right) \quad\quad (4.2)$$
$$I_{V(V+H)}\!:\!I_R \propto \cos^2\theta$$

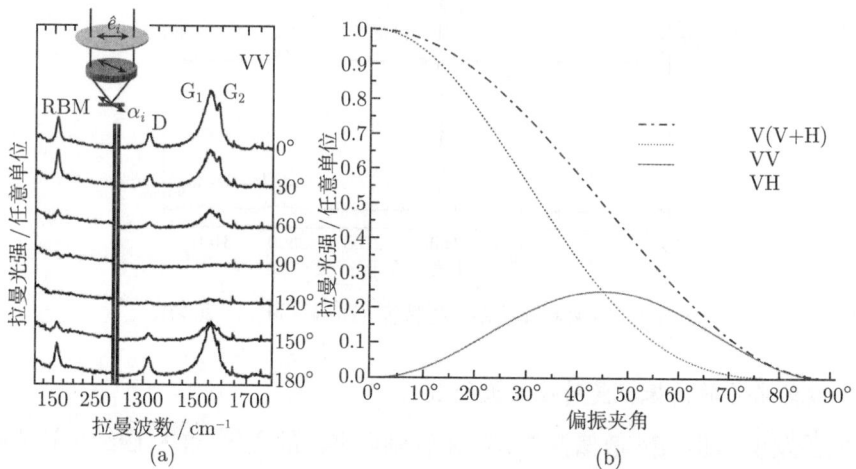

图 4.3 非共振拉曼下碳纳米管的天线效应

(a) 不同偏振方向得到的实验曲线 (Ago et al., 2006)；(b) 偏振角度与拉曼光强的关系

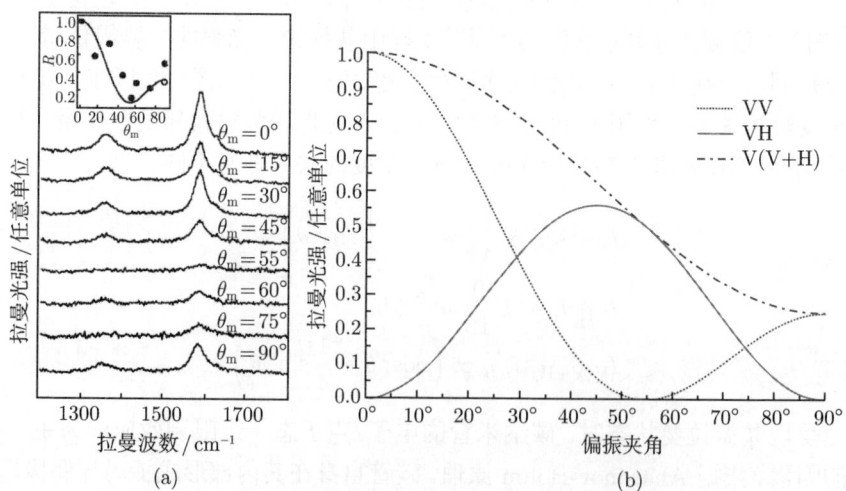

图 4.4 共振拉曼下碳纳米管的天线效应

(a) 不同偏振方向得到的实验曲线 (Ago et al., 2006)；(b) 偏振角度与拉曼光强的关系

4.2　碳纳米管拉曼应变传感理论

　　碳纳米管以其优越的力学、光谱学特性和几何尺寸，可能成为应变测量的拉曼传感介质。关于碳纳米管拉曼特性的研究经历了一个探索过程，较早被人们发现的是碳纳米管的拉曼特征峰对变形的敏感性，逐步人们又发现包括呼吸模、G(包括 G^+ 和 G^-) 和 G′(也有文献称之为 D*) 峰等碳纳米管的各个特征峰均对变形具有其各自的敏感性，但随着研究的深入 G′ 以其单纯性和对变形具有较高的敏感度而被广泛认同，最为适合于碳纳米管的力学行为研究。Cronin 等 (2005) 应用原子力探针给单壁碳纳米管施加轴向应变，测量了各特征峰波数位置随拉伸变形的变化趋势，这成为了碳纳米管拉曼应变传感的基础实验依据。

　　早期有关碳纳米管力学的研究工作，一般是利用碳纳米管的拉曼特征峰 G′ 对变形的敏感性，通过标定测试建立频移与应变的关系因子，并以此为基础进行实验分析 (Cooper et al., 2001)。随着对碳纳米管拉曼光谱共振特性和偏振特性逐步深化的认识，Wagner 所领导的课题组在早期工作基础上，首次提出了碳纳米管应变传感器的概念，并考虑了碳纳米管的偏振拉曼特性，在应用方面分别提出了碳管定向排列的实验方法与碳管随机分布并配合偏振拉曼的实验方法 (Frogley et al., 2002)。其一是将碳管沿某一方向定向排列，再利用标定实验获得频移与碳管排列方向正应变的关系并以其为表征载荷或应变状态的因子，从而实现拉曼法对物体特定方向平面应变分量的测量。另一条路线是对于轴向随机分布的碳管考虑其偏振拉曼特性，忽略那些不与偏振方向平行的碳管散射信息，以偏振方向所测得频移对应该方向应变，是一种近似的测量方式。

4.2.1　光谱力学模型

　　碳纳米管平面应变传感测量方法，其模型建立的理论逻辑是将弹性力学理论基础与碳纳米管材料的光谱力学行为相结合，首先建立单根碳纳米管的拉曼–应变解析关系，然后从应用的可实施性角度出发，分析随机多根碳纳米管整体光谱，建立整体光谱参量特征积分函数，并将单根碳管拉曼–应变解析关系代入后积分，进而得出表征平面变形分量 (分析目标) 与整体光谱频移 (实验结果) 的解析关系，从而建立基于偏振显微拉曼的碳纳米管变形传感力学模型。在模型建立前，需提及的是几个基本假设：

　　(1) 小变形；

　　(2) 碳纳米管均匀分散，并且测量值为采样点内所有碳管散射性质的平均值；

　　(3) 碳纳米管与周边介质界面结合良好，从而碳纳米管与被测物体共同变形。

　　碳纳米管平面应变传感测量方法的光谱力学模型如图 4.5 所示 (Qiu et al.,

2009)，将碳纳米管作为传感介质，将其制成复合薄膜附着于被测物体表面 (或掺杂于被测物体内部) 并与被测物体共同变形，采用显微拉曼系统测量变形前后的碳纳米管的拉曼信息并提取其间的拉曼频移，利用频移与应变的解析关系方程组得出被测物体在被测位置的各应变分量。测量中，被测物体上的拉曼采样点内包含成百上千的碳纳米管，其轴向可以是随机分布，也可以是顺向排列。其中，任意碳管个体的 G′ 峰拉曼频移与其轴向变形的关系为

$$\Delta\omega_{(\theta)} = \Psi_{\text{CNT}} \cdot \varepsilon(\theta) \tag{4.3}$$

其中，$\Delta\omega$ 表示变形前后的频移；Ψ_{CNT} 表示碳纳米管本征的频移–应变敏感系数；θ 为碳纳米管的轴向，$\varepsilon(\theta)$ 为其轴向应变。由于碳管与基体共同变形，通过引入平面变形的应变关系，得出下式

$$\Delta\omega_{(\theta)} = \Psi \cdot \left(\varepsilon_x \cos^2\theta + \varepsilon_y \sin^2\theta - \gamma_{xy} \cos\theta \sin\theta \right) \tag{4.4}$$

其中，ε_x、ε_y 和 γ_{xy} 分别为被测物体平面变形的两个正交的正应变分量和一个剪应变分量；Ψ 表示碳纳米管变形传感的频移–应变敏感系数，由于界面应力与变形传递等原因，$\Psi \leqslant \Psi_{\text{CNT}}$。

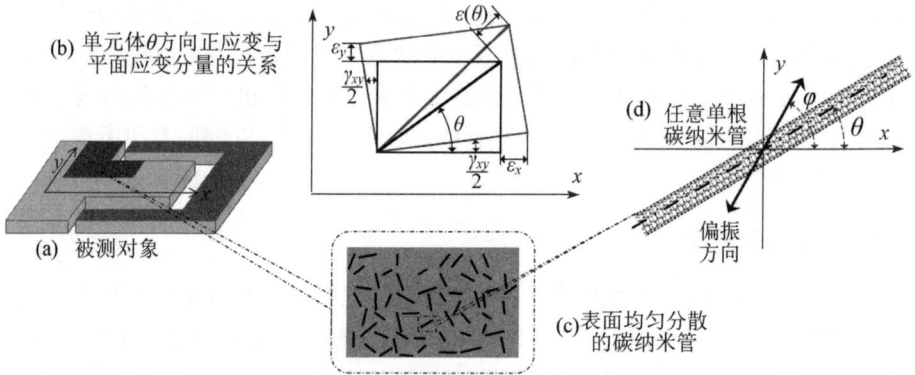

图 4.5　碳纳米管应变传感示意图

显微拉曼系统所获得的光谱信息是采样点内所有碳纳米管散射信息的总和 (图 4.6)。设采样点整体的拉曼散射谱线函数为 $Z(x)$，第 i 个碳纳米管个体对整体所贡献的谱线函数为 $\zeta_i(x)$，则有 $Z = \Sigma(\zeta_i)$。其中，轴向相同各碳纳米管拉曼散射之间的个体差异因大量采样的统计平均而忽略并着重考虑其共性行为，可设碳纳米管轴向平面分布密度函数为 $\rho(\theta)$。同时，由于碳纳米管的拉曼散射具有明显的偏振选择性 (共振拉曼时称为天线效应)，其拉曼光强是轴向与偏振方向之间夹角的三角函数。若取拉曼系统的偏振方向为 φ，偏振选择函数为 $R(\theta - \varphi)$，碳纳米

管本征的拉曼散射谱线函数为 $T_{(\theta)}(x)$, 则有 $\zeta_{(\theta)} = R(\theta - \varphi) \cdot T_{(\theta)}(x)$。因此, 采样点整体拉曼散射谱线函数可表示为碳纳米管个体本征谱线函数以权重函数 $C_{(\theta)}^{(\varphi)}$ 在 $(-\pi/2, \pi/2)$ 区间内的积分。

$$Z^{(\varphi)}(x) = \int_{-\pi/2}^{\pi/2} \zeta_{(\theta)}(x)\mathrm{d}\theta = \int_{-\pi/2}^{\pi/2} \left[C_{(\theta)}^{(\varphi)} \cdot T_{(\theta)}(x) \right] \tag{4.5a}$$

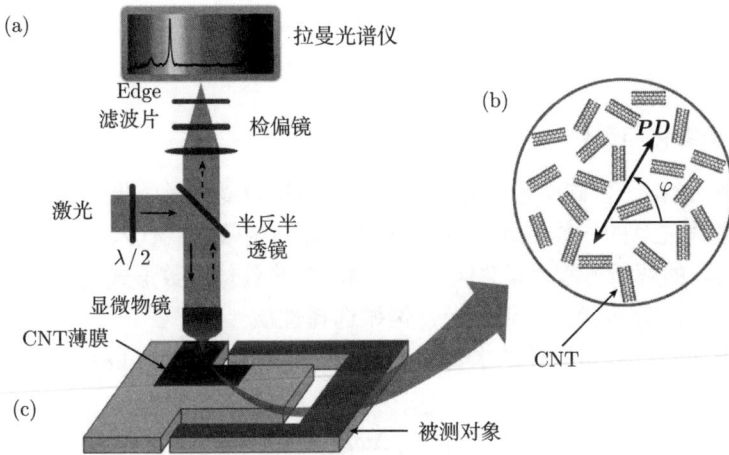

图 4.6　基于显微拉曼的碳纳米管应变传感测量示意图 (详见书后彩图)

(a) 表面附着碳纳米管薄膜的被测对象; (b) 聚焦于碳纳米管薄膜表面的显微拉曼采样点, 其中的碳纳米管随机均匀分布, **PD** 表示入射光偏振方向; (c) 偏振显微拉曼光谱系统

其中

$$C_{(\theta)}^{(\varphi)} = \frac{R(\theta - \varphi) \cdot \rho(\theta)}{\displaystyle\int_{-\pi/2}^{\pi/2} R(\theta - \varphi) \cdot \rho(\theta)\, \mathrm{d}\theta}\, \mathrm{d}\theta \tag{4.5b}$$

作为晶体材料本征的拉曼散射光谱, $T_{(\theta)}(x)$ 都是符合柯西/正态分布的 Lorenz/Gauss 型函数, 可分别表示为 $T_{(\theta)}(x) \sim \mathscr{C}(\omega_\theta, w)$, 其中 ω_θ 和 w 分别代表谱线的峰位 (即拉曼波数) 和半高宽。由式 (4.5a) 可见, $Z^{(\varphi)}(x)$ 可视为无数相互独立的柯西分布以 $C_{(\theta)}^{(\varphi)}$ 为权重的线性累加。由柯西/正态分布的性质有

$$A = \sum(c_i \cdot a_i), \quad a_i \sim \mathscr{C}(b_i, \lambda_i) \Rightarrow A \sim \mathscr{C}(B, \Lambda), \quad B = \sum(c_i \cdot b_i) \tag{4.6}$$

因此, $Z^{(\varphi)}(x)$ 也必定符合柯西/正态分布, 设其峰位和半高宽分别为 $\Omega^{(\varphi)}$ 和 W, 则有

$$Z^{(\varphi)}(x) \sim \mathscr{C}\left(\Omega^{(\varphi)}, W\right) = \frac{1}{\pi}\frac{W}{\left(x - \Omega^{(\varphi)}\right)^2 + (W)^2} \tag{4.7a}$$

其中

$$\Omega^{(\varphi)} = \sum \left[C_{(\theta)}^{(\varphi)} \cdot \omega_{(\theta)} \right] \tag{4.7b}$$

将式 (4.5b) 代入式 (4.7b) 得出入射光偏振方向为 φ 时拉曼系统所获得的被测物体表面采样点位置变形前后的拉曼频移 $\Delta\Omega^{(\varphi)}$ 与其中碳纳米管个体拉曼频移之间的解析关系为

$$\Delta\Omega^{(\varphi)} = \frac{\displaystyle\int_{-\pi/2}^{\pi/2} \Delta\omega_{(\theta)} \cdot R\left(\theta - \varphi\right) \cdot \rho\left(\theta\right) \mathrm{d}\theta}{\displaystyle\int_{-\pi/2}^{\pi/2} R\left(\theta - \varphi\right) \cdot \rho\left(\theta\right) \mathrm{d}\theta} \tag{4.8}$$

4.2.2　模型细化与简化

式 (4.8) 给出了以碳纳米管为传感介质的偏振拉曼测量结果与被分析对象平面应变分量之间关系的一般形式。将 ρ 和 R 的具体函数形式代入式 (4.8)，便能够得到具体、简化的解析方程，其关键在于 ρ 和 R 的具体函数形式，二者分别对应于碳纳米管的平面分布状态和碳纳米管偏振选择性质。

对于方向随机分布的碳纳米管薄膜，$\rho(\theta)$ 恒为常数，式 (4.8) 简化为

$$\Delta\Omega^{(\varphi)} = \frac{\displaystyle\int_{-\pi/2}^{\pi/2} \Delta\omega_{(\theta)} \cdot R\left(\theta - \varphi\right) \mathrm{d}\theta}{\displaystyle\int_{-\pi/2}^{\pi/2} R\left(\theta - \varphi\right) \mathrm{d}\theta} \tag{4.9a}$$

如果碳纳米管顺向分布，则 $\rho(\theta)$ 为分段函数，式 (4.8) 积分求解得出

$$\Delta\Omega^{(\varphi)} = \Delta\omega_{(\theta)} = \Psi \cdot \varepsilon_{\theta_0}, \quad \text{其中} \rho\left(\theta\right) = \begin{cases} 1, & \theta = \theta_0 \\ 0, & \theta \neq \theta_0 \end{cases} \tag{4.9b}$$

可见如果碳纳米管高度顺向，无论系统的偏振方向如何，拉曼测量得到的是该顺向方向的应变。

碳纳米管偏振选择性质不仅源于其自身的结构性质 (如单壁或是多壁、手性特征)，还取决于激发光源的波长以及拉曼系统的偏振构形与控制方式。例如，在 632.8nm 波长的激光激发下的金属型单壁碳纳米管或在 514.5nm 波长的激光激发下的半导体型单壁碳纳米管发生共振拉曼散射，显示出对偏振方向的天线效应，而天线效应的具体函数则取决于系统的偏振构形与控制方式，拉曼系统的偏振调节具有以下几种典型构型。

(1) 平行/正交构型：入射光偏振方向固定，散射光路配置正交切换检偏器，用以选择偏振平行或正交于入射光偏振方向的散射光。

(2) 单偏控制构型：在入射光路中配置光轴角度连续可调的起偏器，散射光不检偏或者配置正交切换检偏器。

(3) 双偏控制构型：在入射与散射各自独立的光路中分别配置光轴角度连续可调的起偏器和检偏器。

(4) 圆偏控制构型：在入射与散射各自独立的光路中分别配置四分之一玻片，使入射光和散射光均成为圆偏振光。

针对几种典型的拉曼系统偏振调节构型所决定的碳纳米管共振拉曼 G' 峰天线效应函数 R，对式 (4.9a) 所描述的模型进行简化。

(1) 在单偏控制构型下，碳纳米管共振拉曼 G' 峰天线效应函数的表示式为 $R(\theta - \varphi) = \cos^2(\theta - \varphi)$，将其与式 (4.4) 共同代入式 (4.9a) 得出

$$\Delta\Omega^{(\varphi)} = \frac{1}{4}\Psi \cdot [(2 + \cos 2\varphi)\,\varepsilon_x + (2 - \cos 2\varphi)\,\varepsilon_y - \sin 2\varphi \cdot \gamma_{xy}] \tag{4.10a}$$

(2) 在双偏控制构型下，如始终保持入/散射偏振方向平行 (称为双偏协同构型)，共振拉曼天线效应 $R(\theta - \varphi) = \cos^4(\theta - \varphi)$，得出

$$\Delta\Omega^{(\varphi)} = \frac{1}{6}\Psi \cdot [(3 + 2\cos 2\varphi)\,\varepsilon_x + (3 - 2\cos 2\varphi)\,\varepsilon_y - 2\sin 2\varphi \cdot \gamma_{xy}] \tag{4.10b}$$

(3) 如果入/散射偏振方向不平行，则设二者始终保持相同夹角 α (称为双偏协异构型，若不协异则没有测量意义)，有天线相应下 $R(\theta - \varphi) = \cos^2(\theta - \varphi) \cdot \cos^2(\theta - \varphi - \alpha)$，其中 $0 < \alpha \leqslant 90°$，则得

$$\begin{aligned}
\Delta\Omega^{(\varphi)} = \frac{\Psi}{4 + 2\cos 2\alpha} \cdot \{&[2 + \cos 2\varphi + \cos 2\alpha + \cos 2\,(\varphi + \alpha)]\,\varepsilon_x \\
&+ [2 - \cos 2\varphi + \cos 2\alpha - \cos 2\,(\varphi + \alpha)]\,\varepsilon_y \\
&- [\sin 2\varphi + \sin 2\,(\varphi + \alpha)] \cdot \gamma_{xy}\}
\end{aligned} \tag{4.10c}$$

(4) 如果采用圆偏构型，则碳纳米管的拉曼散射无论是否共振均不存在偏振选择，$R = 1$，则

$$\Delta\Omega = \frac{1}{2}\Psi \cdot (\varepsilon_x + \varepsilon_y) \tag{4.10d}$$

(5) 相比共振拉曼时，碳纳米管的拉曼光强也存在偏振选择性，例如，双偏协同控制模式下的偏振选择函数为 $R(\theta - \varphi) = [\cos^2(\theta - \varphi) - \frac{1}{2}\sin^2(\theta - \varphi)]^2$，得出

$$\Delta\Omega^{(\varphi)} = \frac{1}{22}\Psi \cdot [(11 + 6\cos 2\varphi)\,\varepsilon_x + (11 - 6\cos 2\varphi)\,\varepsilon_y - 6\sin 2\varphi \cdot \gamma_{xy}] \tag{4.10e}$$

综合可见，无论是使用哪种偏振模式，无论是否是共振拉曼状态，实测的碳纳米管传感介质的频移量均是平面应变三个分量以不同三角函数为权重的线性组合。因此可简单地将式 (4.10a~e) 汇总为以下通式

$$\Delta\Omega^{(\varphi)} = \frac{1}{W_x + W_y}\Psi \cdot [W_x \cdot \varepsilon_x + W_y \cdot \varepsilon_y + W_{xy} \cdot \gamma_{xy}] \tag{4.11}$$

其中, W_x、W_y 和 W_{xy} 分别为应变分量 ε_x、ε_y 和 γ_{xy} 的权重函数。

表 4.1 列举了以上所有情况下的偏振选择函数及其所对应通式中的权重系数。可见, 偏振拉曼的测量结果不仅包含该偏振方向的正应变信息, 还包括其他方向的应变信息。而且不同的偏振构型下的实验结果中, 其他方向的应变信息的贡献也各有不同。表 4.2 给出了几种典型偏振构型下偏振方向为 φ 时 G' 峰拉曼频移 $\Delta\Omega^{(\varphi)}$ 与 φ 方向正应变之间的函数关系。

表 4.1　不同偏振构型下的偏振选择函数与权重系数

	R	W_x	W_y	W_{xy}
圆偏	1	1	1	0
单偏共振	$\cos^2(\theta-\varphi)$	$2+\cos 2\varphi$	$2-\cos 2\varphi$	$-\sin 2\varphi$
双偏协同共振	$\cos^4(\theta-\varphi)$	$3+2\cos 2\varphi$	$3-2\cos 2\varphi$	$-2\sin 2\varphi$
双偏协异共振	$\cos^2(\theta-\varphi)$ $\times\cos^2(\theta-\varphi-\alpha)$	$2+\cos 2\varphi+\cos 2\alpha$ $+\cos 2(\varphi+\alpha)$	$2-\cos 2\varphi+\cos 2\alpha$ $-\cos 2(\varphi+\alpha)$	$-\sin 2\varphi$ $-\sin 2(\varphi+\alpha)$
双偏协同非共振	$[\cos^2(\theta-\varphi)-\frac{1}{2}$ $\sin^2(\theta-\varphi)]^2$	$11+6\cos 2\varphi$	$11-6\cos 2\varphi$	$-6\sin 2\varphi$

表 4.2　不同偏振构型下任意偏振方向拉曼频移与该方向正应变之间的关系

偏振构型	圆偏	单偏共振	双偏协同共振	双偏协同非共振
$\Delta\Omega^{(\varphi)}=$	$\frac{1}{2}\Psi\cdot(\varepsilon_x+\varepsilon_y)$	$\frac{1}{4}\Psi\cdot\begin{bmatrix}(\varepsilon_x+\varepsilon_y)\\+2\varepsilon(\varphi)\end{bmatrix}$	$\frac{1}{6}\Psi\cdot\begin{bmatrix}(\varepsilon_x+\varepsilon_y)\\+4\varepsilon(\varphi)\end{bmatrix}$	$\frac{1}{22}\Psi\cdot\begin{bmatrix}5(\varepsilon_x+\varepsilon_y)\\+12\varepsilon(\varphi)\end{bmatrix}$

4.3　拉曼应变花测量技术

以上论述的模型在理论上适用于各种碳纳米管和拉曼测量系统。然而, 从测量学的应用价值角度而言, 由于并不是所有类型碳纳米管、各种偏振构型的拉曼系统都适用于微尺度下应变的精细测量, 或能够达到同样的传感效果、效率, 因此有关基于拉曼应变传感理论模型的实施, 需从目标出发开展针对传感介质材料和拉曼测量系统的优选, 并以此为基础发展相应的传感方法和测量技术。

首先, 从传感性能角度考量, 适合选用单壁碳纳米管为传感介质。因为无论是He-Ne 激光器 (波长 632.8nm) 还是 Ar$^+$ 激光器 (波长 514.5nm) 都是显微拉曼系统的常用配置, 比较容易实现单壁碳纳米管的共振拉曼, 从而以微量的传感介质实现充量的信号光强。相比之下, 非共振拉曼时的拉曼光强要低几个量级, 测量中为获得充量的信号光强就需要在物体表面附着大量的传感介质, 这样容易出现分散不均、发生团聚、界面传递效率、贴片效应明显等一系列影响传感性能的问题。

同时, 从测量精度角度考量, 适合使用双偏协同构型的显微拉曼系统。实测结果中被测应变分量的影响权重越大则越有利于减小误差和干扰, 实现精细准确测量。

不失一般性地，以 $\varphi=0$ 即 x 方向为例。由式 (4.10a~e) 和表 4.1、表 4.2 得出：五种情况下得到的频移中，x 方向应变所占权重分别为 $1/2$、$3/4$、$5/6$、$(3+2\cos2\alpha)/(4+2\cos2\alpha)$ 和 $17/22$。因为 $0 < \alpha \leqslant 90°$，则恒有 $(3+2\cos2\alpha)/(4+2\cos2\alpha) < 5/6$。所以，双偏协同构型下共振拉曼对应的碳纳米管平面应变传感解析关系，其指定方向应变分量在该方向偏振的频移信息中所贡献的权重最大，即具有最大的传感系数，因此最符合测量需求。以 φ 为其他角度进行分析也能得到相同结论，这里不再累述。

因此，本章有关碳纳米管应变传感方法的实施技术，均围绕单壁碳纳米管为传感介质、双偏协同构型下的偏振控制开展研究，具体如下。

4.3.1　拉曼应变花

基于上述的碳纳米管平面应变传感模型，提出拉曼应变花技术如图 4.7 所示 (Qiu et al., 2010; Qiu et al., 2013)。将表面附着碳纳米管传感薄膜的被测物体置于偏振拉曼实验系统中，采用三个互不相同的偏振方向分别对传感薄膜被测位置进行拉曼信息采集，并将频移量及其偏振角代入系统偏振构型所对应的碳纳米管平面应变分量与拉曼频移关系解析式进行联立，获得拉曼应变花方程组求得各应变分量。

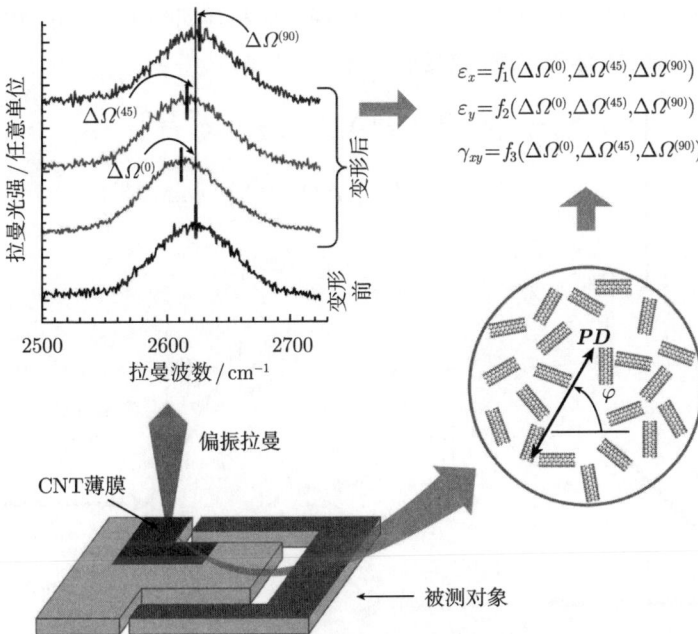

图 4.7　拉曼应变花测量技术示意图

(1) 以双偏协同构型为例，三个偏振方向相互间隔 45°，分别取 0°，45° 和 90°

(图 4.8(a))，称为 45° 拉曼应变花，将角度代入式 (4.10b)，得联立方程组有

$$\begin{cases} \Delta\Omega^{(0)} = \dfrac{1}{6}\Psi \cdot (5\varepsilon_x + \varepsilon_y) \\[2mm] \Delta\Omega^{(90)} = \dfrac{1}{6}\Psi \cdot (\varepsilon_x + 5\varepsilon_y) \\[2mm] \Delta\Omega^{(45)} = \dfrac{1}{6}\Psi \cdot (3\varepsilon_x + 3\varepsilon_y - 2\gamma_{xy}) \end{cases} \tag{4.12}$$

将方程组转变成适于应变测量的形式

$$\begin{cases} \varepsilon_x = \dfrac{1}{4\Psi} \cdot \left(5\Delta\Omega^{(0)} - \Delta\Omega^{(90)}\right) \\[2mm] \varepsilon_y = \dfrac{1}{4\Psi} \cdot \left(5\Delta\Omega^{(90)} - \Delta\Omega^{(0)}\right) \\[2mm] \gamma_{xy} = \dfrac{3}{2\Psi} \cdot \left(\Delta\Omega^{(0)} + \Delta\Omega^{(90)} - 2\Delta\Omega^{(45)}\right) \end{cases} \tag{4.13}$$

称式 (4.13) 为 45° 拉曼应变花方程组，其中频移 - 应变敏感系数 Ψ 通过标定实验获得。将各偏振方向下测得的频移 $\Delta\Omega^{(0)}$、$\Delta\Omega^{(45)}$、$\Delta\Omega^{(90)}$ 代入式 (4.13) 便得出了测点的平面变形的三个应变分量 ε_x、ε_y 和 γ_{xy}。由胡克定律，可以进一步得到平面应力分量、主应变、主应力等。

(2) 同样以双偏协同构型为例，若三个偏振方向相互间隔 120°，分别取 0°，120° 和 -120°(图 4.8(b))，称为 120° 拉曼应变花

$$\begin{cases} \varepsilon_x = \dfrac{1}{6\Psi} \cdot \left[8\Delta\Omega^{(0)} - \left(\Delta\Omega^{(120)} + \Delta\Omega^{(-120)}\right)\right] \\[2mm] \varepsilon_y = \dfrac{1}{6\Psi} \cdot \left[5\left(\Delta\Omega^{(120)} + \Delta\Omega^{(-120)}\right) - 4\Delta\Omega^{(0)}\right] \\[2mm] \gamma_{xy} = \dfrac{\sqrt{3}}{\Psi} \cdot \left(\Delta\Omega^{(120)} - \Delta\Omega^{(-120)}\right) \end{cases} \tag{4.14}$$

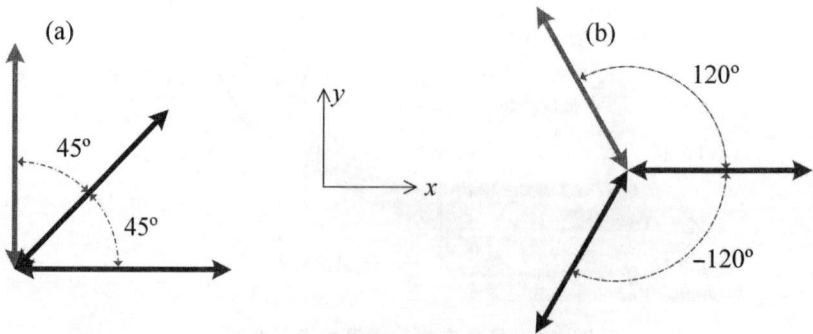

图 4.8　拉曼应变花偏振方向示意图

(a) 45° 拉曼应变花；(b)120° 拉曼应变花

4.3.2 双偏协同/协异拉曼偏振控制

现有大多数显微 (共聚焦) 拉曼系统，均可以通过使用偏振控制附件实施拉曼应变花技术。图 4.9(a) 给出了典型的显微拉曼系统的光路示意图。其中，入射光路和散射光路一般在显微镜内部是共用的。在显微拉曼系统中，实施单偏控制进行应变测量比较容易，仅需要在入射光路中增加一个连续控制附件就能够实现。相比之下，实施入、散独立调节的双偏控制进行拉曼应变花测量则存在一定困难。原因在于，高度集成化的商用显微拉曼系统，其可利用的、入射和散射相互独立的光路有限，入射光的起偏器尚可利用激光器出光口的开放空间，而散射光的检偏器则往往只能设在光谱仪内部，一般需要专门定制或自行设计加工。拉曼应变花测量中需大量调节检偏方向，这就要反复开启光谱仪箱体，导致实验操作复杂耗时，而且不利于确保光谱系统的稳定性并影响仪器整体寿命。

针对拉曼应变花测量，下面给出了一种简易的双偏协同/协异拉曼控制方法 (李石磊等, 2013)。该方法利用拉曼系统中显微镜开放插槽，在入/散射光的公共光路中插入连续调节起偏器，并在光谱仪箱体内使用检偏器，实施图 4.9(b) 所示的光路配置方式，实现双偏控制。其中，连续偏振起偏器是对显微镜标配的 360°(或 180°) 连续检偏器进行改造 (图 4.10)，将其上的偏振片 (图 4.10(b)) 替换成与拉曼系统激光波数对应的半波片 (图 4.10(c))；检偏器使用拉曼系统标配的正交切换检偏附件或选配的连续检偏附件。双偏协同拉曼控制时，检偏附件始终置于平行 (与激光初始方向平行) 位置，测量时通过连续调节起偏器为 1/2 倍的测量所需角度，实现入/

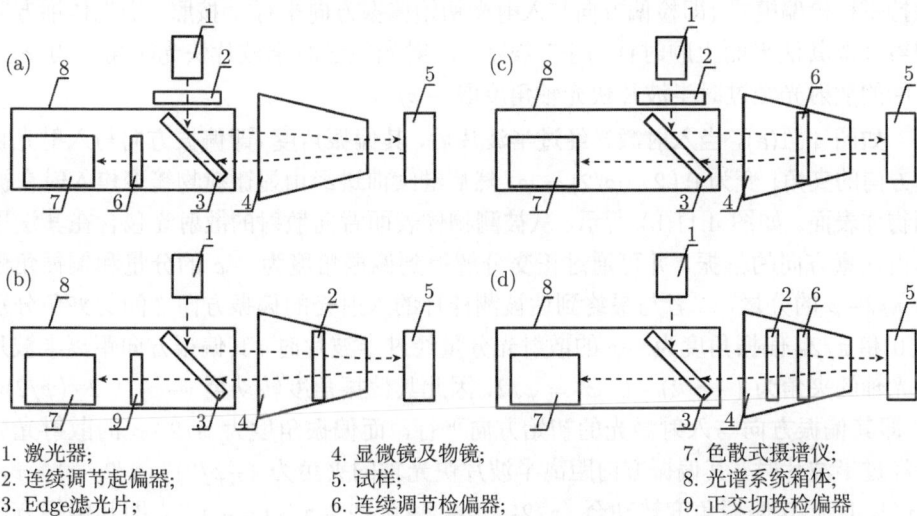

1. 激光器;
2. 连续调节起偏器;
3. Edge滤光片;
4. 显微镜及物镜;
5. 试样;
6. 连续调节检偏器;
7. 色散式摄谱仪;
8. 光谱系统箱体;
9. 正交切换检偏器

图 4.9 偏振拉曼系统示意图

(a) 双偏独立构型; (b) 双偏协同/协异构型; (c) 和 (d) 替代实施方式的双偏协同/协异构型

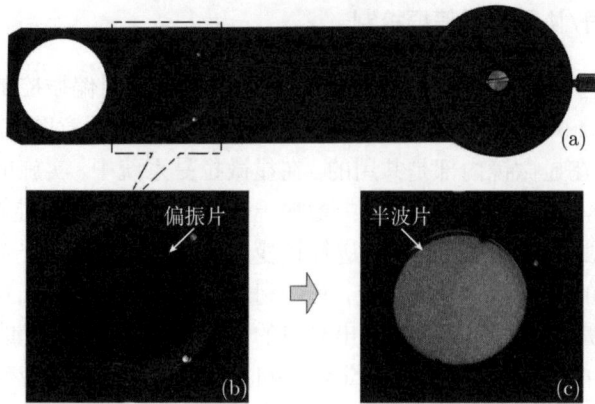

图 4.10   双偏协同/协异控制中的连续偏振起偏器 (详见书后彩图)

(a) 180° 检偏器；(b) 偏振片；(c) 半波片

散射光偏振方向皆为测量所需角度的偏振控制。双偏协异拉曼控制时检偏附件始终置于所需的协异角度 (与激光初始方向呈某一固定角度) 位置，测量时通过控制连续调节起偏器角度控制入/散射光的偏振方向。

图 4.11 给出了上述控制方法的光学原理。以双偏协同控制为例，设激光器出射的激光初始在其法平面上以垂直方向偏振，沿光传播方向观察并取其法平面上顺时针为正。协同调节入/散射光偏振方向皆为 φ 的操作是：将连续偏振起偏器的半波片快光轴方向调节到与入射光初始偏振方向呈 $\varphi/2$ 角，正交切换检偏器始终保持平行检偏模式 (即检偏方向与入射光初始偏振方向平行)。按照 "沿光传播方向观察并取其法平面上顺时针为正" 规则，入射光经过时半波片快光轴角度为 $\varphi/2$；返回的散射光经过时半波片快光轴角度取 $-\varphi/2$。

如图 4.11(a)，当入射激光经过半波片后，其偏振角度 (即偏振方向与入射光初始方向的夹角) 变为 $0+2\times(\varphi/2) = \varphi$。然后继续前进经由显微镜物镜聚焦入射在被测物体表面。如图 4.11(b) 所示，从被测物体表面背向散射的散射光包含在其法平面内任意方向的偏振，并可通过正交分解得到偏振角度为 $-\varphi$ 的分量和偏振角度为 $\pi/2-\varphi$ 的分量，二者与最终到达被测样片的入射光的偏振方向之间的夹角分别为 0 和 $\pi/2$。偏振角度为 $-\varphi$ 的散射光分量经过半波片时，其偏振方向距离半波片快光轴的夹角为 $(-\varphi/2)-(-\varphi) = \varphi/2$，因此其偏振角度转动至 $(-\varphi) + 2\times(\varphi/2)= 0$，即其偏振方向与入射激光的初始方向平行。而偏振角度为 $\pi/2-\varphi$ 的散射光分量经过半波片时，其偏振方向距离半波片快光轴的夹角为 $(-\varphi/2)-(\pi/2-\varphi) =\varphi/2 -\pi/2$，因此其偏振角度转动至 $(\pi/2-\varphi) + 2\times(\varphi/2 -\pi/2)= -\pi/2$，即其偏振方向与入射激光初始方向垂直。这两个正交的偏振分量经过检偏器时，偏振角度为 0 的散射光分量，由于其偏振方向恰与检偏器的检偏方向平行，因而透射通过并进入拉曼摄谱仪。而此时偏振角度为 $-\pi/2$ 的分量，由于其偏振方向恰与检偏器的检偏方向垂直而基本被阻挡。这样，到达被测物体表面的入射光其偏振角度为 φ，而最终进入光谱仪的那部分是发自于被测物体且偏振角度为 $-\varphi$ 的散射光，二者之间的夹角为 $-\varphi-(-\varphi)=0$，即实现了双偏协同控制。双偏协异控制的光学原理与协同类似，光学原理如图 4.12 所述，这里不再累述。

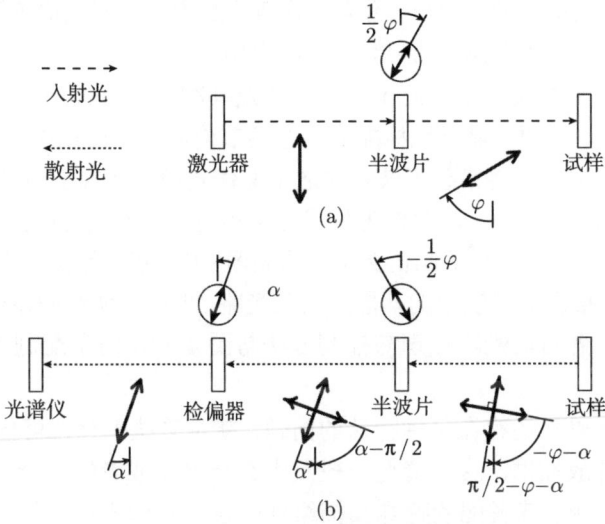

图 4.11 双偏协同控制的光学原理图

(a) 入射光路；(b) 散射光路

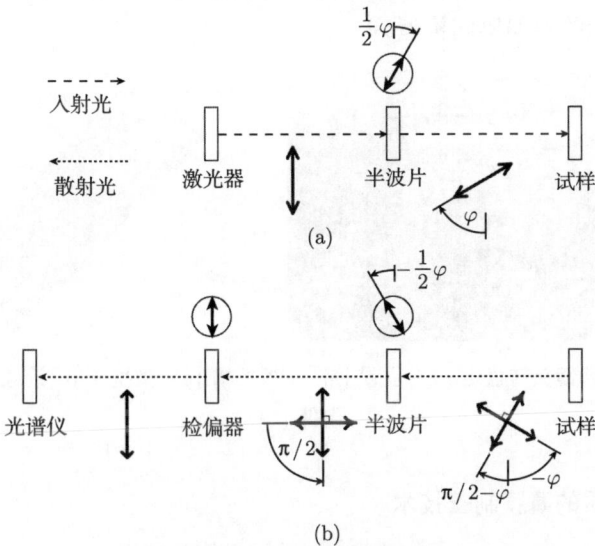

图 4.12 双偏协异控制的光学原理图 (协异角度为 α)

(a) 入射光路；(b) 散射光路

就目前常用的研究级显微拉曼系统而言，无论是 Renishaw 使用的徕卡显微镜还是 Horiba JY、Thermo Fisher 等采用的奥林巴斯的显微镜、或是 Witec 使用的蔡司显微镜，一般都配置适用于其各自显微镜开放槽的连续调节检偏器且易于改造。因此，针对基于偏振拉曼的碳纳米管平面应变传感测量，双偏协同构型与控制在系统配置方面实现了模块化，实施方式多样且简易，无须专门定制或额外设计、加工；在操作方面偏振调节简单、无须操作者反复走动打开光谱仪箱体，有利于提高实验效率、拓展实验范围、减少对仪器的损伤。

如果因使用公共实验平台而无法对系统及其配件进行改造，也可在图 4.9(b) 所示配制基础上，无须对显微镜标配的连续调节检偏器 (图 4.10(a)) 进行改造而直接置于原来 2 的位置，将搭载半波片的通用型偏光调节架置于激光器 1 出光口位置，并把 9 从光路中取出，以此作为替代方法实现双偏连续协同控制，如图 4.9(c) 所示。如果所使用系统没有配制正交切换检偏器，则可以将连续调节起偏器和连续调节检偏器同时插入显微镜中的入散射公共光路，也能实现双偏连续协同控制，如图 4.9(d) 所示。各自的光学原理与控制方法与图 4.9(b) 所示配制的类似，这里不作累述。

除以上情况以外还存在一种特殊的问题，就是系统不存在可插入标配的连续调节起偏器的开放插槽。这种情况一般发生在全自动或者配置紫外 (考虑漏光可能引起的安全问题) 或者配置特殊扫描组件的拉曼实验系统，如 Renishaw inVia Reflax 等。在此情况下，本研究利用显微镜镜头转盘上 45° 位置上的 λ 板插槽 (图 4.13(a))，设计了一种微型的 180° 连续可调偏振控制组件 (图 4.13(b))，以实现如图 4.9(b) 所示的双偏协同构型。

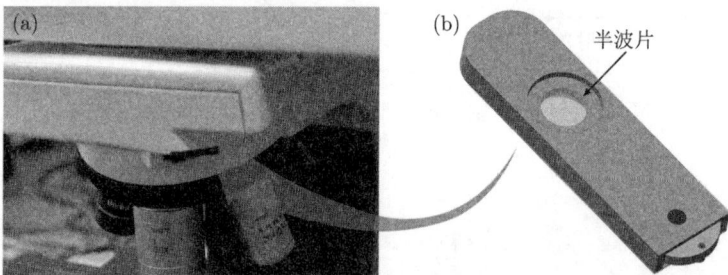

图 4.13　显微镜镜头转盘上 45° 位置上的 λ 板插槽 (a), 微型 180° 连续可调偏振控制组件 (b)

4.3.3　传感介质的薄膜制备技术

实验所使用的传感介质为羧基功能化高纯单壁碳纳米管 (single-wall carbon nanotube, SWNT)，中科时代纳米公司生产，直径 1~2nm，碳纳米管含量 95%，

SWNT 含量 90%，—COOH 重量比 2.73%。胶黏剂为双酚 A-E51 环氧树脂，产品国内编号 618#，环氧值 0.45~0.54；固化剂选用改性脂肪胺 593#(二乙烯三胺与丁基缩水甘油醚的加成物)，固化 618＃时用量为 23%~25%，25° 适用期 1h，固化时间 24h；50° 适用期约 10min，固化时间 6h。

分别采用固液超声共混法、固液辊研共混法和涂膜–转移法制备碳纳米管–环氧树脂复合薄膜作为应变传感贴片，三种方法所制得传感介质薄膜，其厚度均能够控制在 50μm 以内。

1) 超声共混法

该方法是常用的纳米高分子复合材料制备方法之一，经过对材料及其配比、工艺方法及相关参数的反复尝试，本书给出优化的配方与工艺流程如下。如图 4.14 所示，首先在室温环境中将 1wt% 碳纳米管掺入 618#环氧树脂中，充分搅拌后，50° 水浴超声分散大于 24h，将碳纳米管/环氧树脂混合液置于干燥环境冷藏。制膜时取出少量混合液，室温环境与固化剂混合并搅拌大于 1min，使用离心机排除气泡后，置于 50° 水浴环境超声 7~8min，取出后将微量碳纳米管/环氧树脂与固化剂混合液滴在被测物体表面 (经过精磨、净化处理)，并用一块石英玻璃板 (表面涂有脱膜剂) 轻轻压住混合液并逐渐增加载荷直至将混合液挤压成膜，然后置于 50° 干燥环境固化 3h，再置于室温干燥环境固化大于 24h，最后分别移除上层玻璃板，处理掉周边残余，从而在被测物体表面得到传感贴片薄膜。

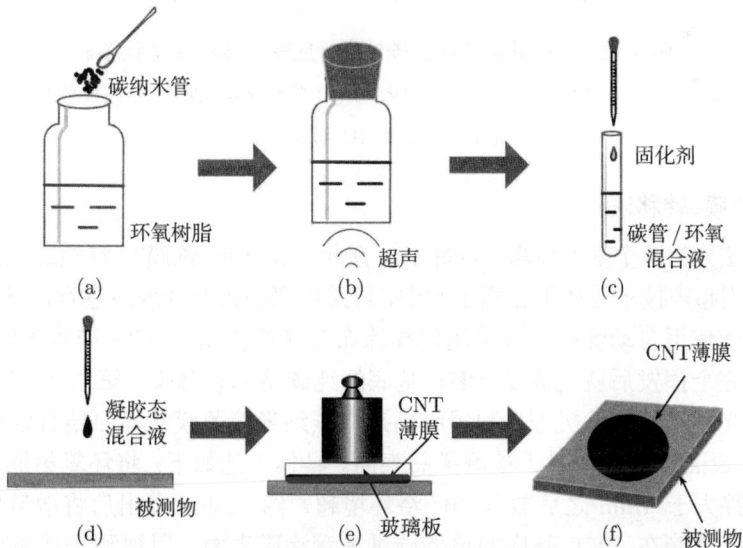

图 4.14 超声共混法制备碳纳米管应变传感器流程示意图

(a) 试剂配比；(b) 超声分散；(c) 加入固化剂；(d) 将凝胶态的混合液滴在被测样品上；

(e) 压膜固化；(f) 制备完成

(2) 辊研共混法

该方法是制备高黏度固液共混物的有效方法之一。如图 4.15 所示，为了与超声共混法对比，本书采用与超声共混相同的材料配方，技术流程如下。首先在室温环境中将 1wt% 碳纳米管掺入 618#环氧树脂中，充分搅拌后使用三辊研磨机对混合液处理 4 到 5 次 (转速为 300rpm) 后，将碳纳米管/环氧树脂混合液置于干燥环境冷藏。压膜固化方式与上文相同，获得贴片薄膜。

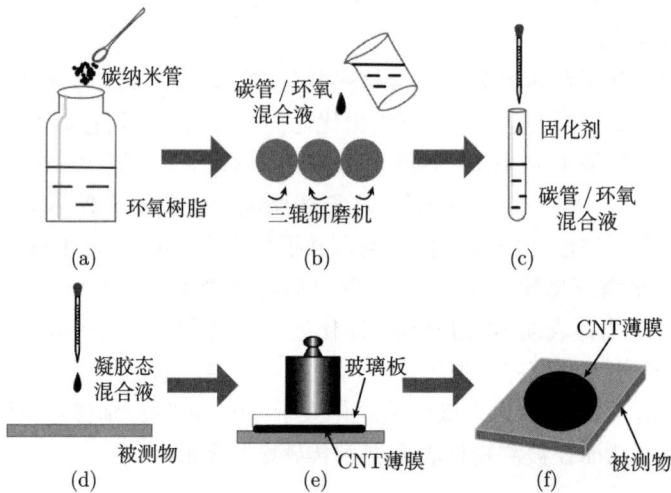

图 4.15　辊研共混法制备碳纳米管应变传感器流程示意图

(a) 试剂配比；(b) 辊研分散；(c) 加入固化剂；(d) 将凝胶态的混合液滴在被测样品上；
(e) 压膜固化；(f) 制备完成

(3) 涂膜–转移法

该方法分为两个基本步骤。如图 4.16 所示，第一步 "涂膜"，将经纯化处理的碳纳米管采用超声技术分散于去离子水中，再采用离心机对分散液进行沉淀处理，取清澈悬浮液使用自动涂膜机并采用线棒涂布在涤纶树脂 (PET) 薄板上涂制液膜，静置待水完全挥发后就制成了 PET 基底的纯碳纳米管薄膜。第二步 "转移"，与云纹干涉光栅转移方法类似，利用胶粘剂将碳纳米管薄膜从界面结合强度较低的 PET 基底表面剥离并粘附于被测样品表面。具体工艺如下：将环氧树脂和固化剂混合并搅拌大于 1min 之后放入 50° 浴环境超声约 8min，取出后将微量环氧树脂固化剂混合液滴在 PET 基底的单壁碳纳米管涂膜表面，用被测物体表面向下压膜，50° 干燥环境固化 3h 后，置于室温干燥环境固化大于 24h，再将 PET 薄板基底从被测样品表面剥离。由于工艺中未对碳纳米管与 PET 基底之间界面进行任何处理，二者之间界面结合强度很低，移除 PET 基底后就在被测物体表面得到均匀粘有碳纳米管的环氧树脂薄膜。

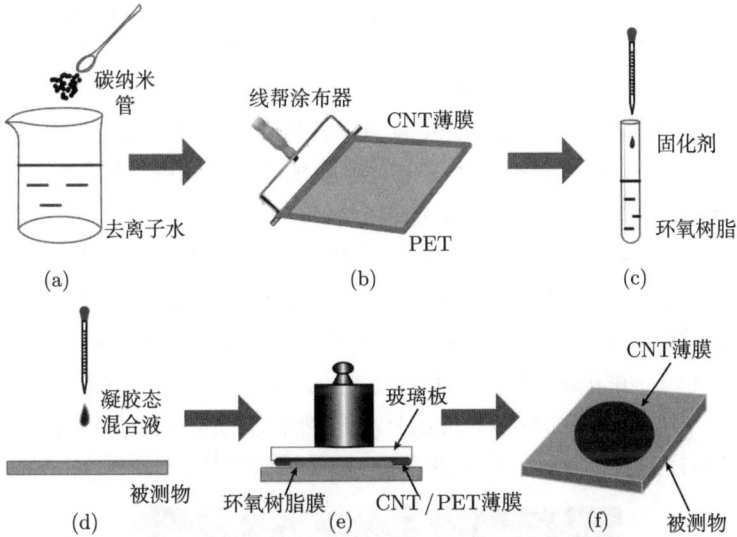

图 4.16 涂膜–转移法制备碳纳米管薄膜应变传感器的流程示意图

(a) 溶剂分散；(b) 涂布制膜；(c) 转移准备；(d) 将凝胶态的环氧树脂滴在被测样品上；

(e) 转移压膜；(f) 制备完成

4.4 碳纳米管拉曼应变传感的标定与性能分析

4.4.1 样品准备与标定实验

碳纳米管/环氧树脂复合薄膜作为应变传感贴片需要确保薄膜材料具有稳定力学和化学性质、充分的线弹性范围以及充足的拉曼相应信号。其中，上节已论述有关碳纳米管/环氧树脂复合材料的稳定力学和化学性质，本节重点针对所使用/提出的三种贴片制备工艺的线弹性和拉曼响应进行对比分析。

将三个工艺中的被测物换为表面涂有脱模剂的玻璃板，分别制备了厚度均为 $50\mu m$ 左右的碳纳米管三种自体薄膜，标记为 "薄膜 1"、"薄膜 2" 和 "薄膜 3"。用手术刀片将薄膜裁成若干 50mm×3mm 的细长条形试件。

采用 Instron 3343 试验机对薄膜 1~3 的试件进行单轴拉伸测试 (图 4.17)，加载速率为 0.05 mm/min，拉伸实验同时采用数字图像相关技术测量薄膜的泊松比。随后，采用 Renishaw inVia Reflax 全自动显微拉曼系统对试件开展光谱测试。实验使用 633nm He-Ne 激光器，最大输出功率 20mW，实验功率输出 5%，使用数值孔径为 0.8 的 50× 显微物镜，采样时间 5s。

首先，对薄膜 1~3 进行零载标定实验，用以获得各传感介质材料在无载荷情况下的波数位置，并确定其碳纳米管分布均匀性。实验取各样品表面任意位置的各 21 个点，同时利用偏振控制附件协同控制偏振方向从 0°~90° 均匀间隔取 9 个不同的偏振方向，在每个测点分别测量 9 个偏振方向下的拉曼散射信息。随后进行步进载荷标定实验。利用微拉曼实验力学分析专用微加载装置 (中国发明专利，ZL200810053500.6)，在显微拉曼系统下对薄膜试件施加步进位移的单轴拉伸载荷，如图 4.18 所示。步进位移为 10μm，加载至试件被拉断。

采用显微拉曼系统并在双偏协同控制构型下，对试件在每个步进状态下分别采集偏振角度为 0°、45° 和 90° 的拉曼信号，实验中采用线聚焦并跟踪同一测点，使用静态取谱模式，对比不同偏振构型实验对测量的影响。因为用于应变分析的碳纳米管 G' 峰位于 2650cm^{-1} 附近，其周边在 2450~2850cm^{-1} 范围内不存在环氧树脂的特征峰，因此 G' 峰的频移对应的皆为碳纳米管的应变传感信息。对所有采集的拉曼信息进行拟合，得到各实验的应变–拉曼频移曲线。

图 4.17　薄膜试件单轴拉伸实验照

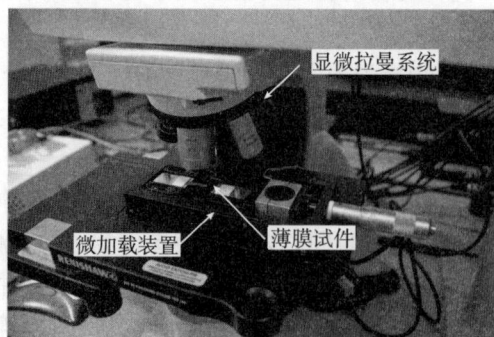

图 4.18　步进载荷标定实验照片

为了深入讨论工艺配比、偏振构型等因素对传感测量的影响，采用超声共混法制备了 SWNT 含量为 0.5% 的自体薄膜样品 (标记为 "薄膜 1*")，并分别采用双偏协同构型和单偏构型开展步进载荷标定，实验系统和加载装置、步进步长等实验参数同上，唯一不同是单点采样时间为 40s。此外，为了分析贴片效应的影响，在短比例标准哑铃型聚氯乙烯 (PVC，不具有拉曼活性) 薄板试件表面采用超声共混法制备了厚度约为 30μm、SWNT 含量为 0.5wt% 的附着薄膜样品 (标记为 "薄膜 1@")，单点采样时间也为 40s。PVC 薄板厚度约为 0.4mm，杨氏模量为 1.340GPa，泊松比为 0.330。

4.4.2 传感薄膜的力学与光谱基本性质

由拉伸试验获得的名义应力–应变曲线如图 4.19 所示，实验得到的薄膜材料力学参数见表 4.3。可见，总体而言三种传感介质材料的强度和模量差距不大，但薄膜 2 韧性明显较差。这是由于经过三辊研磨机处理后的碳纳米管结构产生破坏，甚至发生断裂，导致复合薄膜的韧性下降。

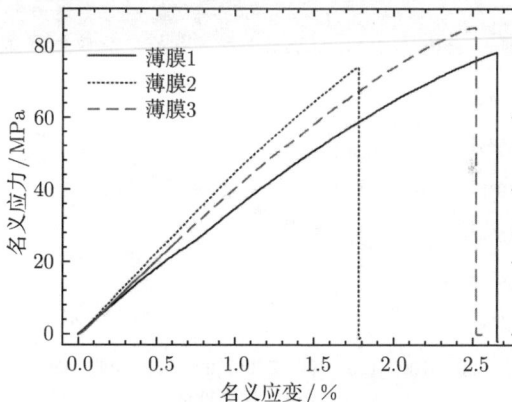

图 4.19　薄膜的名义应力–应变曲线

采用相关系数来衡量传感介质材料在应变测量范围内的应力–应变关系线性程度。相关系数是一种线性相关系数，是用来反映两个变量线性相关程度的统计量。表 4.3 中列出了三种薄膜 1% 应变范围内的皮尔森相关系数均高于 99.9%，可见在 1% 应变内三种薄膜的应力–应变关系保持高水平的线性度，可视为线弹性。

表 4.3　不同工艺制备的碳纳米管自体薄膜的力学参数

薄膜	杨氏模量/MPa	拉伸强度/MPa	延伸率/%	相关系数/%
1	3.49	77.96	2.66	99.92
2	3.93	79.33	2.25	99.95
3	4.13	84.73	2.56	99.99

图 4.20 给出了拉伸实验中采用数字图像相关技术测量薄膜 1 泊松比的图像和曲线。实验以薄膜表面的特征点为标记点 (图 4.20(a))，测量每个步进载荷状态下沿载荷方向的应变 ε_U 和垂直载荷方向方向的应变 ε_V 并拟合成直线 (图 4.20(b))，后者与前者间的斜率比的绝对值即为材料的泊松比: $\nu = -0.147/0.388 = 0.379$。由于三种工艺获得的材料成分基本一致，因此取 0.379 统一作为本章传感介质的碳纳米管薄膜的泊松比。

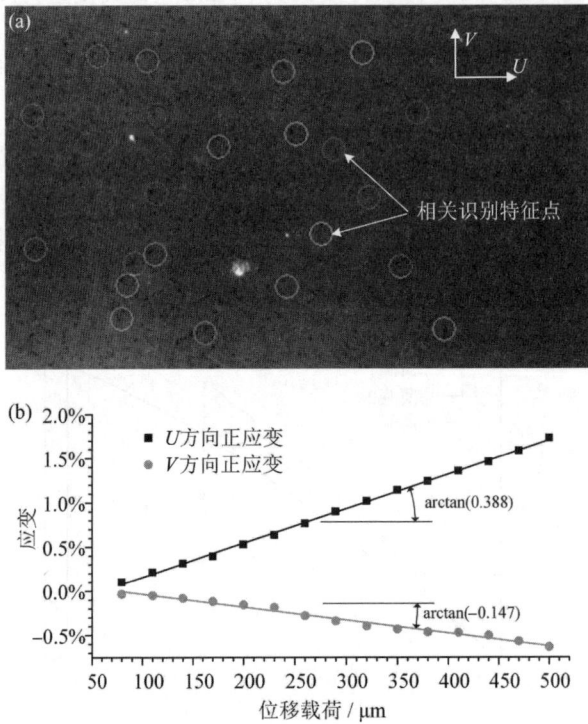

图 4.20 数字散斑相关实验测量碳纳米管自体薄膜泊松比

(a) 薄膜透射照明图像及相关识别特征点；(b) 各步进载荷下的薄膜 U、V 方向应变及其斜率

图 4.21 给出了三种碳纳米管复合薄膜的典型拉曼光谱。由图可见，薄膜 1 和 3 的拉曼谱线较为平滑，D 峰很小，G 和 G′ 都比较鲜明，易于曲线拟合的参数提取。然而薄膜 2 的谱线则整体光强较低，信噪比低杂峰较多，且 D 峰很高。D 峰与 G 峰的光强比值较大，说明碳纳米管的缺陷较多。可见，经过三辊研磨机的处理，混合溶液中碳纳米管的碳管结构发生了较大范围的破坏。另外，薄膜 1 整体拉曼信号高于薄膜 2，但去除荧光背底后薄膜 2 的散射信息光强和信噪比均稍优于薄膜 1。

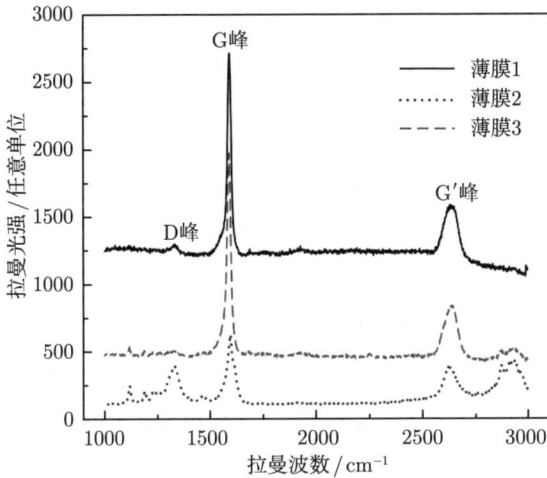

图 4.21 三种碳纳米管复合薄膜的拉曼光谱

4.4.3 标定结果

图 4.22 给出了薄膜 1～3 试件在双偏协同构型下不同偏振方向、不同测点在零载荷下的拉曼光强和拉曼波数数据曲线。由实验数据得出，薄膜 1～3 的平均零载波数分别为 2624.63 cm^{-1}、2619.10 cm^{-1} 和 2627.96 cm^{-1}。由图 4.22(a) 和 (c) 可见，三种薄膜各自在不同偏振方向下的拉曼光强比较均匀、波数位置基本稳定。不同偏振方向的拉曼光强均匀意味着各方向的碳纳米管总数基本相同，这说明在微拉曼空间分辨率水平上 (约 2μm) 三种薄膜内部碳纳米管的方向随机分布，符合传感理论模型。不同偏振方向波数位置基本稳定，表示材料内的残余应力水平各方向较为均匀，有利于传感测量。

由图 4.22(b) 和 (d) 可见，三种薄膜上不同测点的拉曼光强存在小幅波动，薄膜 1 和 3 的波数位置稳定 (除个别测点) 而薄膜 2 的波数位置则波动较大。图 4.22(b) 中各薄膜不同测点拉曼光强的小幅波动，说明碳纳米管在薄膜材料中不同位置的分布基本上是均匀的。对于拉曼光谱而言，拉曼光强的大小其本身不具备明确的物理单位，并且受多种内外因素的影响，例如，传感介质薄膜表面起伏导致的聚焦程度的差异、环氧树脂固化剂成分导致的荧光背底及其激光淬灭效应等。因此，光强的小幅波动是难以避免的。图 4.22(d) 中，薄膜 1 和 3 不同测量波数位置稳定说明其内部不同位置残余应力水平比较均匀，而薄膜 2 中不同位置的残余应力程度可能波动较大 (也有整体光强信号低、曲线拟合误差大的影响)。

究其原因，涂膜 - 转移法得到的薄膜中碳纳米管全部在表面，拉曼实验将激光聚焦于薄膜表面则得到了充分光强散射信息。而两种共混法虽然碳纳米管比例相同，但超声共混没有破坏单壁碳纳米管，从而保证了薄膜在 632.8nm 激光激发下呈现良好的共振拉曼效应，其拉曼光强较为充分；而辊轮研磨过程对单壁碳纳米管结构存在较大程度的破坏，不仅体现在其因共振效应大幅降低导致拉曼光强下降，还体现在图 4.21 给出的各薄膜拉曼光谱中，薄膜 2 的 D 峰与 G 峰光强比远高于其他两个薄膜，代表着薄膜 2 中的碳纳米管结构存在大量破坏。

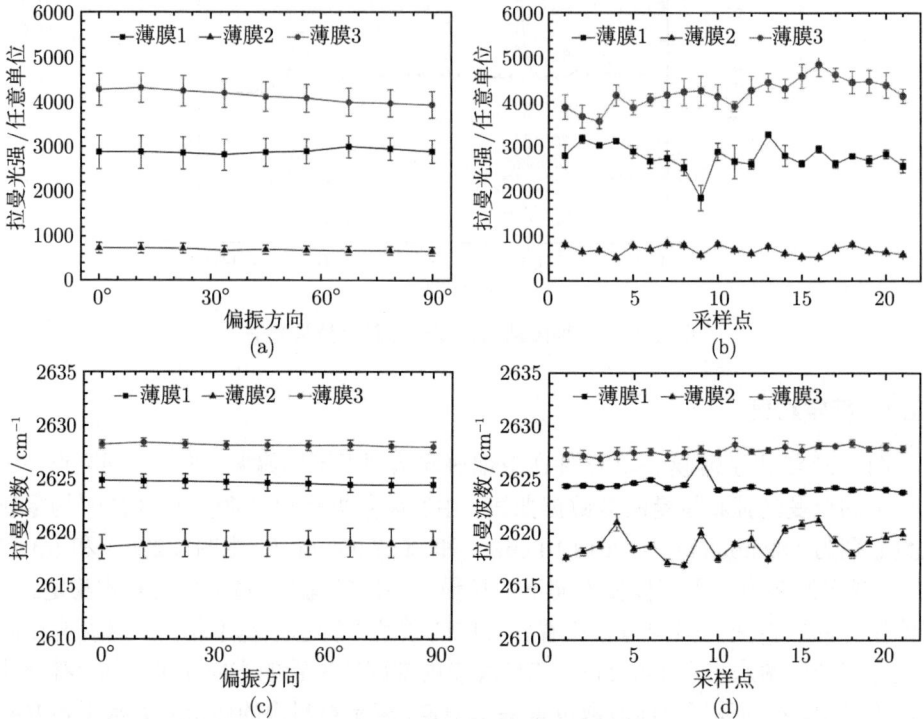

图 4.22   零载标定实验数据曲线

(a) 不同偏振方向下的拉曼光强 (21 个测点的平均); (b) 不同测点的拉曼光强 (9 个偏振方向的平均);

(c) 不同偏振方向下的拉曼波数 (21 个测点的平均); (d) 不同测点的拉曼波数 (9 个偏振方向的平均)

图 4.23 给出了薄膜 1~3 试件在双偏协同构型偏振角度分别为 0°、45° 和 90° 时不同单轴步进拉伸载荷下获得的应变–拉曼频移数据曲线。对各偏振角度数据的线性段进行拟合，得出各自的斜率 $\partial\Delta\Omega^{(0)}/\partial\varepsilon_x$、$\partial\Delta\Omega^{(45)}/\partial\varepsilon_x$、$\partial\Delta\Omega^{(90)}/\partial\varepsilon_x$。

利用 45° 拉曼应变花方程组 (式 (4.13))，并对各等式两侧对 ε_x 求偏导得出

$$
\begin{cases}
\dfrac{\partial\varepsilon_x}{\partial\varepsilon_x} = \dfrac{1}{4\Psi} \cdot \left(5\dfrac{\partial\Delta\Omega^{(0)}}{\partial\varepsilon_x} - \dfrac{\partial\Delta\Omega^{(90)}}{\partial\varepsilon_x} \right) \Rightarrow \Psi = \dfrac{1}{4} \cdot \left(5\dfrac{\partial\Delta\Omega^{(0)}}{\partial\varepsilon_x} - \dfrac{\partial\Delta\Omega^{(90)}}{\partial\varepsilon_x} \right) \\[3mm]
\dfrac{\partial\varepsilon_y}{\partial\varepsilon_x} = \dfrac{1}{4\Psi} \cdot \left(5\dfrac{\partial\Delta\Omega^{(90)}}{\partial\varepsilon_x} - \dfrac{\partial\Delta\Omega^{(0)}}{\partial\varepsilon_x} \right) = -\nu \\[3mm]
\dfrac{\partial\gamma_{xy}}{\partial\varepsilon_x} = \dfrac{3}{2\Psi} \cdot \left(\dfrac{\partial\Delta\Omega^{(0)}}{\partial\varepsilon_x} + \dfrac{\partial\Delta\Omega^{(90)}}{\partial\varepsilon_x} - 2\dfrac{\partial\Delta\Omega^{(45)}}{\partial\varepsilon_x} \right)
\end{cases}
$$

$$(4.15)$$

将图 4.23 中各组实验数据的 $\partial\Delta\Omega^{(0)}/\partial\varepsilon_x$、$\partial\Delta\Omega^{(45)}/\partial\varepsilon_x$、$\partial\Delta\Omega^{(90)}/\partial\varepsilon_x$ 代入式 (4.15) 的第一式，得出各薄膜材料的传感器敏感系数 Ψ，分别为 $-15.75\,\mathrm{cm}^{-1}/\%\varepsilon$、$-12.36\,\mathrm{cm}^{-1}/\%\varepsilon$ 和 $-19.39\,\mathrm{cm}^{-1}/\%\varepsilon$。

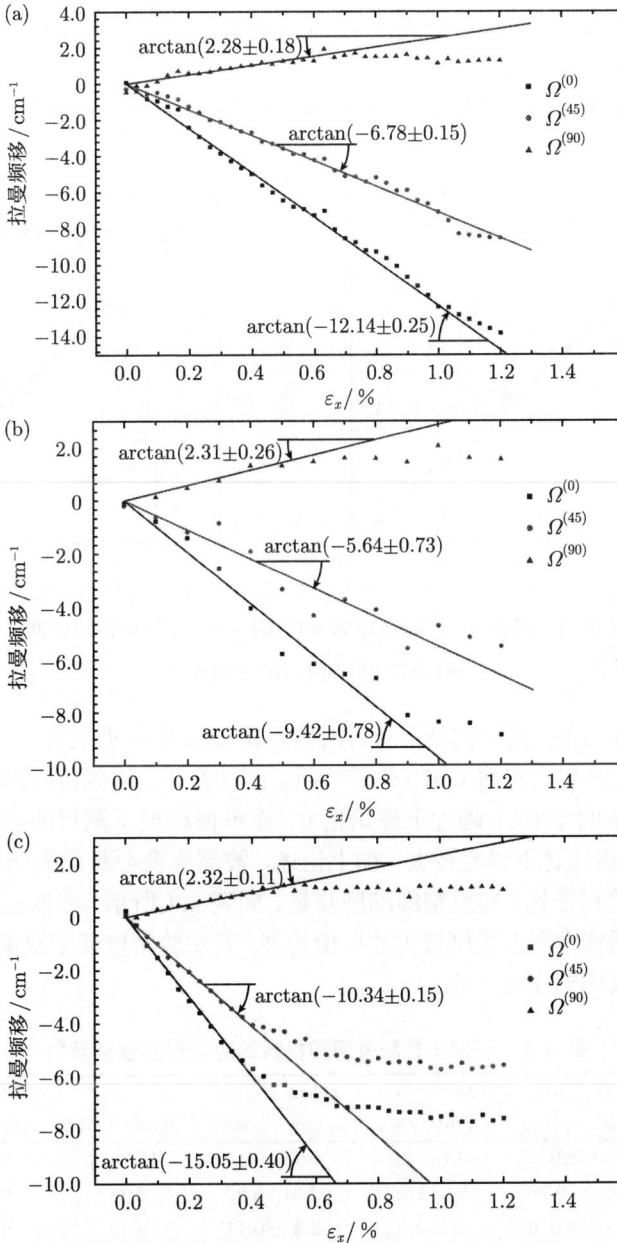

图 4.23 (a)~(c) 为双偏协同构型下薄膜 1~3 的应变–拉曼频移数据曲线

图 4.24 给出了薄膜 1* 的步进载荷标定实验结果, 其中图 4.24(a) 采用双偏协同构型, 图 4.24(b) 采用单偏构型, 对各偏振角度数据的线性段进行拟合, 得出各自的斜率并代入式 (4.15), 得出

$$
\begin{aligned}
&\text{双偏协同}\quad \Psi = -18.15 \text{cm}^{-1}/\%\varepsilon, \quad \nu = 0.372, \quad \frac{\partial \gamma_{xy}}{\partial \varepsilon_x} = 3.3\% \to 0 \\
&\text{单偏}\qquad\quad \Psi = -17.59 \text{cm}^{-1}/\%\varepsilon, \quad \nu = 0.385, \quad \frac{\partial \gamma_{xy}}{\partial \varepsilon_x} = 9.3\%
\end{aligned}
\tag{4.16}
$$

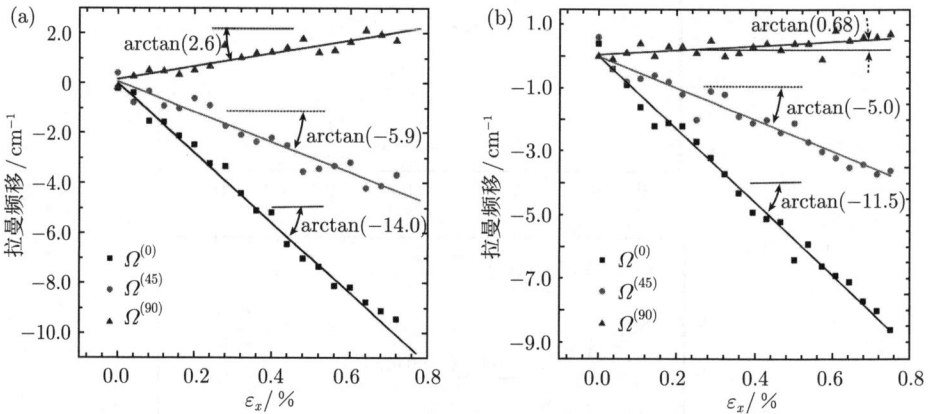

图 4.24　薄膜 1*(0.5wt%SWNT) 的应变–拉曼频移数据曲线

(a) 双偏协同构型; (b) 单偏构型

由式 (4.16) 可知, 两种构型下获得的传感器敏感系数 Ψ 均在 $-18\text{cm}^{-1}/\%\varepsilon$ 左右, 泊松比测量值与真实值 0.379 比较接近。区别在于, 双偏协同模式下测得剪应变仅为轴向应变的 3.3%, 趋近于理论值 0, 而单偏构型下测得的剪应变约为轴向应变的 9.3%, 相比之下误差较大。如上论述, 被测应变分量的影响权重越大则越有利于减小误差和干扰、实现精细准确测量。如表 4.4 所示, 非偏振方向的应变信息在试验获得频移中所占比例较大的单偏构型, 其实验精度低于双偏协同构型, 图 4.24 的实验结果印证了这一点。

表 4.4　不同工艺制备薄膜材料的应变传感性能参数

	$\partial \Delta \Omega^{(0)}/\partial \varepsilon_x$ /(cm^{-1}/%ε)	$\partial \Delta \Omega^{(45)}/\partial \varepsilon_x$ /(cm^{-1}/%ε)	$\partial \Delta \Omega^{(90)}/\partial \varepsilon_x$ /(cm^{-1}/%ε)	Ψ /(cm^{-1}/%ε)	线性范围/%ε	采样时间/s
薄膜 1	-12.14 ± 0.25	-6.78 ± 0.15	2.28 ± 0.18	$-15.75^{+0.36}_{-0.35}$	0.8	5
薄膜 2	-9.42 ± 0.78	-5.64 ± 0.72	2.31 ± 0.26	$-12.36^{+1.05}_{-1.03}$	0.8	5
薄膜 3	-15.05 ± 0.40	-10.34 ± 0.15	2.32 ± 0.11	$-19.39^{+0.54}_{-0.53}$	0.4	5
薄膜 1*	-14.0	-5.9	2.6	-18.15	0.8	40

	$\partial\Delta\Omega^{(0)}/\partial\varepsilon_x$ /(cm^{-1}/%ε)	$\partial\Delta\Omega^{(45)}/\partial\varepsilon_x$ /(cm^{-1}/%ε)	$\partial\Delta\Omega^{(90)}/\partial\varepsilon_x$ /(cm^{-1}/%ε)	Ψ /(cm^{-1}/%ε)	线性范 围/%ε	采样时 间/s
Zhao 等 (2004)	-18.0		2.8	-23.20	~ 0.8	60
Ma 等 (2013)$^{\#}$	-13.0			-15.60	$\sim 0.7^{\#}$	

#由于 Ma 等 (2013) 实验数据中缺少 90° 偏振方向频移数据，其 Ψ 数值由所占权重较大的 0° 频移数据估算得出。

此外，薄膜 1@ 的步进载荷标定实验结果如图 4.25 所示，采用如上的数据处理方式获得实测结果：$\Psi = -18.15$cm^{-1}/%ε，与薄膜 1* 结果一致；$\nu = 0.335$，与 PVC 材料泊松比 0.330 非常接近；剪应变仅为拉伸方向应变的 2.7%，趋近于理论值 0。可见，将碳纳米管附着于非拉曼活性的被测物体表面，形成碳纳米管附着膜作为应变传感器，其实验结果与理论值、真实值具有较高的吻合度，从而较为充分地验证了测量理论的正确性和测量技术的可行性。为了与已有工作进行对比，还列出了 Zhao 等 (2004)、Ma 等 (2013) 相关工作的实验结果，如图 4.26 所示。

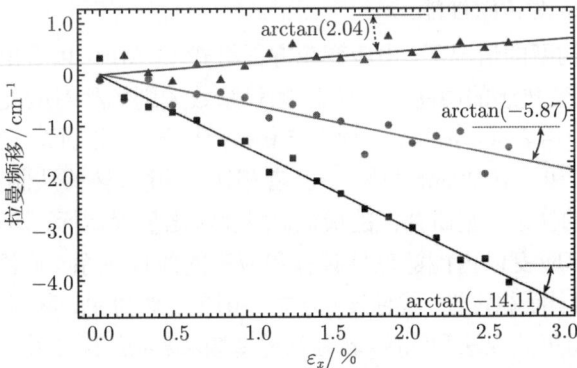

图 4.25 薄膜 1@(PVC 板上的碳纳米管附着膜) 的应变–拉曼频移数据曲线

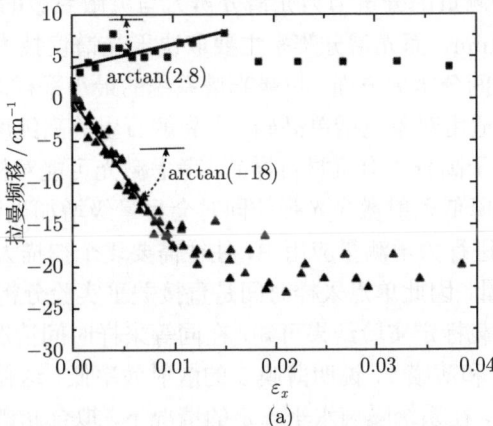

(a)

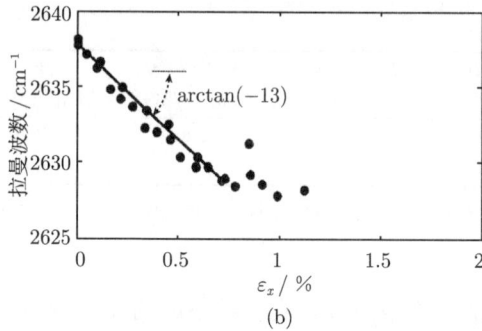

图 4.26　Zhao 等 (2004)(a) 和 Ma 等 (2013)(b) 实验得到的碳纳米管薄膜的
应变–拉曼频移数据曲线

4.4.4　应变传感性能与影响机制

本节将从灵敏度、量程、稳定性和分辨力四个角度来对比、讨论不同工艺得到碳纳米管薄膜的应变传感性能。

在给定偏振构型的情况下，由应变花方程组式 (4.13) 可以看出，传感器敏感系数 Ψ 可以表征应变传感的敏感度。应变–频移系数大则频移对应变更敏感，反之则测量敏感度较低。由表 4.4 所示，三种工艺获得薄膜的 Ψ 分别为 $-15.75\mathrm{cm}^{-1}/\%\varepsilon$、$-12.36\mathrm{cm}^{-1}/\%\varepsilon$ 和 $-19.39\mathrm{cm}^{-1}/\%\varepsilon$。三者相比，涂膜–转移法制得的薄膜敏感性最好、超声共混的次之、辊研共混的最低。同理对比量程指标，两种共混法制备的传感介质在 0.8% 应变以内能够保持频移和应变的线性关系，而涂膜–转移法的线性范围只有 0.4%。而稳定性 (线性度) 方面，由图 4.23 可见，薄膜 1 和 3 数据的标准差较小，可见超声共混法和涂膜–转移法的薄膜频移–应变关系曲线线性度较好。

作为以拉曼光谱为测量手段的实验方法，分辨力主要涉及空间、时间和光谱分辨力三个方面 (应变测量的分辨力为光谱分辨力与灵敏系数的积)。其中，显微拉曼空间分辨力可达 1μm，而光谱分辨率主要取决于光谱仪技术水平，与传感介质没有直接关系。而时间分辨力方面，拉曼光谱系统的最小采样时间 (即系统的时间分辨力) 一般为 1s，适用对象包括单晶硅、高裂解石墨等高纯度、高散射效率的无机非金属晶体。而对于高分子有机材料样品，考虑激光可能对样品的催化、烧蚀等影响，实验往往大幅降低入射激光光强的同时会呈量级增加光谱激发与收集时间。然而，采用拉曼光谱进行力学测量应用中，往往需要逐个扫描大量测点以实现区域分布趋势 (场) 的测量，因此单点采样时间是直接关乎实验分析效率和效果的关键技术指标。由本书零载标定实验结果可知，在同等采样时间情况下，薄膜 3 的拉曼光强要远小于薄膜 1 和薄膜 2，说明薄膜 3 的散射效率低，这首先是不利于测量中保证实验效率。同时，在系统噪声水平一定的情况下，拟合光谱曲线过程中引入的误差将会对力学信息的提取产生较大影响。图 4.22(d) 中薄膜 3 零载波数信息波动较大也有这方面的因素。可见，时间分辨力 (以及测量效率) 角度看，在相同采样时间的情况下，超声共混法和涂膜–转移法得到的复合薄膜引起的拉曼光强充分而且稳定，更适于作为应变传感介质。

将采用超声共混法制备的薄膜 1(SWNT 含量 1wt%) 和薄膜 1*(SWNT 含量 0.5wt%) 在相同偏振构型下的标定实验结果进行对比，同样前者的传感器敏感系数为 $-15.75\,\mathrm{cm}^{-1}/\%\varepsilon$，后者为 $-18.15\mathrm{cm}^{-1}/\%\varepsilon$，可见较低碳纳米管含量薄膜的传感器敏感系数较高，即降低传感介质含量有助于提高敏感度 (其机理下节讨论)。然而，在提高敏感度的同时，伴随的是时间分辨率的大幅下降。在与本章中实验参数相同、G′ 峰拉曼光强接近的情况下，0.5wt% 薄膜的采样时间需要 40s，而 1wt% 薄膜仅为 5s。如此，若进行一次 1000 个点的应变场扫描实验，前者所需时间约 33h 而后者则约为 4h，可见在适当牺牲敏感度的情况下，1wt% 的碳纳米管含量薄膜有利于大幅提高实现效率，更有利于碳纳米管应变传感方法的推广应用。

在 Zhao 等 (2004) 的工作中，采用偏振拉曼测量了碳纳米管/环氧树脂复合薄膜 (SWNT 含量 0.1wt%) 在步进轴向拉伸载荷下 0° 和 90° 偏振方向的拉曼频移，如图 4.26(a) 所示。对其实验结果进行拟合并代入式 (4.15)，得出其敏感系数为 $-23.20\mathrm{cm}^{-1}/\%\varepsilon$，然而其实验中拉曼采样时间需数分钟，且试验曲线线性度较差，稳定性不佳。材料学领域的一些有关碳纳米管复合材料性能的实验研究中，也涉及了碳纳米管拉曼应变传感性能。例如，Ma 等 (2013) 将未改性、硝酸功能化和胺功能化的 1wt% 碳纳米管分别混入聚碳酸酯、聚偏二氟乙烯和环氧树脂中，利用液相共混法制备出 9 种碳纳米管/聚合物薄膜，并测量了其 0° 偏振方向的应变–拉曼波数曲线，发现硝酸功能化的碳纳米管混入环氧树脂胶粘剂，所得到碳纳米管薄膜的应变–拉曼波数曲线线性段斜率为 $-13\mathrm{cm}^{-1}/\%\varepsilon$(图 4.26(b))，大于其他八种组合的应变–拉曼波数，仍低于本研究得到薄膜的传感性能。

较之相关工作，上述传感器制备方法的灵敏度和量程指标均处于较高水平，并且在时间分辨力上拥有较大的优势。因此，综合以上指标，超声共混法和涂膜–转移法制备的碳纳米管薄膜应变传感器性能指标优异，可用于不同形式的应变测量中。

下面考虑可能影响应变传感性能的因素，包括系统、材料和工艺。其中，本节讨论对材料和系统进行了优选，而基于此所提出、发展了拉曼应变花及其辅助技术均以实现传感性能的最优化。然而一个不容忽略的问题是碳纳米管的个体差异，例如频移–应变敏感系数和初始 (残余) 应力状态等。以目前纳米材料制造技术水平，能够以较低的成本批量生产高纯度 (>99%) 的单壁碳纳米管，但仍然难以实现规模化制备同手性碳纳米管。可见，通过片面追求传感介质材料的优质来保证传感效果与效率的可靠性显然缺乏现实意义。

碳纳米管频移-应变敏感系数的个体差异对应变传感的影响可以忽略或避免。现有研究表明，层数不同的碳纳米管，其频移-应变敏感系数存在明显差异，表现为多壁碳纳米管的频移-应变敏感系数远低于单壁碳纳米管，普遍认为这是由于碳纳米管层间界面应力传递效率低所导致。所以，选用高纯度单壁碳纳米管为传感介质就可避免层数对应变传感的影响，而不需对模型本身进行改进。

手性是另一个影响频移-应变敏感系数的因素。大量研究表明，不同手性的单壁碳纳米管 G 峰带 (包括 G$^+$ 和 G$^-$) 频移对轴向变形的敏感程度差异很大，但对 G$'$ 的影响很小。这是由于 G 峰带对应的是石墨的切向拉伸模，其中各子峰分别表征不同方向的 C—C 键及其变化；而 G$'$ 峰一般被认为是 D 峰的倍频，属于石墨的缺陷振动模，其频移变化表征的是石墨晶格平面结构整体的扩张或收缩 (即平面主应变和)。手性不同，碳纳米管个体中的 C—C 键的方位及其激发电场极化方向之间的关系也就不同，虽然导致 G 峰带峰位及其对变形的敏感性相互之间存在明显差异，但却并没有影响 G$'$ 的位置与行为特征。

综合可见，分析影响传感性能的原因与机理最终落脚于工艺，而其中的关键因素在于 "界面"。理论和实验研究表明，碳纳米管自身的频移-应变系数约为 37 cm^{-1}/%ε、线性范围约为 2%。然而无论是本研究工作还是其他相关工作 (表 4.4)，所得到的传感介质薄膜的频移-应变系数和线性范围都远小于碳纳米管自身的相应性能指标。实际上，实现碳纳米管对物体平面变形的传感，碳纳米管与环氧树脂 (基体/胶粘剂) 之间的界面发挥了核心作用。物体表面的变形是通过环氧树脂与碳纳米管之间的界面传递到碳纳米管上，最终表现为拉曼频移。而碳纳米管与环氧树脂之间的界面对变形的传递效率 (即敏感性、量程和稳定性等传感技术指标) 与复合材料制备工艺密切相关。

对于两种共混法得到的薄膜，碳纳米管混杂于环氧树脂内部并与树脂之间形成了个体数量和总面积都巨大的界面，碳纳米管与环氧树脂之间通过界面来传递变形。由于纳米材料表面能很大，相互之间容易吸附团聚，因此无论是超声还是辊研都不可能彻底消除团聚现象，而使所有碳纳米管个体相互分离并与环氧树脂形成理想界面。实际结果是薄膜中不仅界面个体数量巨大，其各自性能也存在一定差异。

即碳纳米管分散均匀的部分与环氧树脂界面结合紧密，碳纳米管成束或团聚的部分与环氧树脂界面结合力弱，而且质量比例越低越有利于均匀掺杂、降低成束或团聚。

碳纳米管薄膜发生变形时，结合紧密的界面上环氧树脂基体能有效地传递变形，从而碳纳米管产生较大的应变，反映在拉曼光谱上就是 G$'$ 峰的频移较大；而界面结合力较弱的碳纳米管成束或团聚部分，随着载荷的增加，发生界面脱粘和管间滑移，导致碳纳米管本身的应变较小，反映在拉曼光谱上就是 G$'$ 峰的频移较小。

而实验采集的拉曼光谱 G′ 峰频移对应于测点内所有碳纳米管应变的平均值。在承受载荷情况下，随着载荷的逐渐增加，并不是所有界面同等程度传递变形，不断有碳纳米管个体与基体发生脱粘，整体平均的界面传递效率一定范围内稳定但并不高效，从变形传感角度而言体现为不高的灵敏度。但是由于材料内个体界面性质差异性很大，因此这一阶段比较宽，直至多数界面个体已无法有效传递变形，从传感角度体现出较大的量程。从图 4.23 给出的实验结果得出，两种共混法得到的碳纳米管薄膜其量程较大，而敏感度较低，而涂膜–转移法则能够得到具有较大敏感系数但量程较低的传感介质薄膜。

对比两种共混技术，虽然辊研法能够得到更为均匀的碳纳米管分布，并能够实现更大比例的掺杂，但是工艺导致碳纳米管发生了相当数量的破坏，不仅大幅降低了其共振拉曼特性 (在 633nm 激光器下仅有金属性单壁碳纳米管才有良好的共振拉曼性质) 从而影响散射效率，还导致了其与环氧树脂的平均界面结合刚度降低、均匀性较差，致使由该工艺制备的薄膜材料的 G′ 峰应变敏感度下降、稳定性不佳 (体现为图 4.23(c) 实验曲线波动较大)。

4.4.5 关于拉曼应变传感理论的讨论

由以上分析可见，碳纳米管应变传感方法的关键在于是否计及测点内非偏振方向碳纳米管的拉曼散射信息。对于常规方法，一切非偏振方向碳纳米管的拉曼散射信息因其光强不占优而被忽略。

作为传感介质的任一碳纳米管，其散射行为与它所在位置轴向的应变状态和系统的偏振方向密切相关。图 4.27 给出了单向拉伸载荷作用下不同轴向 θ 的碳纳米管在变形前后的光谱示意图 (不失一般地，设 $\varphi = 0°$，与拉伸方向相同)。由图可见，一方面，不同轴向 θ 的碳纳米管在变形后的应变状态各有不同，使其各自独立的光谱波数在变形后发生不同的变化；另一方面，不同轴向 θ 的碳纳米管因与偏振方向 φ 的夹角 $(\theta - \varphi)$ 不同，因天线效应导致其各自独立的拉曼光强也不一致。

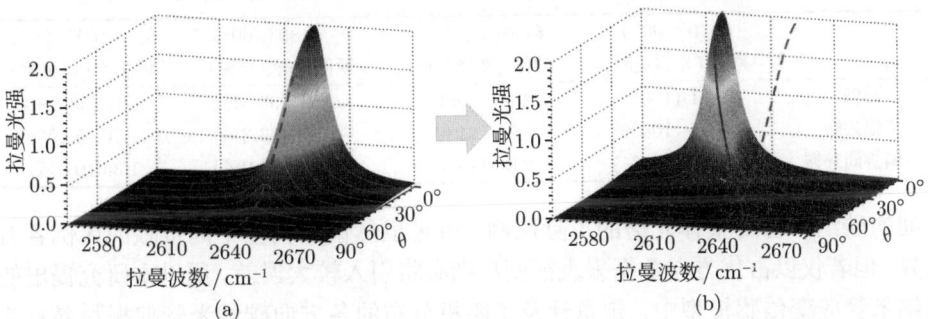

图 4.27 单向拉伸载荷作用下不同轴向 θ 的碳纳米管在变形前 (a) 和变形后 (b) 的光谱示意图

相比轴向与偏振方向一致的碳纳米管，轴向非偏振方向的碳纳米管的拉曼光强明显弱很多，因此其对整体光谱信息的贡献不占优势。

然而，非偏振方向碳纳米管的拉曼散射信息对于整体的拉曼波数变化 (拉曼频移) 影响不可忽略，否则将在应变测量中引入不可忽略的误差。为了直观显示测点内不同轴向碳纳米管拉曼信息对测点整体拉曼频移的贡献，可将碳纳米管轴向分成三个区间，即 $\theta_1 \in (0°, 30°)$，$\theta_2 \in (30°, 60°)$ 和 $\theta_3 \in (60°, 90°)$。不失一般性地，设 $\varphi = 0°$ 并与拉伸方向相同，$\varepsilon_x = 0.6\%$，$\Psi = -15 \; \mathrm{cm}^{-1}/\%\varepsilon$。如图 4.28 所示，测点整体的光谱 (图中实线) 为三个区间内碳纳米管的光谱信息 (图中虚线) 的总和。由图可见，虽然偏振方向附近 θ_1 的拉曼光强对于整体贡献明显占优，但其波数位置与整体之间存在明显的差异，其原因就在于轴向为非偏振方向碳纳米管对整体信息的贡献。表 4.5 给出了几种典型偏振构型下 (设 $\varphi = 0°$ 并与拉伸方向相同) 不同

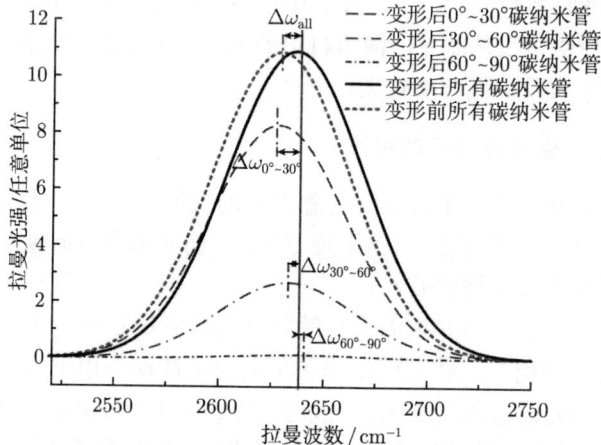

图 4.28　不同轴向碳纳米管拉曼信息对测点整体拉曼频移的贡献示意图

表 4.5　　不同实验模式下碳管的拉曼频移及拉曼光强贡献(高頔等, 2013)

	$\theta \in (0°, 90°)$ 频移 (光强贡献)	$\theta_1 \in (0°, 30°)$ 频移 (光强贡献)	$\theta_2 \in (30°, 60°)$ 频移 (光强贡献)	$\theta_3 \in (60°, 90°)$ 频移 (光强贡献)
圆偏	−2.71 (100%)	−8.06 (33.3%)	−2.71 (33.3%)	2.64 (33.3%)
单偏共振	−5.85 (100%)	−7.75 (61.6%)	−3.23 (33.3%)	1.70 (5.1%)
双偏协同共振	−6.90 (100%)	−8.03 (75.4%)	−3.71 (24.0%)	1.34 (0.6%)

区间的碳纳米管对整体光谱的贡献比例，可见虽然偏振构型不同贡献的比例各有差异，但若仅以占优方向数据来表征变形则必将引入较大误差。所以本研究提出的碳纳米管应变传感模型中，定量计及了随机分布的各方向碳纳米管偏振拉曼行为对整体光谱信息的综合贡献。

4.5 拉曼应变花的测量应用

图 4.29 给出了采用拉曼应变花技术测量含圆孔薄板试件受拉伸载荷时孔边局部应力场的实验结果。该实验使用哑铃型薄板试件，试件尺寸如图 4.29(a) 所示。试件材料为聚氯乙烯 (PVC 薄板，不具有拉曼活性)，厚 0.4mm，杨氏模量为 1.340GPa，泊松比为 0.330。在哑铃型试件标距段中部制备直径为 1mm 的圆孔。试件表面采用超声共混法制备了厚度约为 30μm、SWNT 含量为 0.5wt% 的附着薄膜。对试件施加轴向拉伸载荷，至标距段平均应变达 $\varepsilon_0 = 0.33\%$，则此时平均应力 $\sigma_0 =$ 1.340GPa×0.33%=4.47MPa。采用 45° 拉曼应变花技术对图 4.29(b) 所示的区域进行逐点扫描测量，扫描步长为 60μm。在双偏协同构型分别获得各测点偏振角度为 0°、45° 和 90° 的频移数据并代入式 (3.13) 获得应变分量，再应用平面问题应力应变关系

$$\begin{cases} \sigma_x = \dfrac{E}{1-\nu^2}\left(\varepsilon_x + \nu\varepsilon_y\right) \\[2mm] \sigma_y = \dfrac{E}{1-\nu^2}\left(\varepsilon_y + \nu\varepsilon_x\right) \\[2mm] \tau_{xy} = \dfrac{E}{2\left(1+\nu\right)}\gamma_{xy} \end{cases} \tag{4.17}$$

得到笛卡儿坐标系下的应力分量 σ_x、σ_y 和剪应力 τ_{xy} 分布。利用式 (4.18) 转换成极坐标系下的应力分量 σ_r、σ_θ 和 $\tau_{r\theta}$，再除以平均应力 σ_0 得出如图 4.30(c) ～ (e) 所示的实测应力分量场。

$$\begin{cases} \sigma_r = \dfrac{\sigma_x + \sigma_y}{2} + \dfrac{\sigma_x - \sigma_y}{2}\cos 2\theta + \tau_{xy}\sin 2\theta \\[2mm] \sigma_\theta = \dfrac{\sigma_x + \sigma_y}{2} - \dfrac{\sigma_x - \sigma_y}{2}\cos 2\theta - \tau_{xy}\sin 2\theta \\[2mm] \tau_{r\theta} = \dfrac{\sigma_x - \sigma_y}{2}\sin 2\theta + \tau_{xy}\cos 2\theta \end{cases} \tag{4.18}$$

由弹性力学得到的极坐标系下含圆孔薄板单轴拉伸时平面应力分量的解析表达式为

$$\begin{cases} \sigma_r = \dfrac{\sigma_0}{2}\left(1 - \dfrac{a^2}{r^2}\right) + \dfrac{\sigma_0}{2}\left(1 + \dfrac{3a^4}{r^4} - \dfrac{4a^2}{r^2}\right)\cos 2\theta \\[2mm] \sigma_\theta = \dfrac{\sigma_0}{2}\left(1 + \dfrac{a^2}{r^2}\right) - \dfrac{\sigma_0}{2}\left(1 + \dfrac{3a^4}{r^4}\right)\cos 2\theta \\[2mm] \tau_{r\theta} = -\dfrac{\sigma_0}{2}\left(1 - \dfrac{3a^4}{r^4} + \dfrac{2a^2}{r^2}\right)\sin 2\theta \end{cases} \tag{4.19}$$

利用式 (4.19) 得出理论结果如图 4.29(f)～(h) 所示。由图可见，实验测得的应力场在趋势和量级上都与解析解非常接近。其中周向正应力 σ_θ 在空侧面边缘呈现

出明显的应力集中。其中应力集中因子为 2.66, 与理论值 3 比较接近; 剪应力场
$\tau_{r\theta}$ 分布呈马鞍形, 沿 $\theta = 45°$ 方向对称分布, 并沿 45° 线向 X、Y 轴方向由负至正
迅速过渡。实际上其他的实验力学方法很难实现如此微尺度的剪应力 (剪应变) 的
直接测量。

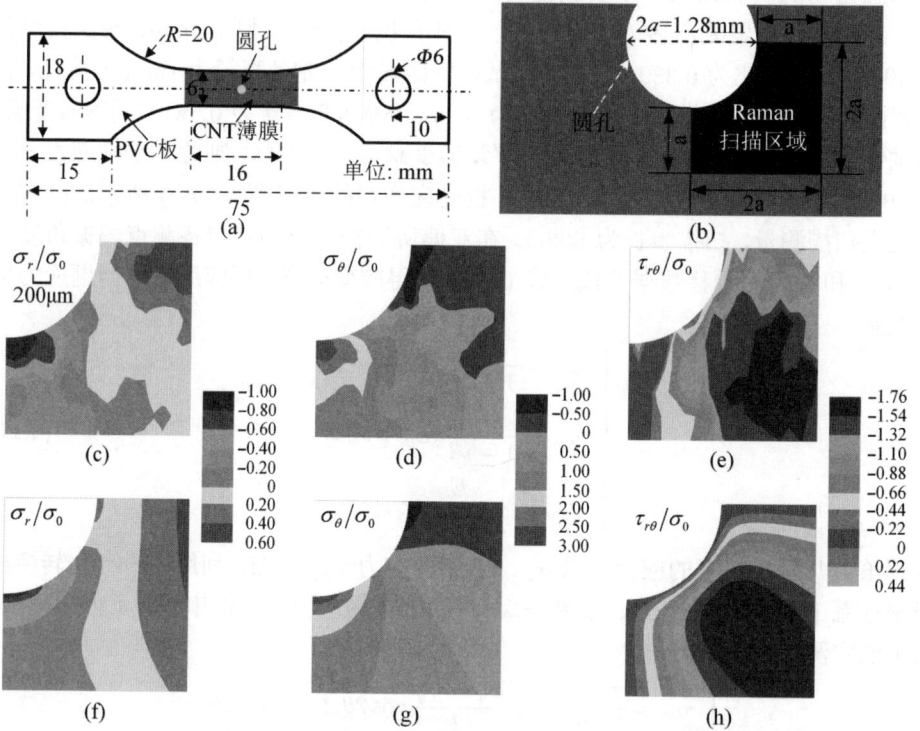

图 4.29　含圆孔薄板拉伸应力集中场

(a) 试件; (b) 实验扫描区域; (c)~(e) 实测应力场; (f)~(h) 理论应力场

图 4.30 为单向纤维增强环氧复合材料的四点弯实验及其结果。试件尺寸为
32mm×6mm×2mm, 材料基体为 T51 环氧树脂, 碳纤维 (Toray M40JB-12k) 沿
试件长度方向 (即图中 x 方向)。试件一侧长边中部垂直于 x 方向预制一个长
2mm 宽约 0.8mm 的矩形槽状豁口。试件表面采用超声共混法附着厚约 30μm 的
碳纳米管薄膜。四点弯加载方式如图 4.30(a) 所示, 实验时加载至试件中心最大
挠度 300μm。采用拉曼应变花对试件矩形豁口附近区域 (图 4.30(b)) 进行逐点
扫描测量, 扫描步长为 50μm。利用 45° 拉曼应变花方程组将实验获得的变形
前后频移信息转换成应变分量信息并形成二维应变场 (图 4.30(c)~(e))。图中可
见, 在豁口顶角附近存在明显的局部应力集中。特别是切应变集中区域呈现出
平行于纤维方向, 而非豁口方向或 45° 方向, 这是单向纤维增强材料独有的力

学特征。计算得出的最大剪应变约为 8×10^{-3}，对应的剪应力为 10.8MPa，其中 $\tau = E\gamma/2(1+\mu) = 3.5 \times 8/2(1+0.3) = 108$MPa。

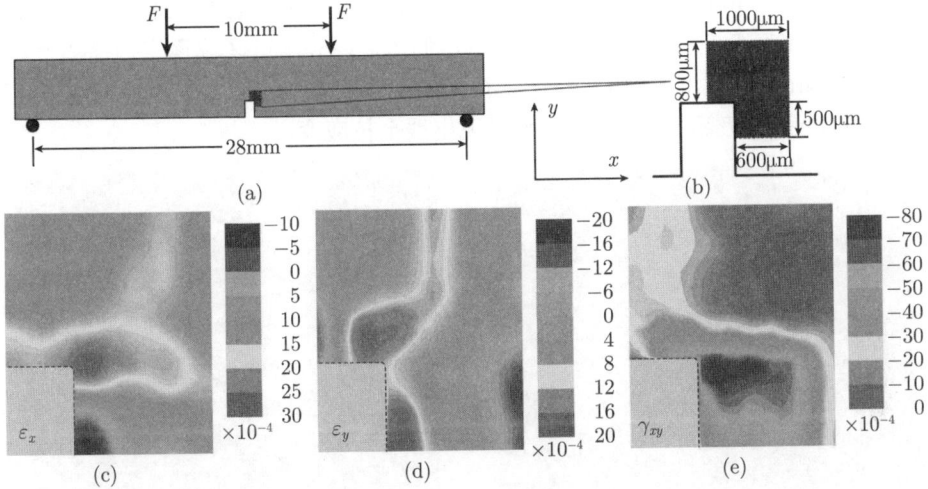

图 4.30 纤维增强材料四点弯矩形豁口局部应变场 (详见书后彩图)

(a) 试件与加载方式；(b) 拉曼扫描区域；(c)~(e) 实测应变场

图 4.31 为 I 型裂纹实验及其结果 (Qiu et al., 2014)。试件为采用超声共混法制备的碳纳米管环氧树脂复合薄膜 (薄膜 1) 样品，厚度为 50 μm。在试件长边一侧中部垂直于 x 方向预制一个长 1mm 的裂纹。将试件置于微加载架施加拉伸载荷后，故在，微拉曼系统的显微镜载物台上 (图 4.31(a))，采用 45° 拉曼应变花技术对图 4.31(b) 所示的区域进行逐点扫描，扫描步长为 5μm。实验得出的裂尖附件沿拉伸方向的应变场如图 4.31(c) 所示，裂尖前端呈现明显的应变集中。

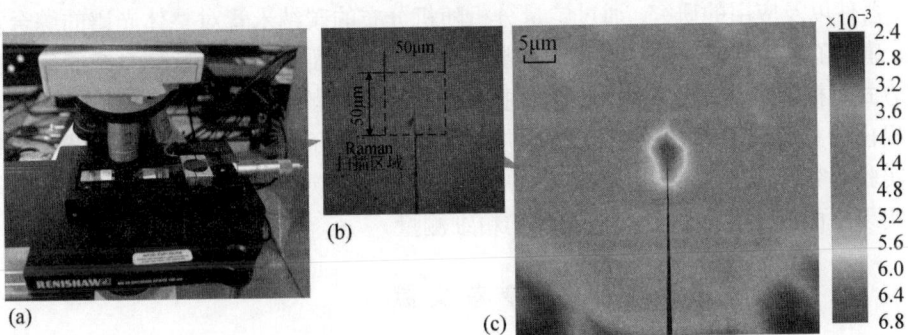

图 4.31 I 型裂纹实验

(a) 实验系统；(b) 试件表面图像和拉曼扫描区域；(c) 裂尖 ε_x 应变场分布

图 4.32 给出了维氏 (Vickers) 微压痕周边残余应变场实验及其结果 (Qiu et al., 2014)。其中，试件为采用超声共混法制备的碳纳米管环氧树脂复合薄膜 (薄膜 1) 样品，厚度为 50 μm。实验使用维氏压头缓慢垂直压入薄膜至压力达 0.5N 后卸载。采用 45° 拉曼应变花技术对图 4.32(a) 所示的压痕内外附近区域逐点扫描测量，扫描步长为 5μm。图 4.32(b) 由实验结果得出的主应变场 ($\varepsilon_x + \varepsilon_y$)，显示压痕中心存在明显的残余压应变，而压痕周边则呈现出残余拉应变。

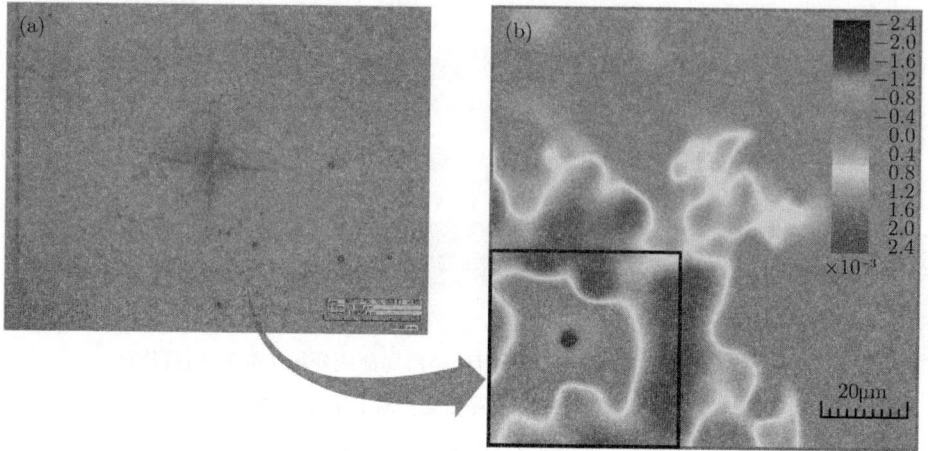

图 4.32　维氏 (Vickers) 微压痕周边残余应变场实验 (详见书后彩图)

(a) 压痕样片表面图像及拉曼扫描区域；(b) 残余主应变场 ($\varepsilon_x + \varepsilon_y$)

4.6　小　　结

围绕着基于偏振显微拉曼的碳纳米管平面应变传感测量方法开展了理论、技术、器件以及应用的研究。通过定量分析随机分布的碳纳米管对整体光谱的综合贡献，建立了碳纳米管应变传感测量的数学模型。一方面根据显微拉曼系统的偏振控制方式对模型进行简化，另一方面根据传感介质的一般性对模型进行了广义化。利用提出的拉曼应变花技术以及双偏协同控制技术和标准化的试样制备技术，从标定实验研究其传感性能与影响机制。应用实验表明，碳纳米管拉曼应变测量方法能够实现平面应变各分量及其分布场的精细测量。

参 考 文 献

高嵋, 亢一澜, 仇巍, 雷振坤, 黄干云. 2013. 碳纳米管应变传感器的性能分析: 实验偏振模式的影响机制. 实验力学, 28(5): 549-556.

高云, 李凌云, 谭平恒, 刘璐琪, 张忠. 2010. 拉曼光谱在碳纳米管聚合物复合材料中的应用.

科学通报, 55(22): 2165-2176.

雷振坤, 亢一澜, 仇巍. 显微镜载物台用多功能加载装置. 中国发明专利, ZL200810053500.6

李石磊, 仇巍, 亢一澜, 雷振坤, 李秋, 邓卫林, 高頔. 2013. 碳纳米管应变传感测量与偏振拉曼控制方法研究. 光谱学与光谱分析. 33(5): 1244-1248.

Ago H, Uehara N, Ikeda K, Ohdo R, Nakamura K, Tsuji M. 2006. Synthesis of horizontally-aligned single-walled carbon nanotubes with controllable density on sapphire surface and polarized Raman spectroscopy. Chemical Physics Letters, 421(4-6): 399-403.

Alon O E. 2001. Number of Raman- and infrared-active vibrations in single-walled carbon nanotubes. Physical Review B, 6320(20): 201403.

Brown S D M, Corio P, and Marucci A, Pimenta M A, Dresselhaus M S, Dresselhaus G. 2000. Second-order resonant Raman spectra of single-walled carbon nanotubes. Physical Review B, 61(11): 7734-7742.

Cooper C A, Young R J, Halsall M. 2001. Investigation into the deformation of carbon nanotubes and their composites through the use of Raman spectroscopy. Composites Part A, 32(3-4): 401-411.

Cronin S B, Swan A K, Unlu M S, Goldberg B B, Dresselhaus M S, Tinkham M. 2005. Resonant Raman spectroscopy of individual metallic and semiconducting single-wall carbon nanotubes under uniaxial strain. Physical Review B, 72(3): 035425.

Dresselhaus M S, Dresselhaus G, Saito R, Jorio A. 2005. Raman spectroscopy of carbon nanotubes. Physics Reports-Review Section of Physics Letters, 409(2): 47-99.

Duesberg G S, Loa I, Burghard M, Syassen K, Roth S. 2000. Polarized Raman spectroscopy on isolated single-wall carbon nanotubes. Physical Review Letters, 85(25): 5436-5439.

Frogley M D, Zhao Q, Wagner H D. 2002. Polarized resonance Raman spectroscopy of single-wall carbon nanotubes within a polymer under strain. Physical Review B, 65(11): 113413.

Kang Y L, Xie H M. 2010. Micro and nano metrology in experimental mechanics. Optics and Lasers in Engineering, 48(11): 1045-1045.

Ma J, Larsen R M. 2013. Comparative study on dispersion and interfacial properties of single walled carbon nanotube/polymer composites using Hansen solubility parameters. ACS Applied Materials & Interfaces, 5(4): 1287-1293.

Miyagawa H, Sato C, Ikegami K. 2001. Interlaminar fracture toughness of CFRP in mode I and mode II determined by Raman spectroscopy. Composites Part A, 32(3-4): 477-486.

Qiu W, Kang Y L, Lei Z K, Qin Q H, Li Q, Wang Q. 2010. Experimental study of the Raman strain rosette based on the carbon nanotube strain sensor. Journal of Raman Spectroscopy, 41(10): 1216-1260.

Qiu W, Kang Y L, Lei Z K, Qin Q H, Li Q. 2009. A new theoretical model of a carbon nanotube strain sensor. Chinese Physics Letters, 26(8): 080701.

Qiu W, Li Q, Lei Z K, Qin Q H, Deng W L, Kang Y L. 2013. The use of a carbon nanotube sensor for measuring strain by micro-Raman spectroscopy. Carbon, 53: 161-168.

Qiu W, Li S L, Deng W L, Gao D, Kang Y L. 2014. Strain sensor of carbon nanotubes in microscale: From model to metrology. Scientific World Journal, 2014: 406154.

Saito R, Dresselhaus G, Dresselhaus M S. 1998. Physical properties of carbon nanotubes. London: Imperial College Press.

Zhao Q, Wagner H D. 2004. Raman spectroscopy of carbon-nanotube-based composites. Philosophical Transactions of the Royal Society A, 362(1824): 2407-2424.

第5章　纤维复合材料的界面力学行为

聚合物基纤维复合材料在航空航天和工业机车等领域中得到越来越广泛的应用，不同的增强纤维及基体特性、复合工艺和几何条件，会形成不同的热、力、化学的耦合环境，造就出试样具有不同微观性能效应的界面结构，影响着纤维/基体的界面粘接能力，在宏观上表现出不同的物化及力学性能 (杜善义, 1998)。优化纤维复合材料的界面大多是通过纤维表面改性处理来控制界面粘接强度从而改善界面载荷传递性能。

复合材料界面力学性能的评价是必不可少的实验研究内容，通常使用界面剪切强度参数来评价界面粘接质量、纤维/基体的应力传递效率以及纤维表面改性处理的效果，这个界面参数可由基于单纤维的微力学测试实验得到 (Cox, 1952; Kelly et al., 1965; Piggott, 1980)。一类是对纤维施加外载的测试方法，包括单纤维压出或拉出测试 (Chandra et al., 2001; Tandon et al., 1998) 和微滴测试 (Eichhorn et al., 2004)。另一类是对基体施加外载的测试方法，有单纤维段断测试 (Deng et al., 1998)、Broutman 测试 (Sinclair et al., 2004) 和其他加载形式 (如弯曲) 的段断测试。在标准的单纤维拉出或微滴测试方法中，载荷施加到自由纤维端部，记录载荷–位移曲线。当外载达到临界载荷 (脱粘力) 时，纤维开始脱粘直至被拉出，通过剪滞模型可将临界载荷转换为界面剪切强度。然而，上述的微力学界面测试方法在实施与应用过程中，难以保证界面评价的完整性、重复性和一致性，所以重新评价这些测试方法以及发展更适合的新测试方法是值得关注的 (Ji et al., 2003; Zhandarov et al., 2005)。

此外，使用微力学测试方法所得到的界面剪切强度参数是一个表征界面综合粘接性能的平均值，还不能完整地描述界面应力传递的细节，需要更加精细的实验数据来实时定量地完整表征纤维/基体界面的微力学行为。微拉曼光谱法 (MRS) 在微尺度测量方面具有独特的优势：无损、无接触、空间分辨率高 (1μm)、深度聚焦的测试等。特别是拉曼频移与拉曼活性纤维中的应变/应力成线性关系，即当碳纤维或芳纶纤维处于变形状态时，会引起拉曼特征波谱的移动和变形。因此，它是微尺度力学领域的一种潜在的实验力学方法。

本章首先给出纤维复合材料树脂基体和增强纤维的典型拉曼光谱和基本力学性质，采用微滴脱粘实验确定纤维/基体之间的粘接强度。接着介绍纤维复合材料界面微观结构和界面结合的物化机制以及界面力学模型，给出了常用的界面力学测试方法和界面脱粘失效模型。结合微拉曼光谱技术，重点介绍使用纤维拉出测试、纤维微滴拉伸、纤维与裂纹交互实验来研究不同应变下芳纶纤维/环氧树脂基体界面间的应力传递行为, 探讨发生在纤维/基体界面上的脱粘和摩擦滑移机制。

5.1   聚合物基体

用作复合材料基体最主要的热固性树脂有环氧树脂、不饱和聚酯树脂和酚醛树脂等。用作复合材料基体的热塑性树脂有聚乙烯、聚丙烯、尼龙、聚酰亚胺等热塑性高分子材料。这里主要介绍纤维复合材料中最常用的热固性树脂基体 —— 环氧树脂。

环氧树脂是指分子中含有两个或两个以上环氧基的化合物, 其相对分子质量一般都不大。环氧基可以位于分子链的末端, 也可在分子链的中间或成环状结构。环氧基非常活泼, 可以与多种类型的固化剂发生交联反应, 形成不溶不熔的三维网状结构聚合物。在分子链中引入环氧基的一般方法是将含活泼氢的化合物 (如酚类、有机酸类、有机胺类) 与环氧氯丙烷发生开环反应, 然后在碱作用下闭环引入环氧基。常用的脂肪胺固化剂都带有多个活泼氢, 环氧树脂分子中则带有两个以上的环氧基, 所以, 多元胺与环氧树脂的反应是多官能度与二官能度的反应, 结果导致环氧树脂固化并交联成三维网状结构。

实验中所使用的环氧树脂 (Epoxy) 和聚氯乙烯树脂 (PVC) 具有强烈的荧光效应, 如图 5.1 所示, 在从 $0 \sim 3000 \ \mathrm{cm}^{-1}$ 的全波谱范围内存在典型的拉曼光谱分布。由于激光入射树脂时, 电子吸收能量从基态跃迁至不稳定的高能级, 而后从高能级跃迁至低能级时释放能量而发出荧光。

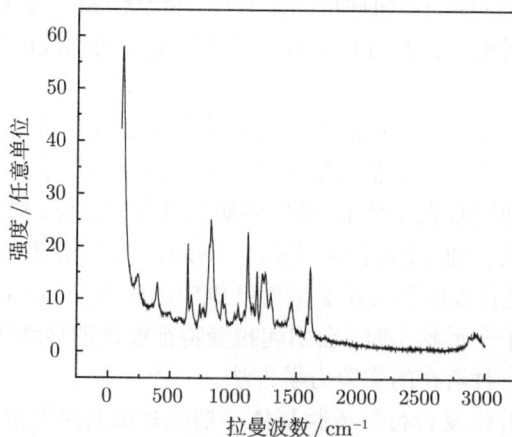

(a)

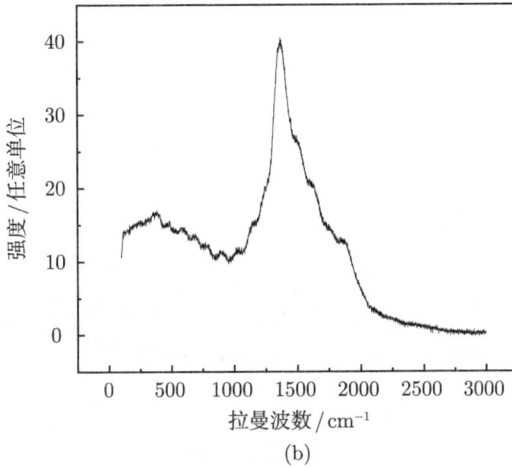

(b)

图 5.1 环氧树脂 (a) 和 PVC(b) 的拉曼光谱荧光效应

5.2 增强纤维

纤维复合材料中应用最广泛的增强材料有碳纤维、有机纤维、玻璃纤维等。碳纤维有很高的强度和模量，是用作高性能复合材料的主要增强纤维之一。有机纤维如 Kevlar 纤维、超高相对分子质量聚乙烯纤维等密度低却有很高的强度和模量，其比强度和比模量特别引人关注。玻璃纤维具有很高的抗拉强度，但模量不足。

图 5.2(a) 给出 $1000 \sim 3000 \mathrm{cm}^{-1}$ 范围内一系列碳纤维的典型拉曼光谱，M55JB 碳纤维的拉曼光谱存在三个最强的波峰，即缺陷振动模特征峰 (即D峰，$1350 \mathrm{cm}^{-1}$ 附近)、切向拉伸模特征峰 (即G峰，$1595 \mathrm{cm}^{-1}$ 附近) 和 G′ 峰 (D峰的倍频，$2660 \mathrm{cm}^{-1}$ 附近)。图 5.2(b) 给出 $0 \sim 3000 \mathrm{cm}^{-1}$ 范围内一系列芳纶纤维的典型拉曼光谱，可以看到芳纶纤维的拉曼光谱存在很强的 G′ 峰 ($1610 \mathrm{cm}^{-1}$ 附近，对应芳纶纤维中苯环 C=C 键拉伸模式)。

5.2.1 表面改性

多数增强纤维与基体树脂在结构上有很大的差异，在化学和物理上不甚相容，因此在形成复合材料时，两者的界面结合力差，影响复合材料的性能。为提高复合材料的性能，增强基体树脂和增强材料的界面结合力，常常要对增强材料进行表面改性处理。

常用的纤维表面改性处理方法是在表面发生一系列物理、化学反应，增加其表面形貌的复杂性和极性基团的含量，从而提高纤维与基体树脂的界面性能，达到改善纤维复合材料整体力学性能的目的。氧化法和表面涂层法是最常用的纤维表面改性技术。

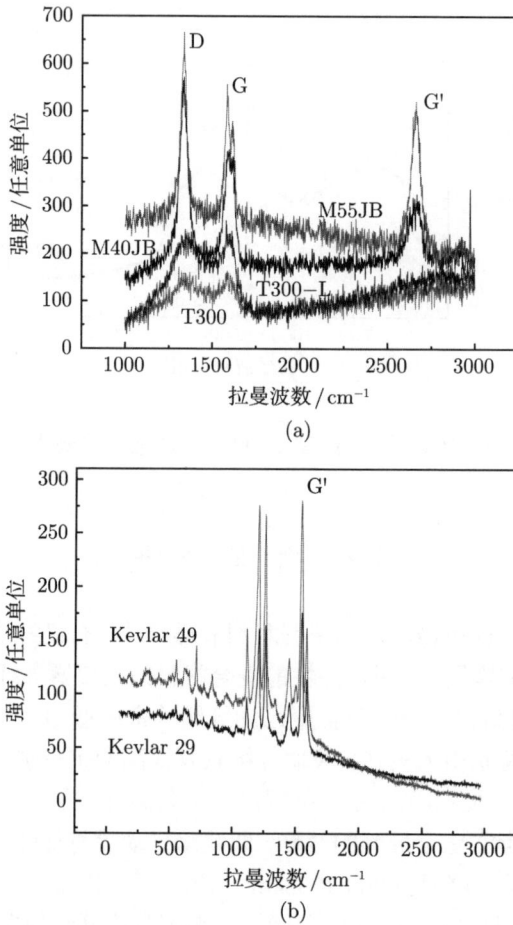

图 5.2　碳纤维 (a) 和芳纶纤维 (b) 的典型拉曼光谱

　　气相或液相氧化是将纤维放置在气相或液相氧化剂中，在加温、加催化剂等条件下使其表面氧化生成一些活性基团 (如羟基和羧基)，来改变复合材料界面的剪切强度。氧化剂浓度、氧化时间和温度是氧化法的主要控制因素，例如氧化剂浓度过高导致纤维氧化过度会损失强度，氧化剂浓度过低纤维表面活性基团少会影响界面结合程度。

　　表面涂层法是通过物理、化学方法将某种聚合物涂覆在纤维表面，获得与纤维界面热膨胀匹配好的可塑界面层，既能改善界面粘接强度，同时还能消除界面内应力。常用的表面涂层技术主要有表面气相沉积、表面聚合物涂层、表面电聚合涂层、化学接枝聚合涂层和偶联剂涂层等。

5.2.2 力学性能

采用 Instron 微力学试验机 (10N 传感器) 进行拉伸测试, 位移控制加载速率为 3.0mm/min, 每种类型单纤维拉伸测试 3 次。试样制备方案如图 5.3 所示, 将经筛选后的单纤维粘接在硬纸框上, 然后放置在试验机卡具并夹持, 用剪刀剪断侧边硬纸框, 微调试验机横梁使力传感器恰好为零。最后采用编制好的试验机单丝拉伸方法执行拉伸实验, 直至单纤维拉断为止, 采用数字图像相关方法得到纤维细丝应变 (雷振坤等, 2005), 得到各纤维的应力–应变关系 (图 5.4, 图 5.5)。

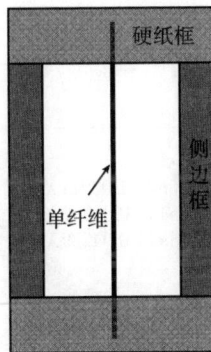

图 5.3 单纤维拉伸试样

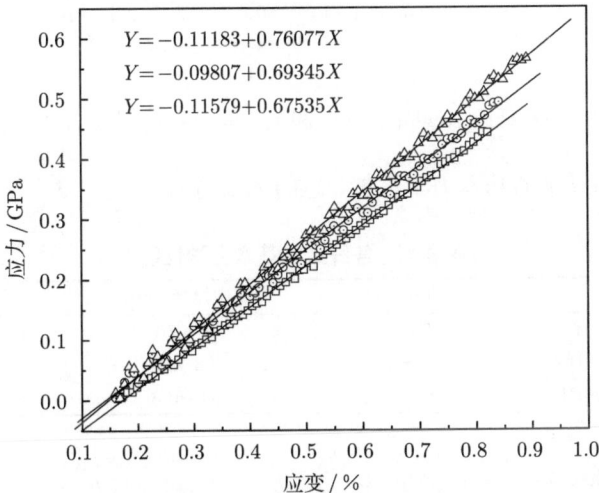

图 5.4 M55JB 碳纤维的应力–应变关系

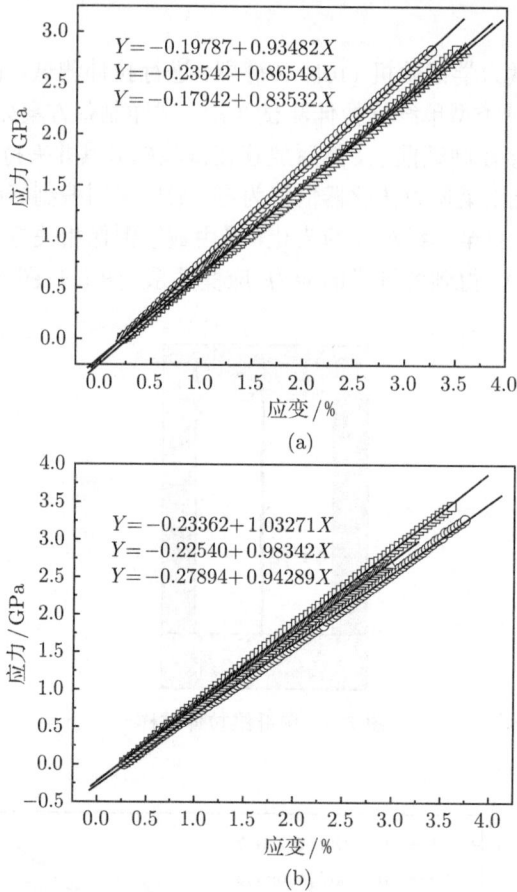

$$Y = -0.19787 + 0.93482X$$
$$Y = -0.23542 + 0.86548X$$
$$Y = -0.17942 + 0.83532X$$

(a)

$$Y = -0.23362 + 1.03271X$$
$$Y = -0.22540 + 0.98342X$$
$$Y = -0.27894 + 0.94289X$$

(b)

图 5.5　芳纶纤维 Kevlar 29 (a) 和 Kevlar 49 (b) 的应力–应变关系

综合一系列纤维的基本力学性能，总结见表 5.1。

表 5.1　各纤维的基本力学性能

纤维	直径/μm	弹性模量/GPa	断裂伸长率/%
M55JB 碳纤维	5±0.1	67~76	0.8~0.9
Kevlar29 芳纶纤维	12±0.1	83~93	3.2~3.6
Kevlar49 芳纶纤维	13±0.1	94~103	3.0~3.6

5.2.3　界面强度

基体树脂和增强纤维是复合材料系统的基本材料，而它们之间的界面粘接特性决定了纤维/基体之间的载荷传递能力，这关系到整个复合材料系统的承载能力。

图 5.6 中的有机玻璃 (PMMA) 支架上有多根纤维，每根纤维上至少有 3 个环

氧树脂微滴。测试前,只需将纤维微滴试样取下,一端用硬纸粘接,另一端放置在刀口卡具中,进行纤维/微滴拉出测试,得到纤维/树脂间的界面强度。

实验过程如图 5.7 所示,特别注意:纤维在被拉断的情况下不能精确确定拉出剪应力,这时断口发生在未嵌入基体的纤维上。因此,拉出剪应力强度只能从完整的纤维拉出实验中才能得到。

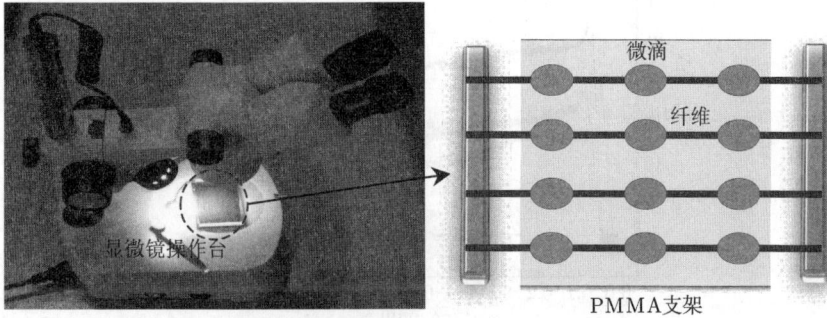

图 5.6　纤维/环氧树脂微滴拉出试样

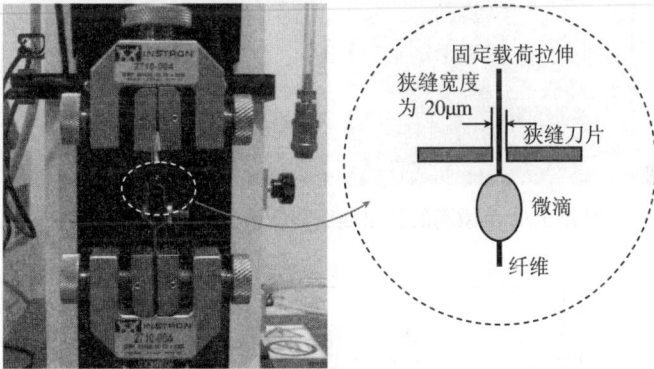

图 5.7　微滴测试示意图

测试时,微调试验机横梁使力传感器恰好为零载,最后采用编制好的单丝/微滴拉伸方法执行拉伸实验,直至单纤维拉出为止。图 5.8 为一根纤维上的 3 个微滴的拉出载荷–位移曲线,纤维拉出最大载荷在 15~35mN。

从图 5.8 可见,纤维在拉出之前界面粘接力承担外载,纤维发生线弹性变形;当界面承担外载达到最大值时纤维被拉出,此时界面粘接强度即为所能承担的最大作用力。在纤维脱粘拉出过程中,纤维上仍然作用有界面摩擦作用力,直至纤维被完全拉出。纤维被拉出后的微滴放大照片,清晰可见纤维被拉出后在微滴内所留下的空隙。

采用高倍体式显微镜 (Nikon SMZ800) 测得单纤维直径 d 和嵌入纤维长度 l,

结合纤维/微滴拉出测试测得的纤维最大拉出力 F，由式 (5.1) 即可得到界面剪切强度 τ_b，测量结果如图 5.9 所示。即使采用相同的制备工艺，也难以保证微滴试样具有一致的几何参数 (如微滴端部角和纤维嵌入长度)，此外纤维个体表面微结构和物化性质存在差异，这都影响着该方法表征界面参数的重复性与一致性。

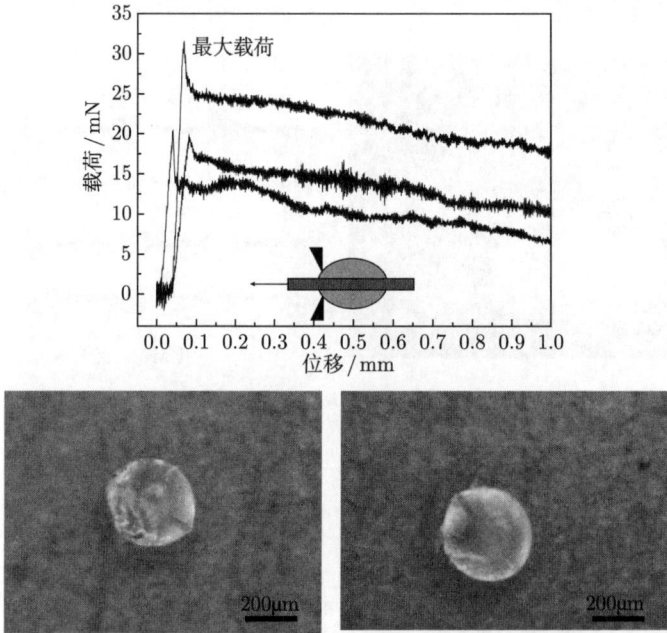

图 5.8　同一纤维上 3 个微滴的拉出曲线和纤维被拉出后在微滴内留下的空隙

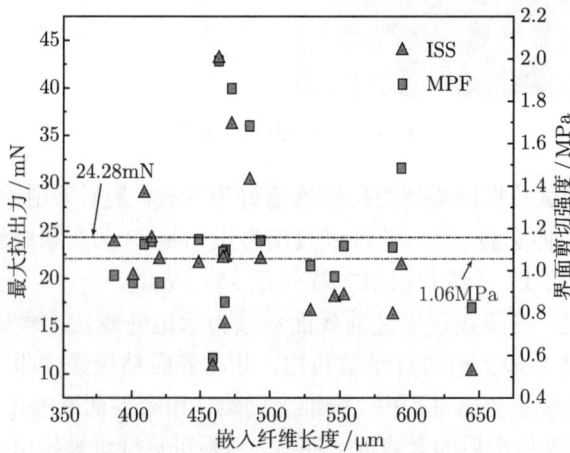

图 5.9　纤维/微滴试样的最大拉出力 (MPF) 和界面剪切强度 (ISS)

5.3 纤维复合材料界面

5.3.1 界面微观结构

复合材料因为分子扩散和制造工艺等原因,在结合部存在一个物理性质极为复杂的中间层。在力学分析中,要将它模型化成为一个面,即界面。简单的说界面就是在材料内部物理性质的间断面或不连续面,是复杂的结合部界面层的简化。

将结合部模型化,必然与实际情况不同,假如通过界面模型来建立不同材料的强度评价方法,那么在通过实验方法获得界面强度的同时,也考虑了复杂的结合部的影响。在分析力学问题时,使用界面强度的概念来评价界面结合力。虽然界面被理想化为一个没有厚度的面,但是其本身是具有强度特性的,且决定于界面相的材料及其组织结构,所以即便是将同一种材料结合在一起,它的强度评价方法也与匀质材料的强度评价方法不同。

将实际的结合部简化为力学意义上的界面的过程,称为界面的力学模型建模。通常根据实际结合部的具体情况来决定是曲界面还是平界面,是单界面还是多界面。界面层较薄时,简化为一个界面;而当界面层较厚时,在其中心位置附近通常会形成一个物理性质相对稳定的中间层,此时应当作为两个界面处理(许金泉,2006)。

5.3.2 界面结合物化机制

复合材料的界面是包含着两相之间过渡区域的三维界面相,而不是简单的几何平面。在界面相内,化学组分、分子排列、热性能、力学性能呈连续梯度变化趋势。在两相复合过程中,会出现因为导热系数和膨胀系数的不同而引起的热应力、因为官能团之间的作用或反应产生的界面化学效应和由成核诱发结晶导致的界面结晶效应,上述效应耦合在一起形成的界面微观结构和界面特性会影响复合材料的宏观性能。

在组成复合材料的两相中,一般总有一相以溶液或熔融的流动状态与另一相接触,然后经过固化反应使两相结合在一起形成复合材料。在这个过程中,两相间是以怎样的机理相互作用的一直是人们所关心的问题。对复合材料的深入研究已提出了多种复合材料界面理论,每种理论都有一定的实验依据,能解释部分实验现象。但是,由于复合材料界面的复杂性,至今还没有一种理论能完善地解释各种界面现象。

1) 浸润性理论

浸润性理论认为浸润是形成界面的基本条件之一且两相间的结合模式属于机械粘接与润湿吸附。就算材料表面非常光滑平整,在微观层面观察也都是凹凸不平、参差不齐的。在两相接触过程中,如果基体对增强材料的浸润性差,那么两相之间发生的是点接触, 接触面有限, 结合强度低; 如果基体对增强材料的浸润性好, 一相填充到另一相表面的凹陷中, 产生机械锚合作用, 那么两相之间发生的是面接触, 接触面积大, 结合强度高。

2) 化学键理论

化学键理论认为两相的表面含有能相互发生化学反应的活性基团, 即官能团, 通过官能团的相互反应两相以化学键结合形成界面; 如果两相的官能团不能直接进行化学反应, 可以引入偶联剂作为媒介, 然后再以化学键互相结合。

例如, 对芳纶纤维和碳纤维的表面处理就是在表面氧化的过程中, 纤维表面产生了 —COOH 和 —OH 等含氧活性基团, 提高了纤维和基体树脂之间的反应能力, 一定程度上提高了界面的粘接强度。

3) 过渡层理论

基体和增强相的热膨胀系数在复合材料成型时有很大差异, 所以界面在固化过程中就会产生热应力和收缩产生的内应力。为了消除这些残余应力的影响, 在基体和增强相的界面区引入一个起到应力松弛作用的过渡层。

对于过渡层形态, 有两种理论。一种认为过渡层是其形变能起到应力松弛作用的塑性层, 即 "变形层" 理论。有人根据变形层理论在增强纤维表面接枝上柔性的橡胶分子, 目的是通过橡胶分子的变形松弛内应力来抑制裂纹的扩展, 从而提高界面的粘接强度。

另一种认为起到应力松弛作用的过渡层不是变形层, 而是模量介于基体和增强相之间且均匀传递应力的界面层, 即 "抑制层" 理论。

4) 摩擦理论

该理论认为, 基体与增强材料界面完全是由于摩擦作用形成的, 其摩擦系数与复合材料的界面强度呈线性关系。

基体与增强材料界面的形成和破坏是一个非常复杂的物理和化学过程, 有很多问题还在研究之中。相信随着科学的发展, 以及对复合材料界面认识的不断深入和界面表征技术的进步, 人们必将更全面、更深入地认识界面现象, 界面理论也将得到进一步的发展和完善。

5.3.3 界面力学模型

将异质材料结合部看成理想界面后, 根据不同的结合形式可分成三类界面 (许金泉, 2006)。

1) 完整结合界面

即在界面上没有任何缺陷的理想界面, 满足位移、面力连续性条件, 对曲界面和平界面都成立。如图 5.10(a) 所示的二维界面, 其边界条件满足

$$\left\{ \begin{array}{c} u_1 \\ v_1 \end{array} \right\} = \left\{ \begin{array}{c} u_2 \\ v_2 \end{array} \right\}, \quad \left\{ \begin{array}{c} \sigma_{y1} \\ \tau_{xy1} \end{array} \right\} = \left\{ \begin{array}{c} \sigma_{y2} \\ \tau_{xy2} \end{array} \right\}$$

由弹性力学的物理和几何关系可推出如下结论: ①界面两侧的剪应变一般是不连续的; ②在平行于界面的方向上, 界面两侧的正应力一般是不连续的; ③在垂直于界面的方向上, 界面两侧的正应变一般是不连续的。

2) 剥离界面

当界面处有未结合部或较大的缺陷和孔穴, 两侧材料的边界在界面处有相同的几何位置, 但两侧是分离的情况下必须作为剥离界面处理。图 5.10(b) 所示的剥离界面实际上是开口型的界面裂纹模型。剥离界面必须满足以下表面自由条件, 即

$$\sigma_{y1} = \tau_{xy1} = 0, \quad \sigma_{y2} = \tau_{xy2} = 0$$

3) 接触界面

指两种材料未结合, 但由于外力或残余应力的作用而接触在一起的界面。接触界面在变形后, 通常可以分为三个区域, 即粘着区、滑移区和开口区。粘着区指界面两侧接触在一起的点在变形后仍然在一起的区域, 与完整粘接界面的边界条件相同。开口区指变形前接触在一起的点, 在变形后发生分离的情况, 其边界条件与剥离界面相同。滑移区指变形前接触在一起的点, 在变形后虽然仍与另一材料相接触, 但沿接触面产生一个相对位移。接触界面的滑移区, 通常也称为滑移界面。对于图 5.10(c) 在小变形前提下, 需满足以下边界条件

$$\sigma_{y1} = \sigma_{y2} \leqslant 0, \quad v_1 = v_2, \quad \tau_{xy1} = \tau_{xy2} = \pm f\sigma_y$$

其中, f 为接触界面处的动摩擦系数, 正负号要根据相对位移的方向来确定。

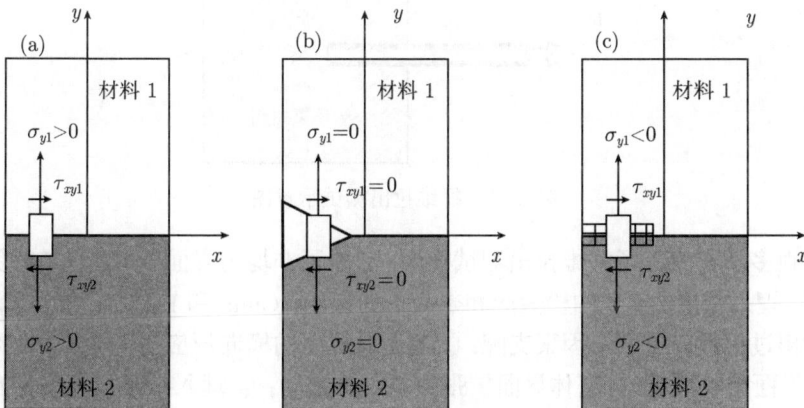

图 5.10 界面模型

(a) 完整结合界面; (b) 剥离界面; (c) 接触界面

5.4　纤维界面微力学

在纤维复合材料中，界面既是增强相和基体连接的桥梁，同时又是其他力学信息的传递者。尽管界面的尺寸远小于整个材料的尺寸，但破坏往往是从界面开始的，界面特性直接影响着整个复合材料的各项力学性能，尤其是层间剪切、断裂、抗冲击、抗湿热老化以及波的传播等性能。因此，随着复合材料科学和应用的发展，复合材料界面及其力学行为的研究越来越受到重视。

目前表征纤维和基体界面力学性能的定量测量技术主要有：纤维拉出测试、纤维压出测试、微滴测试和纤维段断测试。下面分别叙述这些技术的基本原理和研究现状。

5.4.1　界面力学测试方法

1. 纤维拉出测试

纤维单丝的一端埋入基体中制成单纤维拉出试样，如图 5.11 所示，沿纤维轴向施加拉伸载荷将纤维从基体中拔出。将载荷–位移曲线应用到界面载荷传递模型，即可测得界面剪切强度。根据界面载荷均匀分布和材料的均匀各向同性假设，得到界面剪切强度为

$$\tau_{\mathrm{b}} = \frac{F_{\mathrm{max}}}{\pi r l} \tag{5.1}$$

式中，F_{max} 为纤维拉出载荷，r、l 分别为纤维的半径和埋入长度。

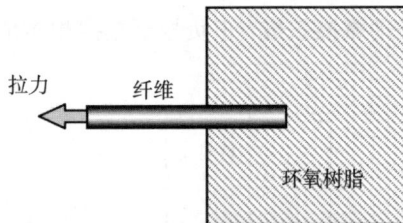

图 5.11　纤维拉出测试示意图

有很多学者改进了纤维拉出测试模型，考虑了非均匀界面剪应力分布、界面摩擦效应、埋入长度、基体泊松效应和热载荷的影响。Chua 和 Piggott (1985) 认为单纤维拉出过程受以下四个因素支配：①基体对界面的横向压应力；②界面的摩擦系数；③界面裂纹沿纤维/基体界面扩张的裂纹扩张功；④埋入纤维段长度和自由纤维段长度。

纤维拉出测试技术已被广泛地应用于力学问题研究。Hsueh 等 (1997) 研究了纤维增强复合材料中纤维和基体之间的弹性应力传递，认为复合材料受到平行于纤

维轴向的拉伸载荷以及残余应力，应力传递发生在沿着纤维长度的界面上和纤维端部。Nairn 等 (2000) 分析了在单纤维拉出测试中脱粘传递的能量释放率，发现能量释放率公式可用来测定单纤维拉出测试和微滴测试中的界面失效强度。Andersonsa 等 (2002) 用 Weibull 分布描述了纤维拉出测试中纤维上的强度分布。目前，不同实验室的实验结果显示出纤维拉出测试受到试样几何差异的影响，且纤维埋入长度的测量和纤维脱粘时间的确定等也会对其产生影响。

2. 纤维压出测试

如图 5.12 所示，对单纤维施加轴向压力直至压出为止。在这个过程中，记录压力–位移曲线，通过一定的界面载荷传递模型，即可测定界面强度等界面力学参数。一个简单的界面模型为

$$\tau_b = \frac{F}{\pi dt} \tag{5.2}$$

式中，F 为纤维压出载荷，d 为纤维直径，t 为试样厚度。

Goutianos 等 (2002) 利用拉曼光谱观察了碳纤维复合材料压缩行为的微结构形貌，并通过实验说明体系所能承受的界面剪应力最大值是外加应变的函数并且与载荷的类型无关。就目前来说，如何判定纤维压出开始点以及它与加速速率的关系，都是需要关注的问题。

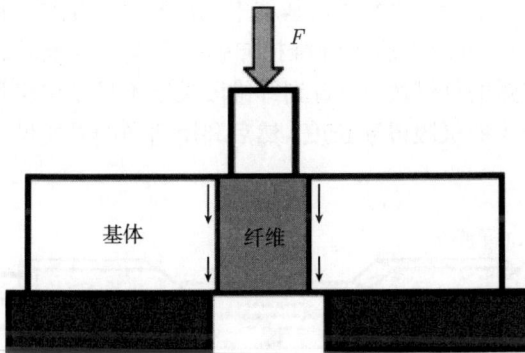

图 5.12 纤维压出测试示意图

3. 微滴测试

微滴测试是出纤维拉出测试演变而来的，如图 5.13 所示，在单根纤维上沾上一环氧树脂液滴，因表面张力的作用，液滴自动形成椭球状纺锤体。树脂固化后，测定微滴被刮下的力 F，即可求出界面剪切强度为

$$\tau_b = \frac{F}{\pi d(l_{final} - l_{initial})} \tag{5.3}$$

式中，F 为微滴松动时的力，d 为纤维直径，$l_{final} - l_{initial}$ 为纤维埋入树脂的长度。

　　Bennett 等 (2006) 利用同步显微共焦 X 射线衍射技术研究了复合材料微滴模型的界面微力学特性，并结合界面失效准则用改进的纤维拉出剪滞理论对实验数据进行了分析。Eichhorn 和 Young (2004) 通过监测由应力/应变引起的在拉曼波带上 $1095cm^{-1}$ 峰的频移来表示嵌入微滴内部纤维上的微力学变形。

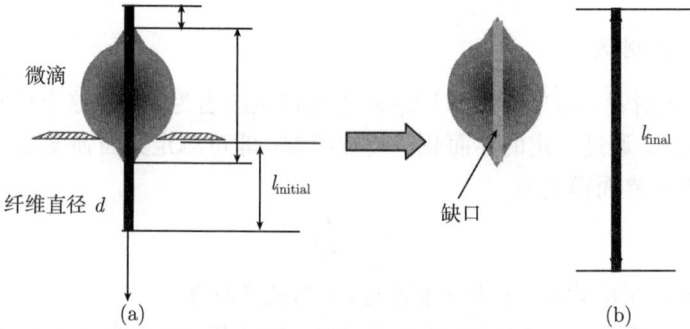

图 5.13　微滴测试试样几何参数 (a) 和纤维拉出后的长度改变 (b)

4. 纤维段断测试

　　如图 5.14 所示，将纤维单丝埋入基体中制成狗骨状试样，拉伸时载荷通过界面传递到纤维中，当纤维应力达到纤维拉伸强度后发生纤维断裂。随着外载的增加，纤维将断裂成更短的纤维段，一直到纤维段长度不足以传递载荷使纤维继续断裂为止，此时即为纤维的极限段断长度，然后利用适当的界面模型得到界面的剪切强度。

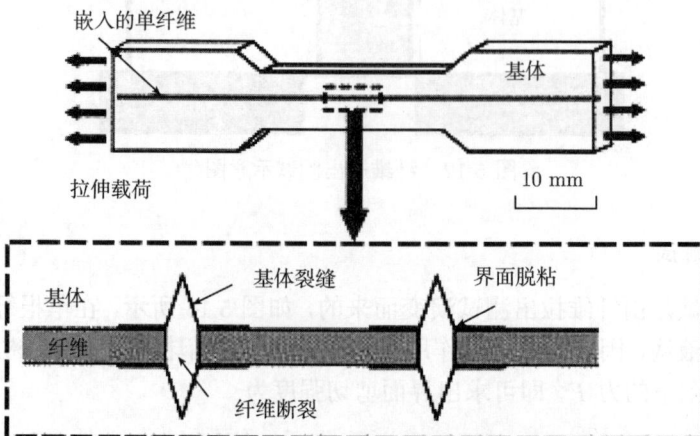

图 5.14　纤维段断测试示意图

最基本的界面模型是 Kelly-Tyson 模型 (Kelly et al., 1965)，为界面完全弹塑性模型，其公式为

$$\tau_{b} = \frac{\sigma_{b}d}{2l_{c}} \tag{5.4}$$

其中，σ_{b} 为纤维拉伸强度，d 为纤维直径，l_{c} 为极限纤维段长度。

纤维段断测试的理论研究在目前已取得了长足的进步。Cox (1952) 最先提出一维的界面载荷传递模型，认为基体是各向同性变形且与纤维共同承载，界面上的应力传递率与界面两侧位移差成正比。

Nairn 模型 (Nairn et al., 1992) 很好地满足了纤维端部的边界条件和基体位移的连续条件，也考虑了热应力、材料性能和试验过程的影响。但是最主要的缺点是不满足六个力学控制方程中的两个相容方程，因而它提供的是一个近似解。此外，纤维体积百分数也对界面应力分布有很大的影响。由于 Nairn 模型缺乏一个有效的二维界面脱粘判据，因而难以解释实验中观察到的脱粘现象。

Kong 等 (2009) 通过对拉曼光谱的定量分析，认为每一根玻璃纤维段断后产生的裂缝都会引起纤维上的应力集中，使用与实验数据相对应的理论模型就可以得到纤维与环氧树脂之间的界面剪应力。Mahiou 等 (1999) 利用荧光光谱研究了二维空间下 Nextel-610 纤维/环氧树脂复合材料中由纤维段断导致的应力传递和再分配问题，认为由纤维段断引起的纤维交互作用现象对复合材料失效行为起着至关重要的作用；段断纤维与它相邻的完整纤维的应力再分配和由相邻纤维引起的应力集中，决定着由一个断口引起其他更多断口的程度。Zhou 和 Wagner (1999) 研究了二维复合材料中由纤维段断引起的应力集中，认为在纤维复合材料的失效过程中，由段断纤维和与它相邻的完整纤维的应力再分配所产生的应力集中起着至关重要的作用，他们决定着复合材料完全失效的方式。Morais (2001) 介绍了一种判断单向复合材料中沿着段断纤维的应力分布模型：假设基体是完美的弹塑性样式，并且界面剪切强度不低于基体的剪切屈服应力，界面脱粘将会作为局部剪切失效的结果而出现，产生拉伸测试中著名的滑移现象；沿着脱粘长度，界面剪应力的减小是由泊松比和静摩擦引起的；基体屈曲区域出现后才会出现脱粘，即界面剪应力与基体剪切屈服应力相等。

纤维段断测试理论对纤维拉伸强度统计分布和基体力学性能对界面应力分布的影响的研究仍有不足。许多学者假定纤维拉伸强度沿纤维方向是相同的，由此定义了极限段断长度。由于纤维制备过程不可避免地存在缺陷，导致纤维强度符合 Weibull 统计分布 (Henstenburg et al., 2011)。

5.4.2　界面脱粘失效模型

1. 弹性应力传递

假设一条裂纹沿着垂直纤维方向传播并且穿越一根嵌入的纤维,在这个过程中均匀应力不会引发纤维的损伤。裂纹通过完整的纤维继续扩展,且没有脱粘现象出现。当对纤维继续施加一定的载荷,在裂纹张开的情况下,使用"拉出"技术将纤维从基体分离,导致沿着嵌入基体中的纤维区域出现应力分布。

Cox 剪滞模型 (Cox, 1952) 被广泛用来分析纤维/裂纹桥接测试中的应力分布,能用来描述从纤维嵌入树脂到沿着纤维方向上的纤维应力分布和传递过程。当达到界面剪切强度时,纤维/基体界面失效出现。这种决定纤维/基体界面失效出现而不是纤维断裂的条件,可用剪滞模型来描述沿着完整粘接纤维上的应变分布为

$$\varepsilon_{f} = \varepsilon_{app} \frac{\sinh\left[n\left(L_{e} - x\right)/r\right]}{\sinh(ns)} \tag{5.5}$$

其中,ε_{app} 为作用在基体外纤维上的应变 (施加的应变), ε_{f} 是距离基体内在 x 距离位置的纤维应变, L_{e} 是纤维应变衰减为零时的纤维长度, s 为纤维径向比 (L_{e}/r), x 为沿着纤维的长度, r 是纤维半径, n 是与纤维和基体几何、材料参数有关的常数。从上式可见,在纤维进入基体的裂纹面上 $x = 0$ 处纤维应变最大。

材料常数 n 可定义为

$$n^2 = \frac{E_{m}}{E_{f} \ln(R/r)(1 + \nu_{m})} \tag{5.6}$$

其中, E_{f} 和 E_{m} 分别为纤维和基体的杨氏模量, ν_{m} 为基体的泊松比。R 为有效界面半径 (垂直纤维方向上的应力影响距离),取适当值可对实验数据最佳拟合,这个材料常数更为精确的表达式请参考文献 (Nairn 1997)。

从式 (5.5) 可推导出沿着界面 x 位置上对应的界面剪应力,有

$$\tau = \frac{n}{2} E_{f}\varepsilon_{app} \frac{\cosh\left[n\left(L_{e} - x\right)/r\right]}{\sinh\left(ns\right)} \tag{5.7}$$

当界面剪应力达到最大值时,预计失效从该点发生。对于径向比 $s > 15$ 的纤维而言,将 $x = 0$ 代入上式得

$$\tau = \frac{n}{2} E_{f}\varepsilon_{f} \tag{5.8}$$

若纤维按弹性方式变形,根据胡克定律,则有

$$\tau = \frac{n}{2}\sigma_{f} \tag{5.9}$$

其中, σ_{f} 为纤维应力。如果纤维应力达到极限强度 σ_{b} 会发生断裂,这时纤维断裂失效条件为

$$\sigma_{b} < \frac{2\tau}{n} \tag{5.10}$$

相似地，界面剪应力达到剪切强度 τ_b 时，界面脱粘/屈服便会发生，则有界面失效条件为

$$\tau_b < \frac{n\sigma_f}{2} \tag{5.11}$$

这说明了基体裂纹穿越嵌入纤维后，其结果依赖于 σ_b 与 τ_b 的平衡。若 τ_b 已知，将式 (5.6) 代入式 (5.8)，则定义纤维强度临界比为 (Bennett et al., 2008)

$$\frac{\sigma_b^2}{E_f} > a\tau_b^2 \tag{5.12}$$

其中，a 是代表材料几何参数的常量。

根据等式 (5.12) 可以定义界面失效和纤维断裂的平衡条件。纤维和基体系统的界面脱粘可使用物理或者化学表面处理来改变，即界面剪切强度 τ_b 的改变，将会影响纤维的裂纹搭桥能力并导致增韧或者材料结构性质。当界面剪切强度增大后，尽管界面强度得以改善，但界面失效和纤维断裂的平衡却滑向了纤维断裂一侧。反之，增加纤维断裂强度，将以基体屈服方式或者纤维/基体脱粘方式表现出界面失效。

2. 部分脱粘应力传递

单纤维复合材料中纤维与基体之间的应力传递分为在粘接区域的弹性应力传递和在脱粘区域的摩擦应力传递已经被广泛认可 (Piggott, 1980)，即 Piggott 模型。部分脱粘理论可以像应用在单纤维拉出测试中一样方便地应用在考虑到纤维/基体交互作用任何一边裂纹的搭桥纤维实验中。

沿着部分脱粘纤维上的应变分布可用下式描述

$$\varepsilon_f = \frac{2\tau_f (z - x)}{rE_f} \tag{5.13}$$

其中，$\tau_f = \tau_o$ 是界面摩擦剪应力，$x = z$ 是为了定义在脱粘区域应变呈线性下降的假想的点。

在完全粘接的弹性区域，上式经过修正变为 (Bannister et al., 1995)

$$\varepsilon_f = \frac{2\tau_0}{rE_f} [z - (1 - m) L_e] \frac{\sinh [n (mL_e - x) /r]}{\sinh (nms)} \tag{5.14}$$

其中，脱粘的过渡点被定义为 $(1 - m)L_e$，且 $0 < m < 1$。与裂纹搭桥的纤维上的应力/应变在脱粘扩张期逐渐增加，纤维断裂将会最终出现在 $\varepsilon_f(u - 0) > \varepsilon_b$ 处。

考虑到理论强度标准，裂纹搭桥期望能监视界面失效传播。一旦脱粘已经发生，如果纤维性质沿着它的长度是均匀的，脱粘不会对纤维产生损伤，纤维滑移仅仅抵抗摩擦力的作用。进而，裂纹扩张过程将会引起脱粘沿着纤维/基体界面传播。

在这种情况下，微力学应力分布中的弹性粘接区域的较低应变和脱粘区域的较高应变将会被考虑。当在粘接/脱粘点达到界面剪切强度极限后，纤维/基体粘接界面将进一步失效，因而界面脱粘开始扩展。另外，脱粘界面上出现的界面摩擦剪应力将传递给脱粘纤维，产生纤维轴向应力。当继续脱粘时，纤维轴向应力将不可避免地达到纤维拉伸强度，从而导致纤维断裂。

假设界面脱粘沿着一条连续纤维以剪应力 τ_b 的稳定方式进行，在脱粘/粘接过渡点 $(x = L_d)$ 上的纤维应力为常数 σ_f。当脱粘开始时，界面剪应力的最大值一直出现在应变梯度最大的位置，即位于脱粘/粘接过渡点。一般而言，在脱粘区域的摩擦应力传递，造成纤维轴向应力增大并逐渐接近于纤维的拉伸强度。特别地，当界面摩擦剪应力为零时，界面脱粘将会继续沿着纤维界面扩展到整个纤维长度。

应用上述的部分脱粘条件，纤维中总应力分布为脱粘区域和粘接区域应力之和，即

$$\sigma_f = \Delta\sigma_{f,d} + \Delta\sigma_{f,b} \tag{5.15}$$

其中，右端第一项是脱粘区域的纤维应力，右端第二项是粘接区域的纤维应力。

在脱粘区的应力增量取决于沿着纤维的应力变化率 $d\sigma_f/dx$ 和脱粘长度 L_d，即

$$\Delta\sigma_{f,d} = \frac{d\sigma_f}{dx}L_d \tag{5.16}$$

其中，$d\sigma_f/dx$ 可用应力平衡的摩擦剪应力 $\tau_{f=\tau_o}$ 来替换，则有

$$\frac{d\sigma_f}{dx} = \frac{2\tau_o}{r} \tag{5.17}$$

其中，τ_o 是脱粘区的摩擦滑移应力。脱粘区的应力增量进一步改写为

$$\Delta\sigma_{f,d} = \frac{2L_d}{r}\tau_o \tag{5.18}$$

结合粘接区域应力式 (5.11)，最后得到部分脱粘纤维的界面失效和纤维断裂的失效条件为 (Bennett et al., 2008)

$$\sigma_b = \frac{2\tau_b}{n} + \frac{2L_d}{r}\tau_o \tag{5.19}$$

纤维表面改性能优化粘接性能，形成不同的纤维/基体结合系统，对应的界面摩擦剪应力 τ_o 也是不同的，它决定着应力沿着脱粘长度传递给脱粘纤维的程度，因而任何改变都会影响裂纹搭桥纤维的最后断裂。对于部分脱粘系统，随着界面摩擦剪应力 τ_o 的增加，纤维断裂的可能性也相应增加。脱粘界面长度 L_d 对纤维轴向应力增量也会产生影响，当脱粘长度增加时，这段距离上的纤维轴向应力也增大并倾向于纤维断裂失效。

5.5 纤维拉出测试

纤维拉出测试与微拉曼光谱法相结合是最为广泛的纤维/基体界面评价方法，能有效地评价纤维/基体界面间的应力传递行为 (Wang et al., 2009; Lei et al., 2013a; 王云峰等, 2013)。

5.5.1 试样制备

实验使用的芳纶纤维 (Kevlar49, DuPont^{TM}) 单丝直径约为 13.1μm，弹性模量约为 95.5GPa，断裂伸长率为 3.3%，图 5.15 的扫描电镜图片显示纤维表面存在较少的沟槽和碎屑。

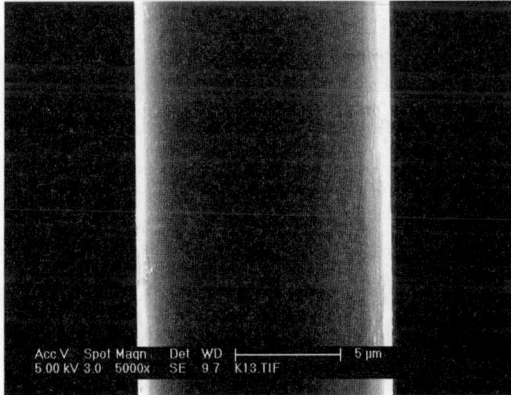

图 5.15 Kevlar49 芳纶纤维扫描电镜照片

纤维拉出测试试样的实验制备流程如图 5.16 所示，先将筛选后的单根芳纶纤维放置在载玻片上，手指蘸去离子水将纤维捋直并晾干待用。然后将环氧树脂和固化剂按一定比例混合均匀，用针尖蘸取少量混合液滴在纤维末端前方的载玻片上。最后，将第二块载玻片覆盖到纤维和环氧树脂微滴上施压，直到微滴扩散至纤维末

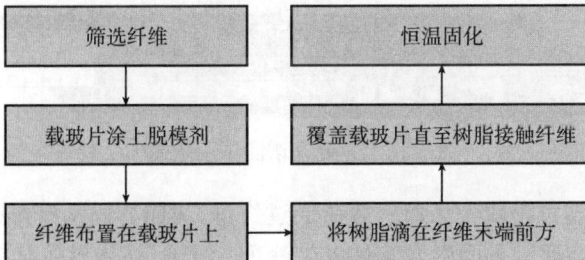

图 5.16 试样制备流程

端。将做好的试样放置在真空干燥箱内，恒温固化 24h 取出。实验使用的环氧树脂 (HY5052, Haas Group Int. SCM Ltd.) 弹性模量约为 2GPa，泊松比约为 0.38。需要注意的是载玻片上涂有脱模剂来方便起模。

按照上述工艺制备试样，图 5.17 为芳纶纤维一端嵌入环氧树脂的典型显微照片，进入树脂基体内的纤维长度约为 330 μm。

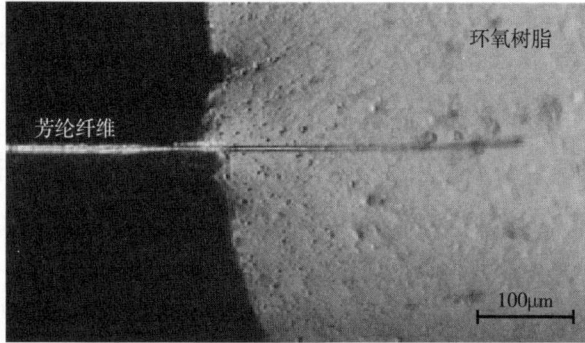

图 5.17　芳纶纤维/环氧树脂拉出试样 (Lei et al., 2013a)

5.5.2　测试过程

如图 5.18 所示，通过手动旋转微加载装置一侧的螺旋杆来驱动滑动端平移，实现对试样的拉伸加载。在纤维固定时，必须注意要保持纤维方向同拉伸加载方向保持一致。实验测试方案采用拉曼光谱仪从纤维进入微滴端之前开始打点，沿着纤维方向一直测量到纤维末端，拉曼测量步长为 10 μm。

采用 Ranishaw InVia 型显微共焦拉曼光谱仪，选用波长为 633nm 和功率为 0.1mW 的氦氖激光以及 50× 物镜，入射激光束穿透透明的环氧树脂基体在纤维表面聚焦成 2μm 大小的光斑。采用背向散射方式测量时，应使纤维轴向与激光偏振方向平行，拉曼频移与轴向应力相对应。

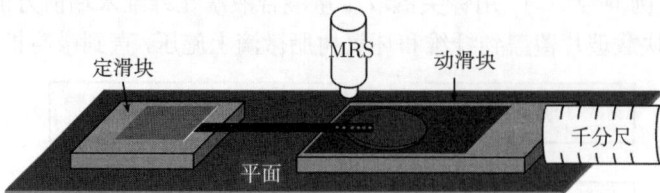

图 5.18　拉曼光谱测试示意图

当单纤维受到拉出作用力时，载荷通过纤维/树脂界面从纤维传递到基体内。纤维上的拉伸作用通过界面引发基体发生变形，纤维/基体界面存在剪切作用，载荷被渐进地传递到基体中。拉出测试方法的优势是利用纤维和环氧树脂之间的材料性能差异, 使用拉曼光谱仪直接测量微滴内纤维上的应力分布, 可用来研究纤维/基体界面上的应力传递行为。

5.5.3 应力传递行为

1. 单纤维变形

实验中所使用的环氧树脂具有强烈的荧光效应, 试样在完全固化后会呈现芳纶纤维和环氧树脂拉曼光谱的叠加, 但这并不影响芳纶纤维特征峰的识别。图 5.19(a) 给出了 Kevlar 49 芳纶纤维拉出试样在 $1000\sim2000$ cm^{-1} 范围内的拉曼光谱分布, 其中 1610 cm^{-1} 附近的 G$'$ 峰对应芳纶纤维中苯环 C$=$C 键的拉伸模式。除了 G 峰外, 在光谱叠加之后纤维的 D 峰和 G$'$ 峰仍然可以明显识别。

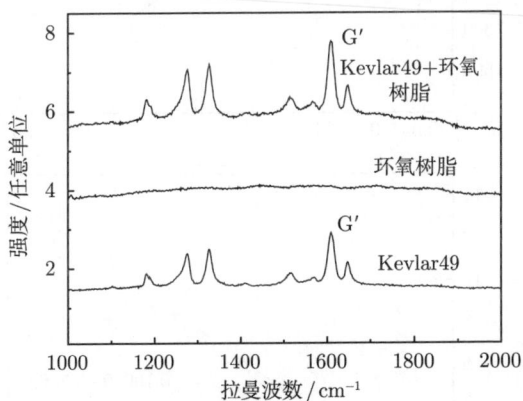

(a)

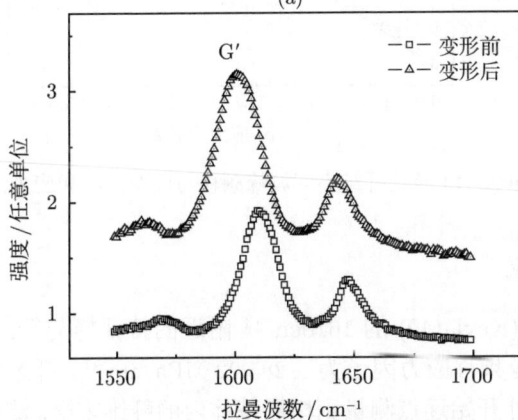

(b)

图 5.19 纤维树脂试样与 Kevlar 49 芳纶纤维、环氧树脂的拉曼光谱比较 (a) 和 Kevlar 49 芳纶纤维加载前后的拉曼光谱变化 (b)

当芳纶纤维承受外加轴向拉伸时，苯环 C＝C 键伸长，表现为 G′ 峰对应的拉曼振动模发生蓝移 (向低波数方向)，如图 5.19(b) 所示。室温下对 Kevlar 49 芳纶纤维单独进行轴向拉伸得到 G′ 峰的拉曼频移与应变/应力之间的关系，如图 5.20 所示。经线性拟合后得到 G′ 峰的应变敏感性为 -3.975 cm^{-1}/%和应力敏感性为 -3.506 cm^{-1}/GPa。

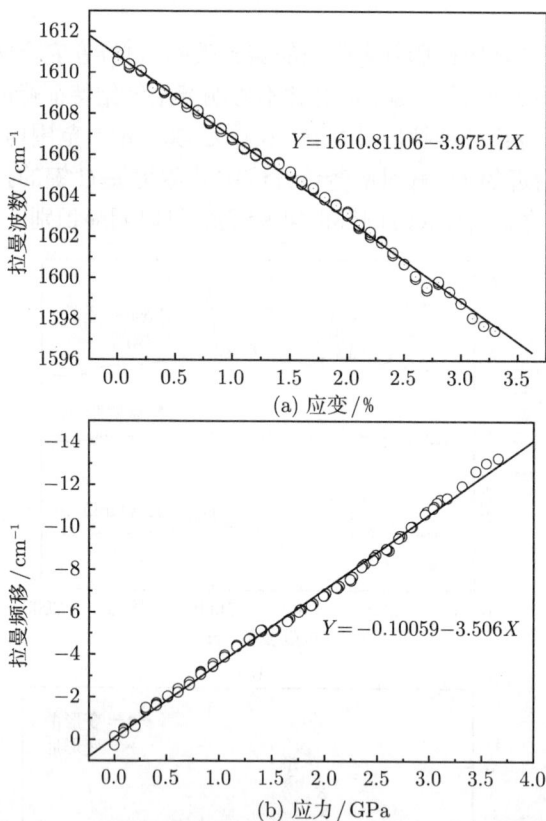

图中 (a) 图：纵轴 拉曼波数 / cm^{-1}，数值 1596~1612；横轴 (a) 应变/%，数值 0.0~3.5。拟合式 $Y = 1610.81106 - 3.97517X$

图中 (b) 图：纵轴 拉曼频移 / cm^{-1}，数值 0~−14；横轴 (b) 应力 / GPa，数值 0.0~4.0。拟合式 $Y = -0.10059 - 3.506X$

图 5.20   Kevlar 49 芳纶纤维不同波峰频移与应变 (a) 和应力 (b) 的关系

2. 纤维拉出测试

由于芳纶纤维 (Kevlar49) 的 1610cm^{-1} 附近的特征峰与纤维承载的应变/应力呈近线性关系，拉曼频移应力因子为 $-285.22 \text{ MPa/cm}^{-1}$。纤维拉出的拉曼测试方案是从纤维嵌入端外开始逐点测量到树脂基体内的纤维末端。测量时设定激光偏振方向平行于纤维轴向，实验预加载应变分别为 0%(无载)、0.3%、0.6%、0.9%、1.2%和 1.6%，从纤维进入树脂基体之前就开始测量，沿着纤维进入微滴方向步长间隔为 10 μm 进行连续采集拉曼光谱。

采用 Lorentzian 函数对每点的拉曼光谱数据中 G′ 峰的波数进行拟合，得到对应的波峰值，如图 5.21(a) 所示。对于不同应变下的纤维拉出测试，在测量范围内的拉曼波数保持连续分布，在进入基体树脂之前的拉曼波数基本保持不变，而当进入基体树脂之后拉曼波数逐渐连续增加，并在嵌入纤维末端附近的拉曼波数趋于最大。特别地，无载荷时也存在不可忽视的拉曼波数分布。

当进行纤维拉出测试时，拉伸作用会和热残余应力耦合在一起。为了消除残余应力的影响，在以下分析中都减去残余热应力，这时不同载荷下的纤维轴向应力分布如图 5.21(b) 所示。不同载荷下的纤维轴向应力随着施加应变的增加而明显增大，纤维上的轴向应力从纤维嵌入端部到嵌入纤维末端逐渐降低。在进入基体之前的纤维轴向应力即为外加载荷；在纤维进入基体之后，纤维轴向应力逐渐下降，在嵌入纤维末端应力降为零，这说明载荷从基体外的纤维逐渐向嵌入微滴的纤维上传递。

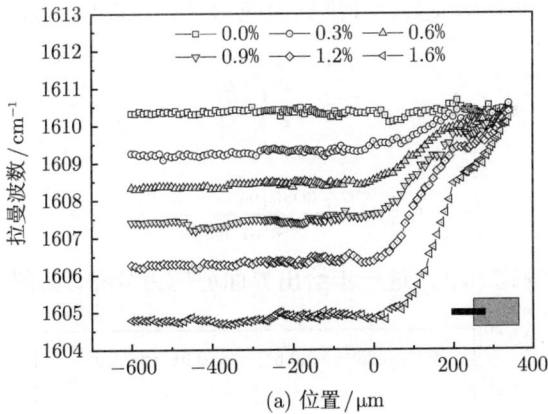

(a) 位置/μm

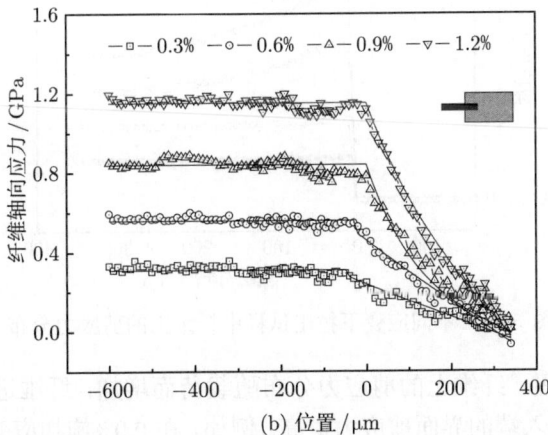

(b) 位置/μm

图 5.21 不同应变下拉出试样中纤维上的拉曼波数 (a) 和应力分布 (无残余应力)(b)

在纤维嵌入端部和嵌入纤维末端没有出现应力集中时，说明在端部的应力奇异性不明显。在施加不同的拉伸应变下，嵌入纤维末端的纤维应力趋于零，说明应力传递长度就等于嵌入纤维长度。随着外加应变越大，基体内部纤维应力梯度也递增，这种趋势越明显，意味着基体内的整个嵌入纤维上都承受一定的载荷，属于弹性应力传递。

3. 纤维界面剪应力

在纤维拉出测试中，完整粘接纤维应力分布符合 Piggott 模型 (Piggott, 1980)

$$\sigma_{\rm f} = \frac{\sigma_{\rm fe} \sinh[n(L-x)/r)]}{\sinh(ns)} \tag{5.20}$$

其中，L 为被包埋纤维长度，r 为纤维半径，s 为纤维长径比 L/r，$\sigma_{\rm fe}$ 为基体外纤维应力，x 为纤维嵌入端到纤维末端的距离，n 为几何材料常数。

若纤维基体界面粘接完好，纤维轴向应力可通过简单的力平衡方程转化为纤维表面的剪应力，即

$$\tau = -\frac{r}{2}\left(\frac{{\rm d}\sigma_{\rm f}}{{\rm d}x}\right) \tag{5.21}$$

可得

$$\tau_{\rm f} = \frac{n\sigma_{\rm fe}\cosh[n(L-x/r)]}{2\sinh(ns)} \tag{5.22}$$

结合图 5.21(b) 和等式 (5.22) 进一步给出界面剪应力分布，如图 5.22 所示。

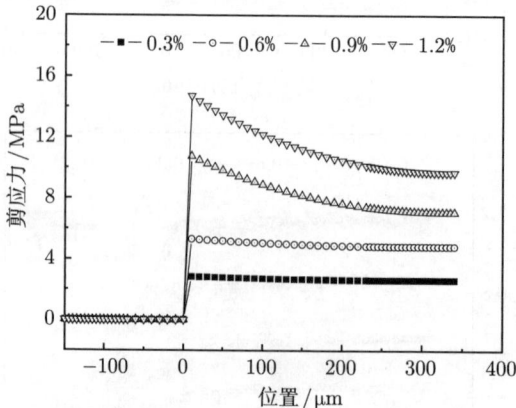

图 5.22 不同应变下拉出试样中纤维上的剪应力分布

从图 5.22 可见，纤维上的剪应力分布随载荷而增加，纤维进入微滴之前的剪应力为零，纤维嵌入端的界面剪应力最高。例如，在 0.9% 施加应变下，纤维嵌入端的最大界面剪应力约为 10.7MPa，并逐渐开始下降，在嵌入纤维末端约为 7.0MPa。

在 1.2%施加应变下,纤维嵌入端的最大界面剪应力上升到约 14.7MPa。这说明随着荷载的增加,纤维嵌入端附近的剪应力集中趋于严重,是最有可能出现界面脱粘的区域。

4. 界面脱粘

对于给定的纤维/树脂粘接系统,其界面粘接强度被认为是均匀一定的。当纤维/基体界面剪应力接近界面粘接强度后,纤维/基体界面开始出现脱粘,脱粘段内的纤维受到界面摩擦作用力继续传递载荷到基体内的纤维上。当继续增大载荷时,从纤维进入树脂点开始脱粘导致界面剪应力开始降低,纤维轴向应力最终达到纤维断裂强度之后发生纤维断裂,如图 5.23 所示。

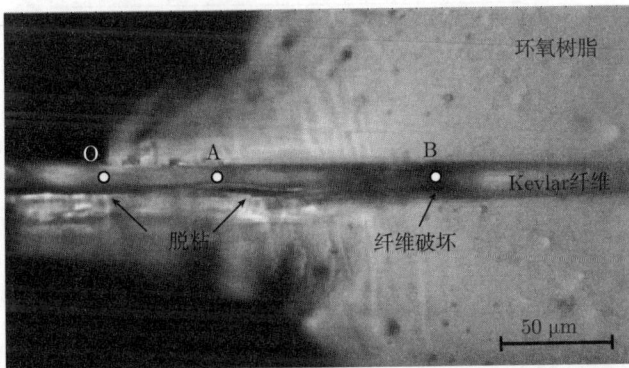

图 5.23 纤维拉断后的试样显微照片 (Lei et al., 2013a)(详见书后彩图)

在纤维断裂之前,纤维/基体的界面脱粘是难以实时捕捉的。在本实验中,当外加拉伸应变达到 1.6%时,纤维上的轴向应力分布如图 5.24(a) 所示。可见,纤维应力分布由自由纤维、脱粘部分和完好粘接部分组成,分别叙述如下。

自由纤维段 SO:从拉曼测量开始点 S 到纤维嵌入树脂端点 O 之前,纤维没有嵌入树脂基体中,属于自由单纤维段。该段上的纤维应力分布为均匀的常数,等于基体外纤维上的施加应力。在 1.6%应变下,该常数值约为 1.58GPa。

脱粘段 OB:从纤维嵌入树脂端点 O 到脱粘/粘接过渡点 B,纤维已经脱粘,界面摩擦剪应力开始起作用。值得注意的是,在脱粘段 OB 内的界面剪切作用有台阶效应,即在脱粘段 OA 和脱粘段 AB 内存在不同大小的剪切作用。其中脱粘段 OA 长度约为 50 μm,脱粘段 AB 长度约为 110 μm。图 5.24(b) 与图 5.23 对比可见,不同的脱粘界面微结构造成这种剪切作用的台阶效应。脱粘段 OA 和 AB 上的应力分布符合线性界面摩擦分布假设,如图 5.24(a) 中的实曲线所示。

完好粘接段 BC:经过脱粘/粘接过渡点 B 之后,纤维界面仍然粘接完好,符合 Piggott 模型应力分布, 如图 5.24(a) 中的实曲线所示。

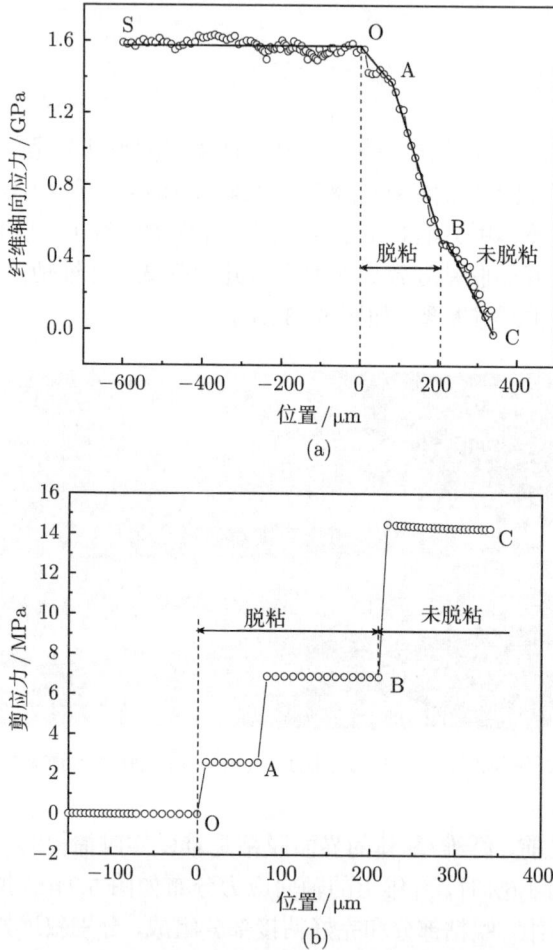

(a)

(b)

图 5.24   应变 1.6%下拉出试样中纤维上的应力分布 (a) 和剪应力分布 (b)

从图 5.24(a) 中线性拟合脱粘段 OA 和 AB 上的纤维轴向应力, 代入式 (5.21) 后可得界面摩擦剪应力, 如图 5.24(b) 所示。在 1.6%施加应变下, 纤维脱粘段 OA 和 AB 内的摩擦剪应力分别约为 2.6MPa 和 8.5MPa。在脱粘/粘接过渡点 B 上存在最大界面剪应力约为 14.5MPa。

在单纤维拉出测试中, 随着载荷的增加, 纤维嵌入基体端部的界面剪应力达到纤维/基体界面粘接强度时最先发生界面脱粘失效, 随后界面脱粘沿着纤维界面迅速扩展, 直至纤维轴向应力达到纤维断裂强度而发生最终纤维断裂失效。

5.6 纤维/微滴拉伸测试

利用纤维和环氧树脂之间的力学性能差异性，来研究涂层和未涂层纤维/基体界面上的应力传递行为。采用图 5.25 所示的单纤维/微滴拉伸试样，纤维的一半进行 PVC 涂层表面改性，在表面制作微滴。

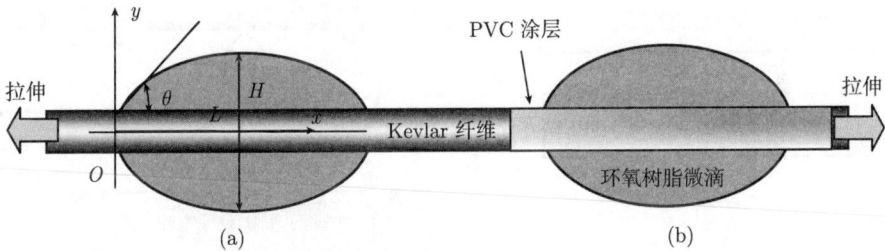

图 5.25 纤维/树脂微滴拉伸试样的几何形状 (a) 和聚氯乙烯涂层 (b)

当单纤维两端受到拉伸作用力时，载荷通过界面从纤维传递到微滴内。这种测试方法的优势是可直接测量微滴内纤维上的应力分布，来研究界面传递行为，特别是对于纤维表面涂层对界面性能的影响有直观的对比作用。

新测试方法的另一个优点是具有几何形状和载荷对称的特点，微滴内纤维上的应力分布也呈现对称式分布，消除了其他测试方法的不对称几何条件和加载条件的影响。此外，新测试方法在微滴端部形成的浸润弯月面，可以降低纤维进入端的应力集中和奇异性问题 (Xu et al., 2005)。

新测试方法可以看成一个双拉出测试，以图 5.25(b) 为例，纤维上的拉伸作用通过界面引发涂层和基体发生变形，纤维/涂层界面和涂层/基体界面存在剪切作用，载荷被渐进地传递到涂层和基体中 (Cen et al., 2006; Lei et al., 2008; 雷振坤等, 2012)。

5.6.1 试样制备

实验使用的芳纶纤维 (Kevlar 29) 单丝直径约为 12μm、弹性模量约为 80GPa 以及拉伸强度约为 2.5GPa，断裂伸长率为 3%。单纤维微滴试样的制备如图 5.26 所示，首先将聚氯乙烯胶 (PVC) 和二甲苯按一定质量比均匀混合，将表面清洁后的芳纶纤维一半放入到 PVC 混合液中约 1h，取出自然晾干固化，使之在纤维表面形成一层均匀薄膜。

其次，将一半涂层后的芳纶纤维两端布置固定在两块有机玻璃之间撑直。将环氧树脂、塑化剂和固化剂按一定比例混合均匀，然后用针尖蘸取少量混合液按一定间隔滴到纤维上。一根纤维上可以制备多个微滴，将做好的试样放置在真空干燥箱内，恒温固化 24h 取出。

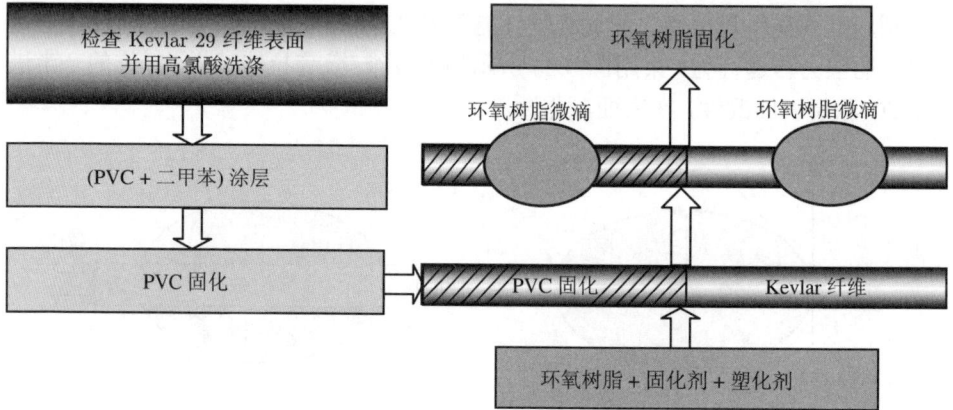

图 5.26　纤维处理方法和试样制备过程

　　按照上述工艺制备试样，图 5.27 为一根芳纶纤维上的两个环氧树脂微滴的典型显微照片。由于纤维/微滴微力学拉伸试样在固化时受到气液界面表面张力的平衡作用，单纤维上的微滴自然形成似纺锤体的光滑浸润弯月面。其中，未涂层纤维进入微滴长度约为 122 μm(图 5.27(a))，PVC 涂层纤维进入微滴长度约为 152 μm(图 5.27(b))。

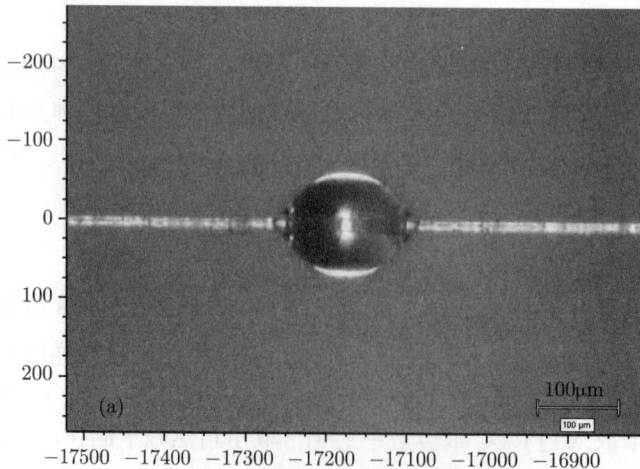

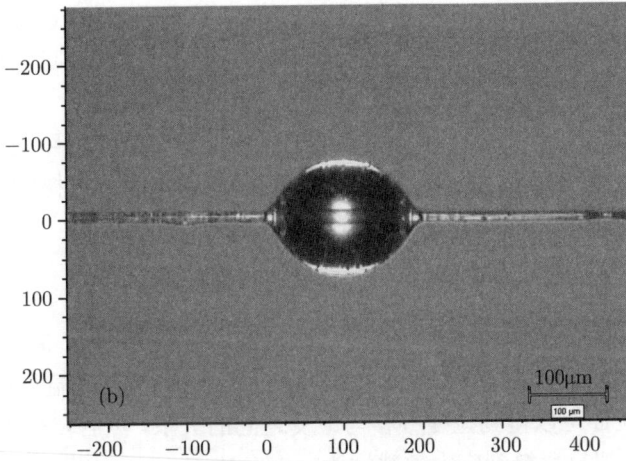

图 5.27 芳纶纤维/环氧树脂微滴试样的显微形貌

(a) 纤维表面未涂层; (b) 表面 PVC 涂层

5.6.2 拉伸测试

1. 单纤维拉曼光谱

Kevlar29 芳纶纤维和表面 PVC 涂层的 Kevlar29 芳纶纤维在测试之前使用微拉曼光谱仪进行表征, Kevlar29 纤维因结晶度高而具有明显的拉曼特征光谱, 1400~1700cm^{-1} 波谱范围内的拉曼光谱分布以及各波峰的位置如图 5.28 所示。在芳纶纤维整个波谱范围内, 1609.55cm^{-1} 附近的 G' 峰对应芳纶纤维中苯环 C=C 键的拉伸模式。

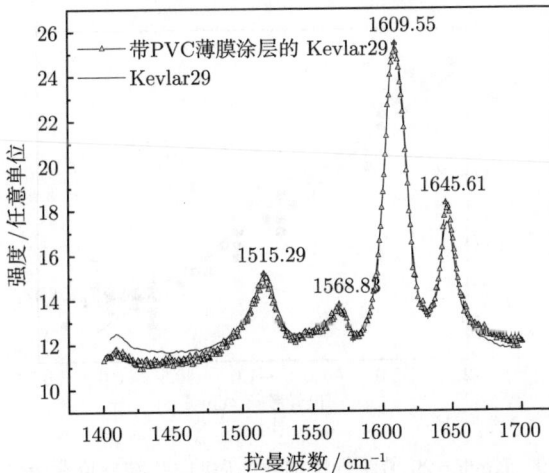

图 5.28 PVC 涂层和未涂层芳纶纤维的拉曼光谱

可见，在 1400~1700cm^{-1} 波谱范围内，芳纶纤维经表面 PVC 涂层后仍旧表现出明显的芳纶纤维拉曼特征，PVC 涂层薄膜对的芳纶纤维没有明显影响。因为 G′ 波峰对应变很敏感，这里主要关注 G′ 波峰随加载的频移情况。

另外，在 1400~1700cm^{-1} 波谱范围内，虽然实验中所使用环氧树脂具有强烈的荧光效应，而且在完全固化后的试样会呈现芳纶纤维和环氧树脂拉曼光谱的叠加，但这并不影响芳纶纤维在 G′ 波峰的识别。

2. 单纤维变形

当芳纶纤维承受外加轴向拉应变时，苯环的 C=C 键伸长，表现为 G′ 波峰对应的拉曼振动模发生蓝移 (低波数方向)，如图 5.29(a) 所示。室温下对 Kevlar29 单纤维进行轴向拉伸可以得到拉曼频移与应变之间的关系，然后转换成应力–频移关系曲线，经线性拟合后得到应力敏感性为 -280MPa/cm^{-1}，如图 5.29(b) 所示。

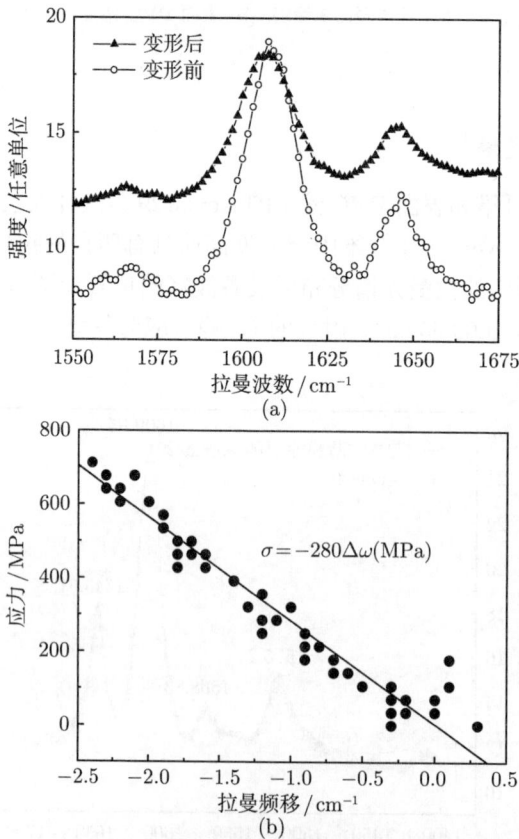

$$\sigma = -280\Delta\omega(\text{MPa})$$

图 5.29　Kevlar-29 芳纶纤维加载前后的 G′ 波峰位置变化 (a)，
Kevlar-29 芳纶纤维的应力–频移关系 (b)

3. 微拉曼光谱测试

将测试试样的纤维两端固定在小型微加载装置的固定端和滑动端上，如图 5.30 所示，通过手动旋转微加载装置一侧的螺旋杆来驱动滑动端平移，实现对样品的拉伸加载。在纤维固定时，必须注意要保持纤维方向同拉伸加载方向一致。实验测试方案为用拉曼光谱仪从纤维进入微滴端之前开始打点，沿着纤维方向一直测量到微滴中部，拉曼测量步长为 2μm。

采用 Ranishaw InVia 型显微共焦拉曼光谱仪，选用波长为 633nm 和功率为 0.1mW 的氦氖激光以及 50× 物镜，入射激光束穿透透明的环氧树脂基体在芳纶纤维表面聚焦成 2μm 大小的光斑，用背向散射测量方式。测量时，使纤维轴向与激光偏振方向平行，拉曼频移与轴向应力相对应。

图 5.30　纤维/微滴拉伸的微拉曼光谱测试示意图 (Lei et al., 2008)

5.6.3　应力传递行为

1. 纤维/微滴拉伸测试

在单纤维/微滴拉伸测试实验中，施加的拉伸应变分别为 0%(无载)、0.4%和 1.0%，从纤维进入树脂基体之前 10μm 位置就开始测量，沿着纤维进入微滴方向步长间隔为 2μm 进行连续采集拉曼光谱，一直测量到微滴内纤维的中部附近。采用 Lorentzian 函数对每点的拉曼光谱数据中的 G′ 波峰的波数进行拟合，得到对应的波峰值。

对于不同应变下的未涂层纤维/微滴拉伸测试，如图 5.31 所示，在测量范围内的拉曼波数保持连续分布，从纤维进入微滴前的拉曼波数基本保持不变，当进入微滴之后拉曼波数逐渐连续增加，并且在微滴中部附近纤维上的拉曼波数趋于平缓。对于 PVC 涂层纤维/微滴拉伸测试而言，也有类似的分布趋势，只是拉曼波数略高。特别地，无载荷时两种测试情况中也存在不可忽视的拉曼波数分布。

2. 热残余应力

在纤维/微滴试样固化过程中，环氧树脂微滴基体通过聚合反应释放出大量的热，由于纤维和树脂基体之间存在着热膨胀系数失配，试样出现残余热应力，它一般是沿纤维轴向压缩的。以自由纤维表面拉曼频移 G′ 波峰为参考，可得嵌入纤维上各点的相对频移，再根据应力频移系数转换为相应的纤维轴向应力。

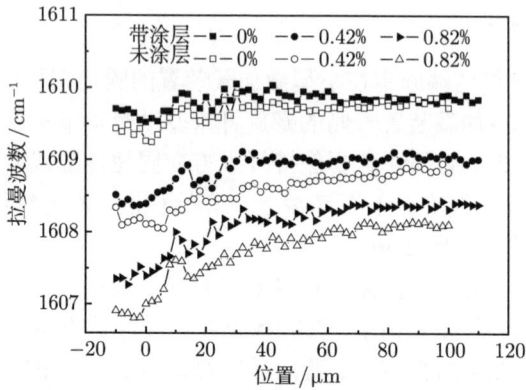

图 5.31　PVC 涂层和未涂层纤维/微滴在不同应变下的纤维拉曼频移分布

根据微滴试样几何和受力对称条件, 可认为微滴内的应力分布是对称的, 从图 5.31 可以得到整个微滴内纤维上的轴向应力分布。图 5.32(a) 为沿着纤维方向未

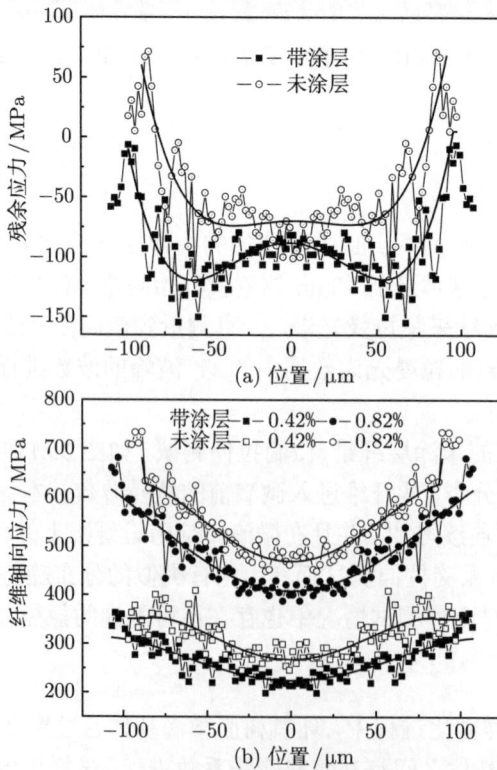

图 5.32　PVC 涂层和未涂层纤维/微滴纤维轴向应力分布

(a) 无载荷; (b) 不同载荷 (减去残余应力)

加载之前的残余应力分布，是由于热膨胀系数差异造成的热残余压缩应力。与未涂层纤维上热残余应力相比，涂层后纤维上的残余应力有所增加，说明纤维上的 PVC 涂层薄膜起到了界面增强效果。

3. 纤维轴向应力

对纤维/微滴试样施加拉伸载荷时，拉伸作用会和热残余应力耦合在一起。为了消除残余应力的影响，在以下分析中都减去残余热应力，这时不同载荷下的纤维轴向应力分布如图 5.32(b) 所示，其中曲线为 4 次多项式拟合结果。

从图可见，不同载荷下的纤维轴向应力随着应变的增加而明显增大，纤维上的轴向应力从微滴端部到微滴中部逐渐降低，而且 PVC 涂层后的纤维轴向应力明显低于涂层之前的情况。嵌入纤维的整体都承受一定的载荷，在上述应变下不存在应力传递长度。

当外加应变为 0.42% 时，在进入基体之前无论 PVC 涂层还是未涂层情况，纤维轴向应力即为外加载荷 (约 350MPa)。

在纤维进入基体之后，PVC 涂层纤维的轴向应力下降得比较快，在微滴中部为最低值 (约 220MPa)，明显低于未涂层纤维在微滴中部的最低值 (约 270MPa)。在微滴内采用 4 次多项式曲线拟合，可见微滴内的应力分布呈 "碗" 状，这说明载荷从基体外的纤维逐渐向嵌入微滴的纤维上传递，在微滴内的嵌入纤维上没有出现应力集中，而且 PVC 涂层的存在降低了这种应力传递效率。上述趋势同样出现在 0.82% 施加应变的情况。

4. 纤维界面剪应力

若纤维基体界面粘接完好，纤维轴向应力可通过简单的力平衡方程转化为纤维表面的剪应力 (式 (5.21))。将图 5.32(b) 中的数据采用 4 次多项式拟合，然后求导可以得到不同载荷下沿纤维方向上的剪应力分布，如图 5.33 所示。为了方便不同微滴的纤维界面剪应力比较，将图 5.33 中横坐标进行正则化来表示嵌入微滴纤维的位置。

可见，不同载荷下的界面剪应力呈相似的反对称式分布形式，在距离纤维嵌入端一定距离存在剪应力集中，剪应力为零的位置表明微滴中部只存在正应力。

对于纤维未涂层的情况，在 0.42% 施加应变下，从纤维进入端剪应力为零开始，界面剪应力逐渐升高，在距离微滴中心约 $0.55 \times (L/2)$ 位置达到最高值 (约 4.8MPa)；在微滴中部降低为零后，剪应力反号。在 0.42% 施加应变下有着相似的分布，只是剪应力最大值移向纤维进入端，约 $0.58 \times (L/2)$ 的位置。

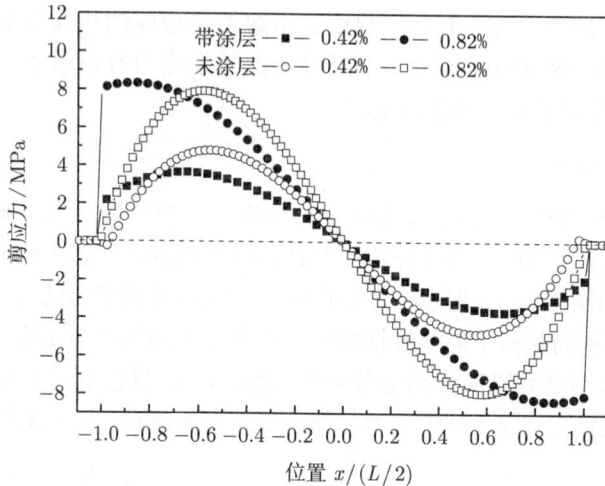

图 5.33　PVC 涂层和未涂层纤维/微滴在不同应变下的界面剪应力分布

对于 PVC 涂层纤维而言，与未涂层纤维剪应力分布最大不同是在纤维进入端已经出现一定的剪应力值。例如，在 0.42% 施加应变下约 2.0MPa，在 0.82% 施加应变下约 8.0MPa。这说明 PVC 涂层也会引进一定的剪应力。另外，与未涂层纤维相比，界面剪应力最大值出现的位置也更靠近纤维进入端，在 0.42% 施加应变下约 $0.67 \times (L/2)$ 的位置，在 0.82% 施加应变下约 $0.88 \times (L/2)$ 的位置。

5. 聚合物涂层的影响

本实验对芳纶纤维在涂层之前采用高氯酸液相氧化法进行表面清洁处理，去除杂质和改善纤维表面的浸润性。经过一定浓度和时间的高氯酸溶液浸泡后，进行 PVC 聚合物涂层。

通过扫描电镜形貌观察发现，未经处理的芳纶纤维在纺丝工艺过程中遗留的表面沟壑和丝状残留物清晰可见，平均粗糙度和最大粗糙度较大 (图 5.34(a))。由酸氧化处理后的纤维表面相对光滑、缺陷很少、拉丝消除，异物相对较少，只留下较大异物 (图 5.34(b))。

芳纶纤维经过酸氧化处理后的直径降低，再经过 PVC 聚合物涂层后的纤维直径明显增加，涂层后的纤维表面比较光滑，但表面涂层的不均匀化明显，如图 5.35 所示。

在基体固化过程中会发生化学反应释放热量，由于纤维和基体之间热膨胀系数存在较大差异性，在基体固化过程中会发生收缩作用，在纤维上引入压缩残余应力。纤维基体之间的粘接性能决定了界面应力的传递程度，聚合物涂层阻碍了纤维表面的极性官能团和树脂基体之间的吸附作用，从而改变纤维与基体之间的粘接性能。在基体固化过程中首先会引起 PVC 涂层发生收缩, 这种固化收缩作用然后传递到纤维上, 进而引起纤维产生压缩残余应力。

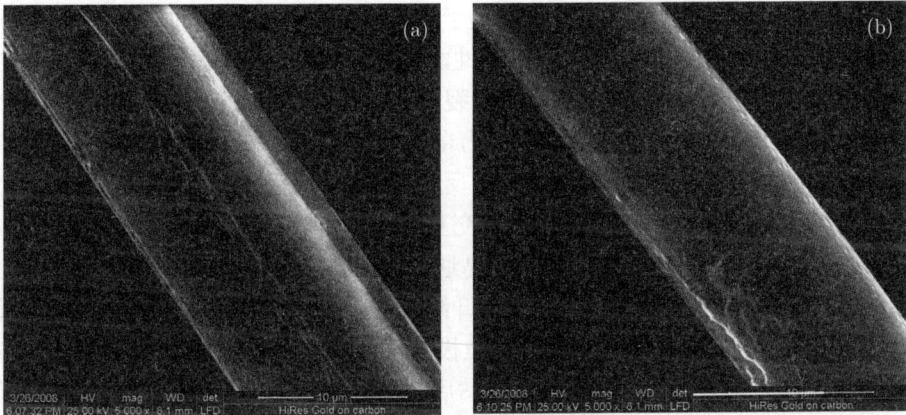

图 5.34 芳纶纤维表面扫描电镜照片

(a) 原始表面; (b) 酸处理后

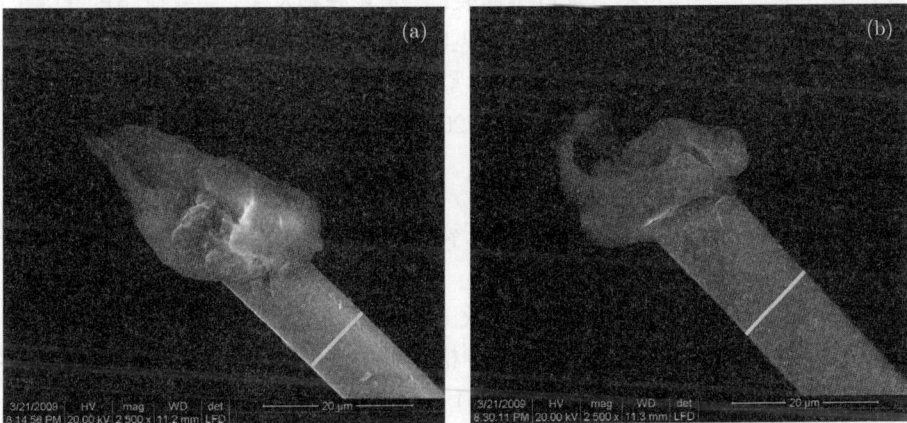

图 5.35 芳纶纤维表面扫描电镜断口照片

(a) 涂层前; (b)PVC 薄膜涂层后

比较涂层前后的纤维断口可见, 本实验中的 PVC 涂层属于柔性聚合物, 会降低芳纶纤维与环氧微滴之间的粘接性能, 表现为嵌入纤维上的残余应力下降。由于 PVC 涂层的存在, 会在芳纶纤维和环氧基体之间产生一个柔性渐变界面, 降低了嵌入纤维的应力传递效率。

5.7　纤维/裂纹交互微力学

纤维增强复合材料的力学行为取决于纤维、基体及其界面的结构与性质，适当的界面结合能有效地传递应力，让高性能纤维以脱粘、搭桥、段断和拉出等方式来阻滞基体裂纹的传播，消耗更多的断裂能量，从而提高复合材料的整体增韧效果。一般而言，裂纹尖端存在强烈的应力奇异性，处在裂纹前喙高应力集中会通过纤维/基体界面传递给完整粘接的纤维。反之，通过测量沿着纤维上的应力/应变分布，就能够分析裂纹与完整纤维之间的交互作用机制。

通常认为纤维/基体界面应力传递是通过界面剪应力来完成的，在最大界面剪应力位置容易出现界面脱粘，当施加在纤维上的拉拔力超过纤维/基体界面粘接强度时，界面开始脱粘；在脱粘过程中，拉拔力不仅要克服界面粘接力，而且还要克服脱粘界面上的摩擦力；当界面完全脱粘后，纤维的抽出只需要克服界面摩擦力作用。在脱粘过程中的界面剪应力发展演化，以及摩擦剪应力和粘接剪应力对界面脱粘过程的各自贡献，都是经典剪滞理论所没有考虑的 (Cox, 1952)。

一般而言，裂纹与纤维交互会出现两种情况，一是出现部分脱粘的搭桥纤维，裂纹沿着纤维基体界面传播且无纤维断裂；二是无脱粘发生，当载荷超过纤维拉伸强度后发生纤维断裂。很明显，同时出现上述两种现象是有可能的，当界面裂纹传播足够远时，在纤维/基体界面脱粘之后紧接着就是裂纹桥接纤维的最终断裂，这仍需要进一步的实验来观察 (雷振坤等, 2013; Lei et al., 2013b; Lei et al., 2013c)。

5.7.1　试样制备

实验使用的 Kevlar49 芳纶纤维和环氧树脂性能如前所述。纤维搭桥试样的制备和测试流程如图 5.36 所示。

(1) 先加工一块长方形的有机玻璃板 (PMMA, 3mm 厚)，两端钻孔，中间开 U 型槽 (宽 4mm)，如图 5.36(a) 所示。在开槽处用橡皮泥填实并且表面刮平后，均匀涂上一层环氧树脂薄膜 (厚度约 0.25mm) 并室温固化一天 (图 5.36(b))。

(2) 在固化好的环氧树脂薄膜上布置多根筛选后的芳纶纤维，纤维平行于有机玻璃板开孔连线方向 (图 5.36(c))，均匀涂上第二层环氧树脂薄膜并室温固化一天 (图 5.36(d))。

(3) 待环氧树脂薄膜完全固化后，从试样背面移除橡皮泥，最终环氧树脂薄膜厚度约 0.5mm，使用手术刀片在环氧树脂薄膜一边制作切口 (图 5.36(e))。

(4) 将有机玻璃板安装在小型加载装置上，施加拉伸作用力时切口逐渐张开，同时逐点测量切口前方纤维上的拉曼信号。直至切口形成裂纹且向前传播穿过纤维后卸载，此时部分纤维仍保持完整，从而形成纤维搭桥试样 (图 5.36(f))。

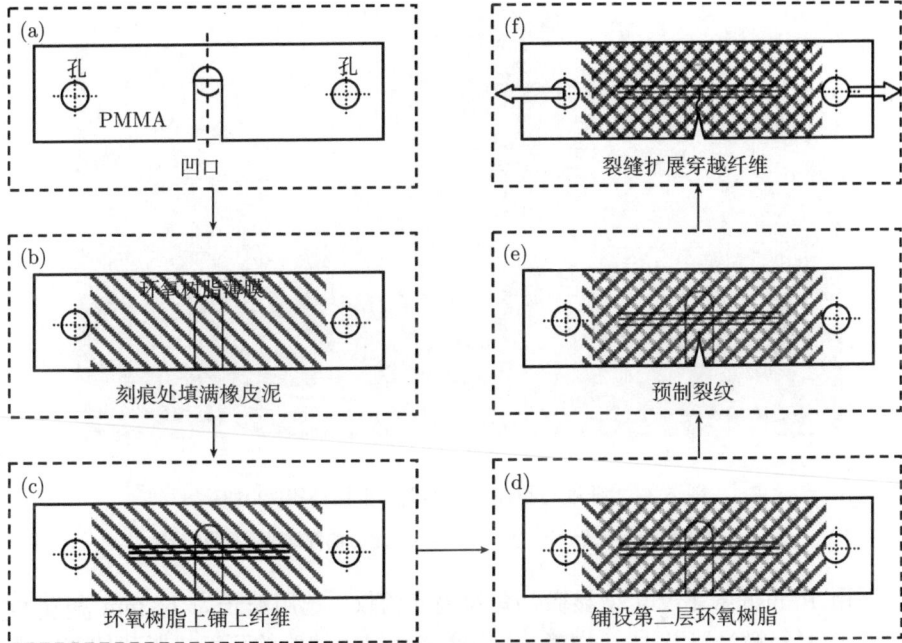

图 5.36 试样制备流程

(5) 对纤维搭桥试样再次逐级施加载荷，对搭桥纤维进行拉曼逐点测量。

裂纹/纤维交互的试样新制备方法具有多次加载和可重复实验验证的优点，同一试样上可同时观察到纤维/基体的界面脱粘、纤维搭桥和纤维断裂等多种现象。

5.7.2 完整粘接纤维

芳纶纤维/环氧树脂薄膜试样厚度约 0.5mm，使用手术刀片在环氧树脂薄膜一边制作切口。将试样固定在小型微加载装置的固定端和滑动端上，如图 5.37(a) 所示，通过手动旋转微加载装置一侧的螺旋杆来驱动滑动端平移，实现对试样的拉伸加载，螺旋加载刻度是 10μm/格。在试样固定时，要保持纤维方向同拉伸加载方向一致。逐点测量切口前方纤维的拉曼光谱，用来观察切口前方应力场的变化，如图 5.37(b) 所示。

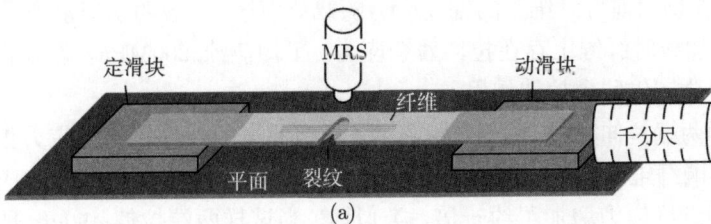

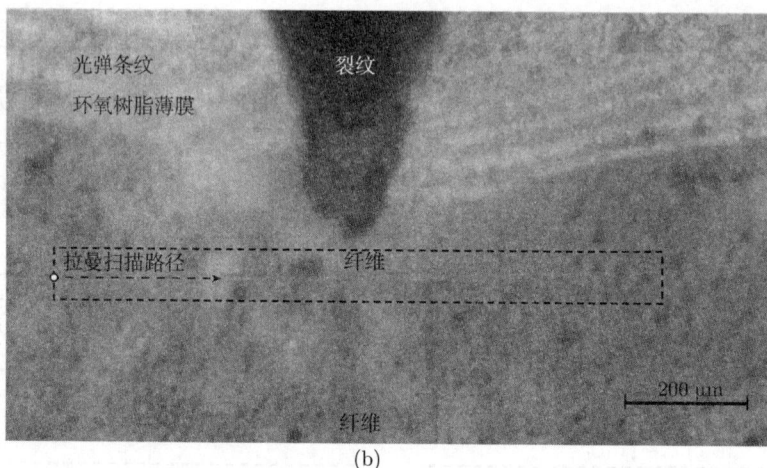

(b)

图 5.37　纤维与裂纹交互实验 (雷振坤等, 2013)

(a) 微拉曼光谱测试示意; (b) 对试样切口前方的纤维进行拉曼扫描

采用 Ranishaw InVia 型显微共焦拉曼光谱仪, 选用波长为 633nm 和功率为 0.1mW 的氦氖激光以及 50× 物镜, 入射激光束穿透透明的环氧树脂基体在纤维表面聚焦成 2μm 大小的光斑。采用背向散射方式测量时, 应使纤维轴向与激光偏振方向平行, 拉曼频移与轴向应力相对应。采用 Lorentzian 函数对每点的拉曼光谱数据中的 G′ 峰的波数进行拟合, 得到对应的波峰值。

1. 纤维应力

如图 5.37(b) 所示, 在搭桥纤维形成之前的切口与纤维基本垂直, 切口侧面因残余应力而产生光弹性条纹, 但并不影响切口前方区域的应力场分布。当旋转微加载装置对试样施加拉伸作用时, 切口张开所产生的应力场对前方的纤维产生影响。通过逐点测量切口前方纤维上的拉曼光谱, 根据纤维上的应力分布可用来说明切口前方的应力场变化。沿着纤维方向进行拉曼逐点测量, 测量长度约为 1050μm, 拉曼测点步长为 50μm。螺旋拉伸位移加载分别为 0μm (无载)、350μm 和 450μm, 图 5.38 为不同加载下的切口前方纤维上的应力分布。

可见, 在切口前方纤维上的轴向应力随载荷而增加, 说明切口前方是一个高应力区域。未加载时纤维上存在拉伸残余应力, 平均值约 200MPa, 意味着试样制备工艺过程中会产生残余拉伸作用。

当试样两端拉伸加载 350μm 距离后, 切口前方的纤维上出现应力集中, 切口应力集中影响纤维长度 l_e 约 725μm, 应力集中最大值约 800MPa, 相比应力集中影响区之外的纤维应力增加了约一倍。类似地, 当试样两端拉伸 450μm 距离后, 切口应力集中影响纤维长度 l_e 增加到了 850μm, 应力集中最大值约 1.2GPa, 同样比影响区之外的纤维应力增加了约 1.2 倍。其中，应力集中影响长度的估算方法是先找到图 5.38 中的应力集中影响区/非影响区的过渡点，两过渡点水平坐标之差即为应力集中影响区的长度。

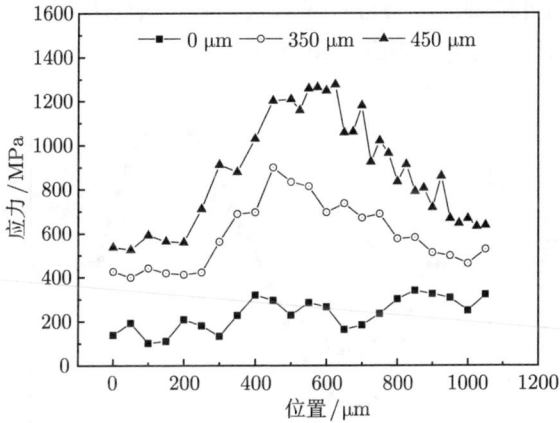

图 5.38   不同载荷下试样切口前方纤维应力分布

2. 远场应力传递

从图 5.38 的实验曲线可以得到在切口逐级加载过程中完整粘接纤维上的应力演化，如图 5.39 所示。切口前方的高应力区造成粘接完好纤维上的应力分布出现应力集中，切口应力集中影响纤维长度 l_e 随载荷逐步增大，同时应力集中程度也随载荷进一步增大。在切口钝化过程中形成高应力集中区，会进一步诱捕形成尖锐裂尖向前传播，高应力能量得以释放。

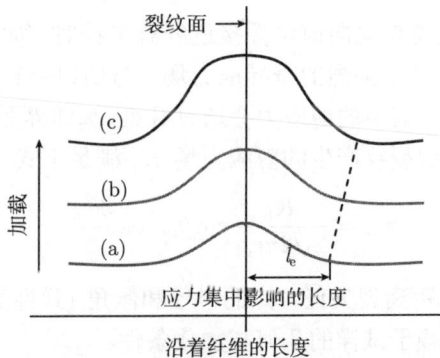

图 5.39   切口张开过程中完整粘接纤维上的应力分布示意图

当裂尖到纤维距离远远大于纤维半径时，难有表达式来描述裂尖远场应力，只能从实验来建立纤维表面剪应力分布形式。若纤维基体界面粘接完好，纤维轴向应力可通过简单的力平衡方程转化为纤维表面的剪应力 (式 (5.21))。

图 5.38 所示的纤维轴向应力是拉伸作用与残余应力的耦合结果，为了消除残余应力的影响，在以下分析中不同载荷下的纤维轴向应力都减去残余热应力。将消除残余应力影响的纤维轴向应力进行多项式拟合，然后求导可以得到不同载荷下沿纤维方向上的剪应力分布，如图 5.40 所示。

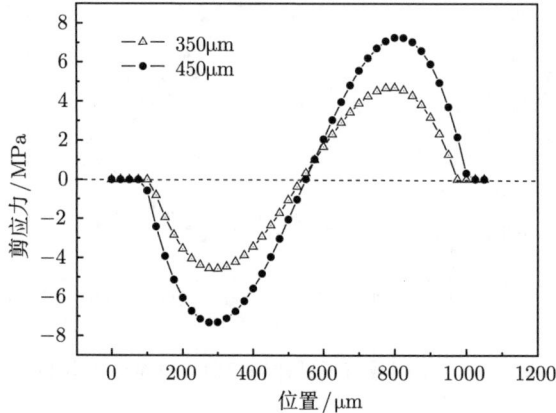

图 5.40　切口张开过程中完整粘接纤维上的剪应力分布

从图 5.40 可见，不同载荷下的界面剪应力呈相似的反对称式分布形式，这说明嵌入纤维上的界面剪应力方向不是固定的。在有效距离长度约 $l_e/3$ 位置出现剪应力集中，并随载荷增加而应力集中程度增大。在施加 350μm 位移作用下，剪应力集中约为 4.7MPa。在施加 450μm 位移作用下，剪应力集中约为 7.2MPa。

3. 近裂尖区应力传递

当切口诱捕形成尖锐裂尖向前传播接近纤维半径时，如图 5.41 所示，基体 I 型裂纹张开会在其前方产生强烈的奇异应力场，与切口垂直的完整粘接纤维将受到该奇异应力场的影响，其中的剪应力会通过纤维/基体界面传递到纤维上。

众所周知，基体 I 型裂纹产生的剪应力场 τ_m 满足下式

$$\tau_m = \frac{K_I}{2\sqrt{2\pi r_m}} \sin\theta_m \cos\frac{3\theta_m}{2} \tag{5.23}$$

其中，r_m 和 θ_m 分别是距离裂尖任一点的半径和倾角 (弹性变形区)。K_I 为 I 型裂纹的应力强度因子，依赖于试样的几何与加载条件。

假设基体和纤维都是弹性变形，且完全粘接界面上的满足位移和面力连续性条件，即纤维界面上的剪应力 τ_f 与基体内的剪应力 τ_m 保持相等，即

$$\tau_f = \frac{K_I}{2\sqrt{2\pi l}} \sqrt{\cos\theta_m} \sin\theta_m \cos\frac{3\theta_m}{2}, \quad -l_e/l \leqslant \tan\theta_m \leqslant l_e/l \tag{5.24}$$

其中，设切口距离纤维垂直距离为 l，且 $l = r_{\mathrm{m}}\cos\theta_{\mathrm{m}}$。纤维应力集中影响长度为 l_{e}(剪应力衰减到零的长度)。

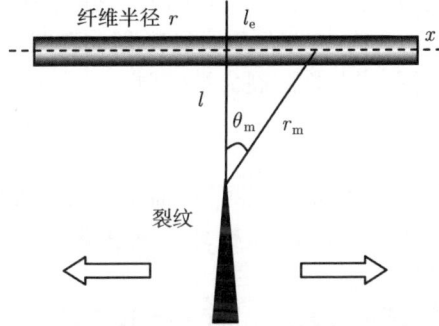

图 5.41　基体裂纹接近完整粘接纤维的几何关系示意图

在弹性范围内，可使用简单的力平衡等式将基体内的界面剪应力 τ_{m} 转化为纤维轴向应力 σ_{f}，即

$$\sigma_{\mathrm{f}} = -\frac{1}{r}\int 2\tau_{\mathrm{m}}\mathrm{d}x \tag{5.25}$$

其中，r 是纤维半径，x 是纤维集中影响长度且 $-l_{\mathrm{e}} \leqslant x \leqslant l_{\mathrm{e}}$。

结合式 (5.24) 和式 (5.25)，可得到纤维轴向应力 σ_{f} 和 I 型裂纹的应力强度因子 K_{I} 之间的转化关系为

$$\sigma_{\mathrm{f}} = -\frac{K_{\mathrm{I}}\sqrt{l}\cos^2\dfrac{\theta_{\mathrm{m}}}{2}}{r\sqrt{2\pi\cos\theta_{\mathrm{m}}}}, \quad -l_{\mathrm{e}}/l \leqslant \tan\theta_{\mathrm{m}} \leqslant l_{\mathrm{e}}/l \tag{5.26}$$

若施加应力强度因子分别为 $K_{\mathrm{I}} = 8$ 和 $14\,\mathrm{MPa}\cdot\mathrm{mm}^{0.5}$，裂尖距离纤维 $l=2r$ 时，取芳纶纤维直径为 $13.1\mu\mathrm{m}$，则将各参数代入等式 (5.24) 得到对应的界面剪应力分布如图 5.42 所示。

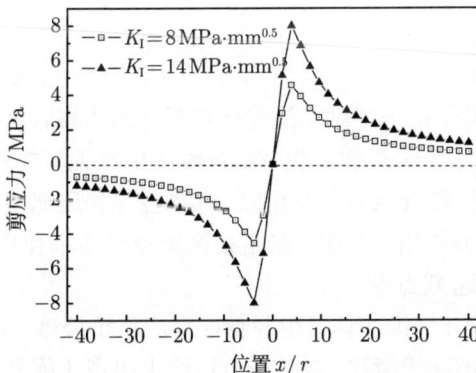

图 5.42　近裂尖前方的纤维界面剪应力分布

从图可见, 近裂尖前方纤维界面剪应力呈反对称分布形式, 在沿着纤维 x 方向约 3.8 倍纤维半径位置上存在最大剪应力, 是最容易出现纤维/基体界面脱粘、纤维断裂的位置。值得注意的是, 上述应力分布模型只在裂尖附近成立。尽管切口距离纤维很近 (在图 5.37(b) 中约 10 倍纤维直径), 但比较图 5.40 和图 5.42 可见, 实际拉曼测量结果不符合近裂尖弹性断裂力学模型。

5.7.3　搭桥纤维

在试样裂纹扩展过程中纤维未发生断裂, 而是在裂纹两侧形成搭桥现象, 可用来研究搭桥纤维上的应力传递行为。搭桥纤维横穿裂纹, 在搭桥部分存在 Raman 信号, 表明存在应力传递。

如图 5.43 所示, 沿着裂纹搭桥纤维进行拉曼逐点测量, 靠近裂纹时的拉曼测点步长为 5μm, 远离时的测点步长为 10μm 间隔, 拉曼测量总长度约 400μm。螺旋加载分别为 0μm(无载)、100μm、200μm 和 350μm, 当裂纹再次向前传播后开始卸载。

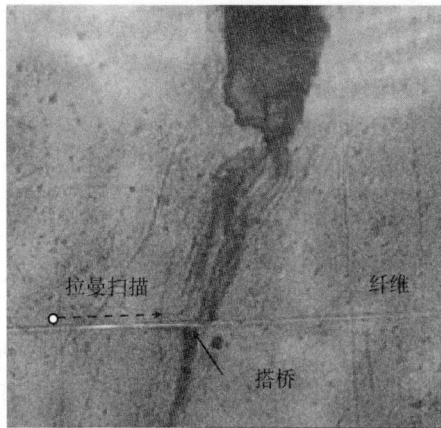

图 5.43　裂纹传播时形成搭桥纤维 (Lei et al., 2013b)

1. 残余应力

在试样制备过程中, 由于纤维和树脂具有不同的热膨胀系数, 在树脂固化后残生热残余应力。图 5.44 为零载和卸载下的裂纹搭桥纤维上的残余应力分布。可见, 零载和卸载下纤维上的残余应力分布相似, 存在拉伸和压缩残余应力区。在粘接完好区嵌入纤维承受拉伸作用, 而在纤维搭桥区则承受压缩作用。在靠近粘接/脱粘过渡点纤维拉伸应力递减为零。

试样 U 型切口张开纤维基体出现脱粘而形成搭桥纤维, 在零载和卸载下的裸露在基体外的搭桥纤维回缩滑移, 导致搭桥纤维上出现压缩残余应力。在中间搭桥纤维的压缩残余应力几乎是恒定的。

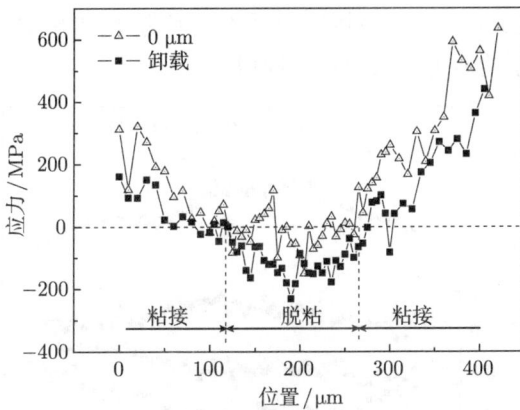

图 5.44 零载和卸载下裂纹搭桥纤维上的残余应力分布

2. 重新加载时的纤维轴向应力

图 5.45(a) 为不同加载下的搭桥纤维上的应力分布, 由图可见基本左右对称分布, 加载时纤维应力增加幅度明显, 逐渐从中间下凹形变成中间凸起形。图 5.45(a) 中各载荷下的纤维应力分布都相应减去未加载时的残余应力分布, 即可排除残余应力的影响, 如图 5.45(b) 所示。

图 5.45(b) 所示的搭桥纤维轴向应力对称分布, 存在应力上升和近平台区域。应力上升区域说明界面粘接完好纤维上的应力分布呈现梯度分布, 随着载荷增加这一趋势愈加明显。近平台区域说明试样 U 型切口处裂纹的产生造成搭桥纤维出现部分脱粘, 在纤维脱粘区要克服滑移区的界面摩擦作用力, 而搭接纤维上的应力分布均匀。

当试样两端拉伸初始加载到 100μm 距离后, 粘接完整纤维在粘接/脱粘点位置达到最大拉伸应力, 随后进入纤维反向滑移脱粘区, 要克服界面摩擦力作用开始下降, 直至进入应力平台区。当试样两端拉伸加载到 200μm 距离后, 部分脱粘纤维正向滑移, 要克服界面摩擦力使得纤维拉伸应力逐步上升, 应力平台区的长度缩减。直到试样两端拉伸加载 350μm 距离时整个脱粘区域都被重新加载, 此时应力平台区长度等于搭桥纤维长度。

3. 应力传递模型

搭桥纤维的重新加载过程可用图 5.46 来说明, 鉴于应力分布的对称性, 以裂纹面右侧纤维为例, 搭桥纤维上应力分布分为粘接区、脱粘区和搭桥区三部分。在粘接区内 (纤维长度为 L_e) 的纤维应力分布符合完好粘接纤维应力分布形式 (Piggott, 1980), 在粘接/脱粘过渡点上的纤维应力最大。在脱粘区内纤维长度为 L_d 的纤维应力分布被假设呈线性分布形式, 用来克服界面摩擦力的影响, 这里假设脱粘界面摩擦剪应力为正常数 τ_o。而在搭桥区内纤维长度为 L_b 的纤维应力被假设是保持不变的。不同载荷下的应力分布值得仔细讨论。

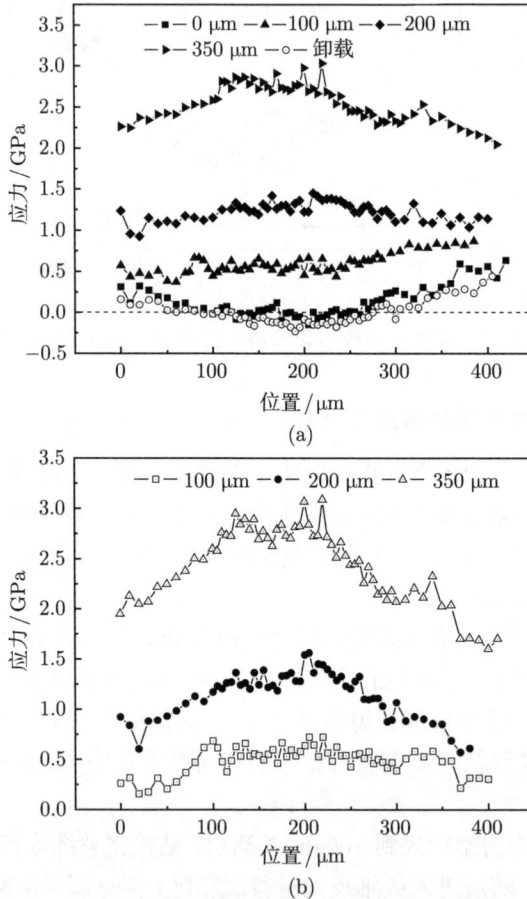

图 5.45　不同载荷下搭桥纤维上的应力分布

(a) 有残余应力; (b) 减去残余应力

初始重载时 (图 5.46(a)), 在纤维粘接/脱粘过渡点上存在最大应力 σ_z。由于整个纤维脱粘段属于反向滑移区, 反向滑移区内的脱粘纤维克服反向界面摩擦力, 则纤维应力经过粘接/脱粘过渡点后开始降低。在脱粘/搭桥过渡点上应力最低, 等于粘接/脱粘过渡点的应力 σ_z 与整个脱粘长度 L_d 内的摩擦力之差, 即 $\sigma_z - 2\tau_o L_d/r$, 其中 r 为纤维半径。最后, 经过脱粘/搭桥过渡点后进入纤维搭桥区, 界面摩擦力不起作用, 搭桥纤维应力保持不变, 等于脱粘/搭桥过渡点的最低应力。

进一步重载时 (图 5.46(b)), 反向滑移区长度从整个纤维脱粘长度 L_d 缩减为 L_f。脱粘纤维从粘接/脱粘过渡点后开始逐步承载来克服正向滑移界面摩擦力, 使得纤维应力超过了粘接/脱粘过渡点后继续递增，并在正向/反向滑移过渡点上达到最大值，等于粘接/脱粘过渡点的应力 σ_z 与正向滑移长度 $(L_d - L_f)$ 内的摩擦力之和，即 $\sigma_z + 2\tau_o(L_d - L_f)/r$。接下来，在反向滑移区内要克服反向界面摩擦力，在脱粘/搭桥过渡点上应力最低，等于正向/反向滑移过渡点最大应力与反向滑移长度 L_f 内的摩擦力之差，即 $\sigma_z + 2\tau_o(L_d - 2L_f)/r$。最后，经过脱粘/搭桥过渡点后进入纤维搭桥区，界面摩擦力不起作用，搭桥纤维应力保持不变，等于脱粘/搭桥过渡点的最低应力。

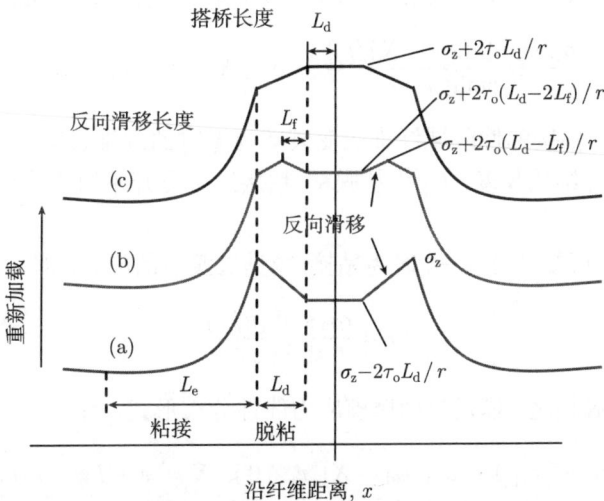

图 5.46 裂纹张开过程中部分脱粘的搭桥纤维上的应力分布示意图，
脱粘纤维上初始反向滑移 (a)，部分得到重载 (b) 和完全重载 (c)

重载直到最后 (图 5.46(c))，脱粘区纤维完全承载，不存在反向滑移区。在整个纤维脱粘长度内 L_d 要克服正向界面摩擦力作用，造成纤维应力超过了粘接/脱粘过渡点后递增到最大值，即 $\sigma_z + 2\tau_o L_d/r$。在脱粘/搭桥过渡点之后，界面摩擦作用消失，搭桥纤维上应力保持恒定，形成最大应力平台。

可以预见，若粘接/脱粘过渡点的剪应力达到纤维/基体界面剪切强度，则界面脱粘将会继续扩展；若进一步增大拉伸载荷，最大应力平台区内的搭桥纤维将会达到纤维拉伸强度而发生断裂。

对单纤维复合材料系统而言，Piggott 部分脱粘理论 (Piggott, 1980) 成功地用于解释裂纹搭桥纤维的应力分布，认为裂纹侧的纤维/基体交互作用类似于纤维拉出测试，纤维应力在脱粘区整个长度内克服摩擦剪应力且满足线性分布。但是，与Piggott 模型相比，上述裂纹纤维搭桥应力传递的新模型有以下两个明显区别。

一是脱粘区内分为正向滑移和反向滑移区，在正向滑移区内的界面摩擦力为正, 纤维应力是线性递增的; 与之相反, 在反向滑移区内的界面摩擦力为负, 纤维应力是线性递减的。

二是新模型考虑了搭桥区内纤维不受界面摩擦力作用的事实, 从脱粘区分离出了搭桥区, 认为在纤维搭桥长度内的纤维应力保持恒定。在重载过程中, 脱粘区内的反向滑移逐渐并完全转化为正向滑移, 脱粘纤维重新承载, 搭桥区纤维应力最终达到最大值。

(1) 由于纤维应力分布的对称性, 只考虑右侧的应力分布。在纤维完全粘接的弹性区域, 同 Piggott 模型一致 (式 (5.20)), 满足拉出测试的弹性应力传递行为, 即

$$\sigma_f = \frac{\sigma_{fe} \sinh[n(L_e - X)/r]}{\sinh(ns)}, \quad 0 \leqslant X = x - L_d - L_b \leqslant L_e \tag{5.27}$$

其中, L_e 是完全粘接弹性区域纤维应变衰减为零时的纤维长度, s 为相位长径比 L_e/r, x 为沿着纤维的长度, L_d 为从脱粘/粘接过渡点开始的脱粘长度, L_b 为纤维搭桥长度。

从式 (5.27) 可知, 当 $X=0$ 时为粘接/脱粘过渡点的应力, 即

$$\sigma_z = \frac{\sigma_{fe} \sinh(nL_e)}{\sinh(ns)} \tag{5.28}$$

(2) 在纤维脱粘区, 满足界面摩擦应力线性分布形式, 有

$$\sigma_f = \begin{cases} \sigma_z + 2\tau_o[(1 - 2m)L_d + X]/r, & 0 \leqslant X = x - L_b \leqslant mL_d \\ \sigma_z + 2\tau_o(L_d - X)/r, & mL_d \leqslant X = x - L_b \leqslant L_d \end{cases} \tag{5.29}$$

其中, 脱粘段分为反向滑移区 ($X \in [0, mL_d]$) 和正向滑移区 ($X \in [mL_d, L_d]$), 其过渡点定义为 $m = L_f/L_d$, 当 $m=1$ 时脱粘段全部为反向滑移区 (图 5.46(a)), 当 $m=0$ 时脱粘段全部为正向滑移区 (图 5.46(c))。τ_o 是脱粘界面摩擦剪应力常数, 为正数。

(3) 在纤维搭桥区域, 纤维应力为恒定常数, 即

$$\sigma_f = \sigma_z + 2\tau_o(1 - 2m)L_d/r, \quad 0 \leqslant x \leqslant L_b \tag{5.30}$$

纤维轴向应力可通过简单的力平衡方程 (式 (5.21)) 转化为纤维表面的剪应力, 因图 5.46 的纤维轴向应力呈现对称分布, 则根据式 (5.21) 可知其剪应力呈反对称分布, 如图 5.47 所示。

(1) 在纤维完全粘接的弹性区域, 对应的界面剪应力与纤维轴向应力保持力平衡, 得到

$$\tau_f = \frac{n\sigma_{fe} \cosh[n(L_e - X)/r]}{2\sinh(ns)}, \quad 0 \leqslant X = x - L_d - L_b \leqslant L_e \tag{5.31}$$

从上式可知, 当 $X=0$ 时剪应力达到最大值并沿着纤维随距离 X 逐渐衰减。

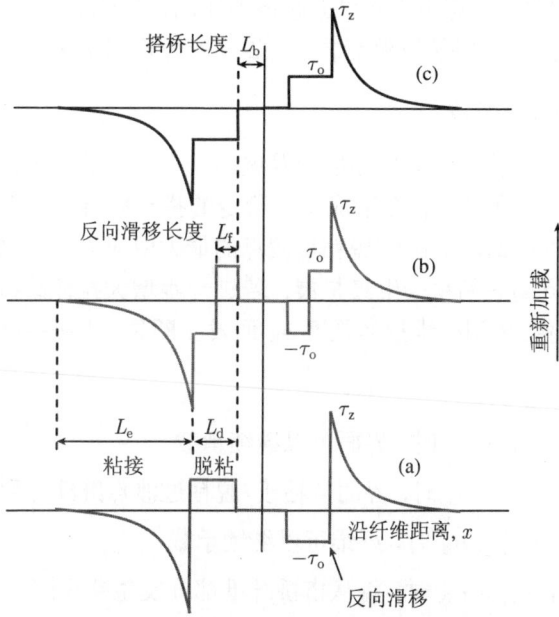

图 5.47 裂纹张开过程中部分脱粘的搭桥纤维上的界面剪应力分布, 脱粘纤维上初始反向滑移 (a), 部分得到重新加载 (b) 和完全重加载 (c)

(2) 在纤维脱粘区, 从等式 (5.30) 得到界面剪应力为常数, 即

$$\tau_f = \pm\tau_o, \quad 0 \leqslant X = x - L_b \leqslant L_d \tag{5.32}$$

在反向滑移区 $X \in [0, mL_d]$, 剪应力为负常数, 在正向滑移区 $X \in [mL_d, L_d]$, 剪应力为正常数。

(3) 在纤维搭桥区域, 因纤维应力为恒定常数, 则界面剪应力恒为零。

下面以搭桥纤维剪应力模型右侧应力分布来说明重新加载时的应力传递过程。

初始重加载时 (图 5.47(a)), 在纤维粘接/脱粘过渡点上存在最大剪切应力 τ_z。由于整个纤维脱粘段属于反向滑移区, 反向滑移区内的脱粘纤维克服反向界面摩擦力, 为恒定剪应力 $-\tau_o$。直到经过脱粘/搭桥过渡点后进入纤维搭桥区, 界面摩擦力不起作用, 界面剪应力为零。

进一步重加载时 (图 5.47(b)), 反向滑移区长度从整个纤维脱粘长度 L_d 缩减为 L_f。脱粘纤维经粘接/脱粘过渡点后进入正向滑移区 (长度为 $L_d - L_f$), 开始承载正向滑移界面摩擦力, 产生恒定剪应力 τ_o。在正向/反向滑移过渡点之后, 反向滑移区要克服反向界面摩擦力, 产生恒定剪应力 $-\tau_o$。最后, 经过脱粘/搭桥过渡点后进入纤维搭桥区, 界面剪应力为零。

重加载直到最后 (图 5.47(c)),脱粘区纤维完全承载,不存在反向滑移区。在整个纤维脱粘长度内 L_d 要克服正向界面摩擦力作用,即在粘接/脱粘过渡点后产生恒定剪应力 τ_o。在脱粘/搭桥过渡点之后,界面摩擦作用消失,界面剪应力为零。

4. 搭桥纤维的强度标准

Bennett(2008) 从传统应力传递模型发展出一个简单的基于强度标准模型,来预测基体裂纹穿越纤维时是否会形成一个稳定的搭桥纤维。基于上述方法,从图 5.46 和图 5.47 可以预见,若粘接/脱粘过渡点的最大剪应力 τ_z 达到纤维/基体界面剪切强度 τ_b,则界面脱粘将会继续扩展;若进一步增大拉伸载荷,最大应力平台区内的搭桥纤维将会达到纤维拉伸强度 σ_b 而发生断裂,则搭接纤维满足的强度标准为

当 $|\tau_z| < \tau_b$ 时,界面可以继续承载,

当 $|\tau_z| \geqslant \tau_b$ 时,界面从粘接/脱粘过渡点继续开裂;　　　　　(5.33a)

当 $|\sigma_f| < \sigma_b$ 时,纤维可以继续承载,

当 $|\sigma_f| \geqslant \sigma_b$ 时,将从搭桥纤维部分发生断裂;　　　　　(5.33b)

5.7.4 断裂纤维

从上述分析可见,对于一个稳定的纤维/基体界面系统,界面相的物化性质决定了界面的粘接能力,也就是界面剪切强度 τ_b。当基体裂纹穿越纤维后会造成界面脱粘开裂,形成粘接区、脱粘区和搭桥区并存的搭桥纤维,各区之间的应力传递能力与粘接界面性能、界面摩擦力、界面强度和纤维强度有关,它们之间的平衡性决定了搭桥纤维是否能稳定存在。而打破了这种平衡性,搭桥纤维就不能稳定存在,转化为断裂纤维。搭桥纤维的强度标准可用来解释有些纤维从基体脱粘并形成稳定的桥接,而另一些纤维发生断裂却没有形成桥接的现象。

在试样裂纹扩展过程中形成的断裂纤维,可用来研究裂纹两侧断裂纤维上的应力传递行为。如图 5.48 所示,沿着裂纹两侧断裂纤维进行拉曼逐点测量,靠近裂纹时的拉曼测点步长为 5μm,远离时的测点步长为 10μm 间隔,拉曼测量总长度约 500μm。螺旋拉伸加载分别为 0μm (无载)、100μm、200μm 和 350μm,当裂纹向前传播后开始卸载。

1. 残余应力

对于断裂纤维,裂纹横穿而过,无拉曼信号表明纤维出现断裂。图 5.49 为零载和卸载下的裂纹两侧断裂纤维上的残余应力分布。可见,在未加载和卸载情况下,试样裂纹影响断裂纤维上的残余应力分布。

在断口附近纤维应力分布复杂，存在拉伸和压缩残余应力区。在粘接完好区，在靠近粘接/脱粘过渡点纤维拉伸应力递减为零。试样 U 型切口处裂纹造成纤维出现脱粘，一方面，脱粘区纤维的回缩滑移作用，导致脱粘区部分纤维上出现压缩残余应力区；另一方面，因 Kevlar49 芳纶纤维断口为拉丝形式的韧性断裂，在纤维断口会与基体产生摩擦作用产生拉伸残余应力区。

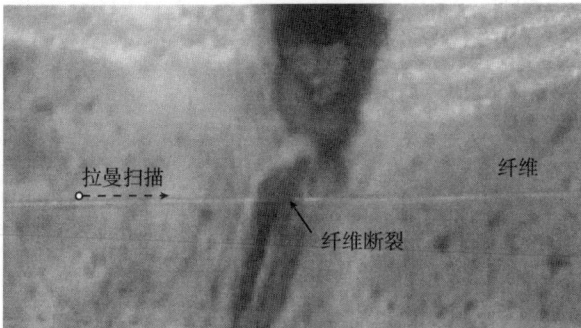

图 5.48 裂纹传播时形成断裂纤维 (Lei et al., 2013c)

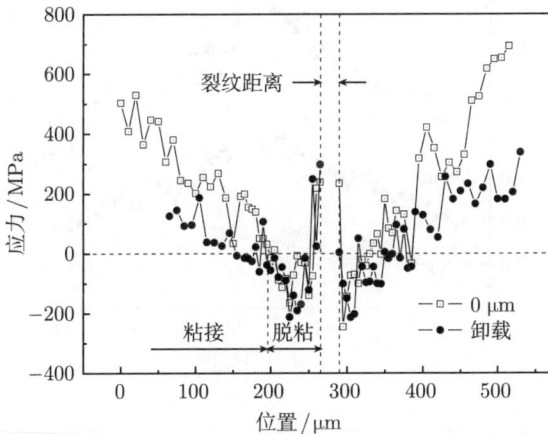

图 5.49 零载和卸载下裂纹两侧断裂纤维上的残余应力分布

2. 重载时的纤维应力

图 5.50(a) 为不同加载下的裂纹两侧断裂纤维上的应力分布。随着加载增加，裂纹间隙逐步增大。裂纹两侧的纤维上的应力基本对称分布，加载时纤维应力增加幅度明显。将图 5.50(a) 中各载荷下的纤维应力分布都减去未加载时的残余应力分布，即可排除残余应力的影响，如图 5.50(b) 所示。

图 5.50(b) 所示的断裂纤维轴向应力在断口左右对称分布，存在应力上升和下降区域，说明试样 U 型切口处裂纹的产生造成纤维断口脱粘，脱粘区纤维断裂端

开始回缩滑移，受到凸凹不平基体产生的摩擦作用。下面以纤维断口左侧应力分布为例，来说明断裂纤维上的应力分布趋势。

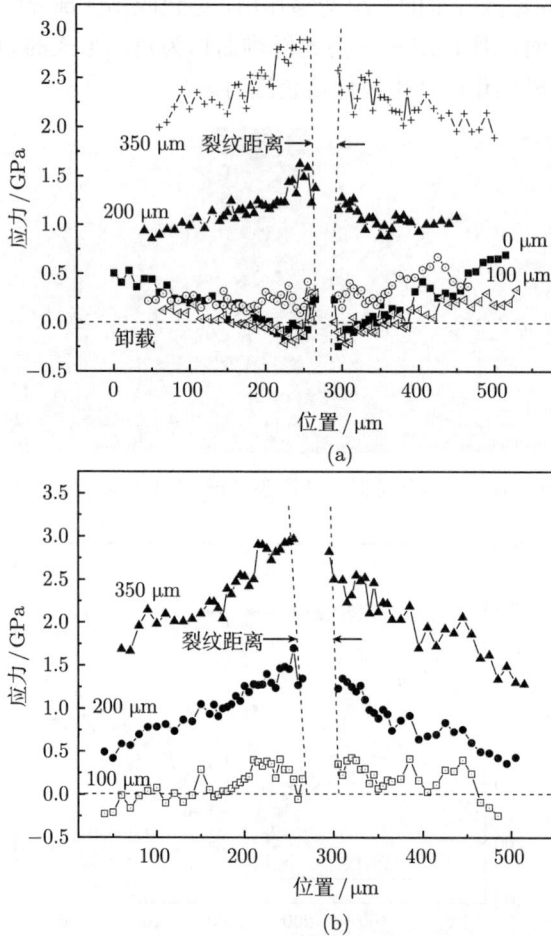

图 5.50　不同载荷下裂纹两侧断裂纤维上的应力分布

(a) 有残余应力; (b) 减去残余应力

当试样拉伸加载 100μm 距离后，粘接完整纤维在粘接/脱粘点位置达到最大拉伸应力，随后纤维拉伸应力进入脱粘区后，要克服反向滑移产生的界面摩擦力作用开始降低。值得注意的是，在纤维断裂端仍存在一定的正向滑移区，纤维应力是递增的。

当试样拉伸加载 200μm 距离后，部分脱粘纤维正向滑移，脱粘区内的纤维拉伸应力逐步上升，纤维应力传递的距离增加，直到反向滑移区时应力才开始降低。同样地，在纤维断裂端仍存在一定的正向滑移区，纤维应力是递增的。

当试样拉伸加载 350μm 距离时，整个反向滑移区域都被重新加载，反向滑移区消失。

3. 应力传递模型

断裂纤维的重新加载过程可用图 5.51 来说明，鉴于应力分布的对称性，以裂纹面右侧纤维为例。

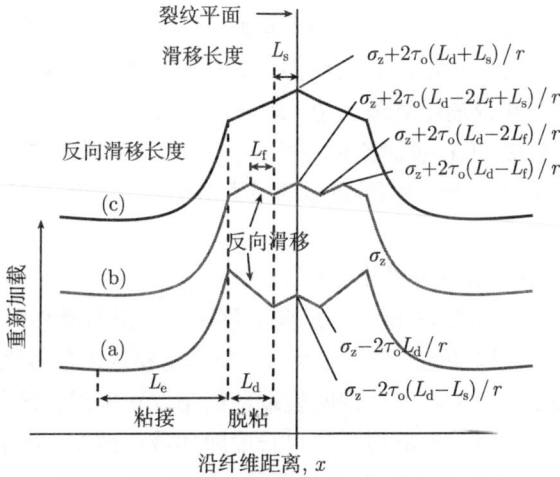

图 5.51 裂纹张开过程中部分脱粘的断裂纤维上的应力分布示意图，脱粘纤维上初始反向滑移 (a)，部分得到重新加载 (b) 和完全重加载 (c)

断裂纤维上应力分布分为粘接区和脱粘区两部分，在粘接区内的纤维应力分布符合完好粘接纤维应力分布形式，在粘接/脱粘过渡点上的纤维应力最大。而在脱粘区内 (脱粘长度为 $L_d + L_s$) 的纤维应力分布被假设成线性分布形式，用来克服界面摩擦力的影响，这里假设脱粘界面摩擦剪应力为正常数 τ_o，纤维断裂端正向滑移长度 L_s 不变，不同载荷下的应力分布值得仔细讨论。

初始加载时 (图 5.51(a))，在纤维粘接/脱粘过渡点上存在最大应力 σ_z。断裂纤维的脱粘段由反向滑移区 (L_d) 和正向滑移区 (L_s) 组成，反向滑移区内的脱粘纤维克服反向界面摩擦力，则纤维应力经过粘接/脱粘过渡点后开始降低。在反向滑移/正向滑移过渡点上应力最低，等于粘接/脱粘过渡点的应力 σ_z 与反向滑移长度 L_d 内的界面摩擦力之差，即 $\sigma_z - 2\tau_o L_d/r$，r 为纤维半径。相比之下，因纤维断裂端膨大造成的正向滑移区内，界面摩擦作用力促使纤维应力逐渐增加，等于反向滑移/正向滑移过渡点的最低应力与正向滑移长度 L_s 内的界面摩擦力之和，即 $\sigma_z - 2\tau_o(L_d - L_s)/r$。

进一步加载时 (图 5.51(b))，反向滑移区长度从纤维脱粘长度 L_d 缩减为 L_f。脱粘纤维经粘接/脱粘过渡点后开始逐步承载来克服正向滑移界面摩擦力，同搭桥纤维情况类似, 在第一正向滑移区/反向滑移过渡点上达到最大值, 即 $\sigma_z+2\tau_o(L_d-L_f)/r$。接下来, 在反向滑移区内要克服反向界面摩擦力, 在反向滑移/纤维断裂端部正向滑移 (第二正向滑移区) 过渡点上应力最低, 等于第一正向滑移/反向滑移过渡点最大应力与反向滑移长度 L_f 内的摩擦力之差, 即 $\sigma_z+2\tau_o(L_d-2L_f)/r$。最后进入第二正向滑移区, 纤维应力克服界面摩擦力递增, 等于反向滑移/第二正向滑移过渡点最低应力与第二正向滑移长度 L_s 内的摩擦力之和, 即 $\sigma_z+2\tau_o(L_d-2L_f+L_s)/r$。

直到最后加载 (图 5.51(c)), 纤维完全承载, 不存在反向滑移区。在整个纤维脱粘长度 (L_d+L_s) 内要克服正向界面摩擦力作用, 造成纤维应力超过了粘接/脱粘过渡点后在纤维断裂端部递增到最大值, 即 $\sigma_z+2\tau_o(L_d+L_s)/r$。可以预见, 若进一步增大拉伸载荷, 粘接/脱粘过渡点的应力 σ_z 达到纤维/基体界面剪切强度时, 则界面脱粘将会继续扩展; 若纤维断裂端部最大应力达到纤维拉伸强度会继续开裂或拉丝损伤。

与 Piggott 模型相比, 断裂纤维搭桥应力传递的新模型有两个明显区别。一是脱粘区内分为两个正向滑移区和一个反向滑移区, 在正向滑移区内的界面摩擦力为正, 纤维应力是线性递增的; 与之相反, 在反向滑移区内的界面摩擦力为负, 纤维应力是线性递减的。二是靠近纤维断裂端部的第二正向滑移区长度 L_s 被认为恒定, 而第一正向滑移区和反向滑移区各自长度随加载而改变。在重载过程中, 脱粘区内的反向滑移逐渐并完全转化为正向滑移, 脱粘纤维重新承载并最终达到最大值。

(1) 在纤维完全粘接的弹性区域同 Piggott 模型一致, 即

$$\sigma_f = \frac{E_f \sinh[n(L_e-X)/r)]}{\sinh(ns)}, \quad 0 \leqslant X = x-L_d-L_s \leqslant L_e \tag{5.34}$$

其中, L_e 是完全粘接弹性区域纤维应变衰减为零时的纤维长度, s 为相位长径比 L_e/r, x 为沿着纤维的长度, L_d 为从脱粘/粘接过渡点开始的脱粘长度, L_b 为第二正向滑移区长度。当 $X=0$ 时为粘接/脱粘过渡点的应力, 同式 (5.28)。

(2) 在第一正向滑移和反向滑移组成的纤维脱粘区 (图 5.51(b)), 满足界面摩擦应力线性分布形式有

$$\sigma_f = \begin{cases} \sigma_z + 2\tau_o[(1-2m)L_d+X]/r, & 0 \leqslant X = x-L_s \leqslant mL_d \\ \sigma_z + 2\tau_o(L_d-X)/r, & mL_d \leqslant X = x-L_s \leqslant L_d \end{cases} \tag{5.35}$$

其中, 脱粘段的第一正向滑移/反向滑移过渡点定义为 $m=L_f/L_d$, 且 $0 \leqslant m \leqslant 1$。第一正向滑移区范围 $X \in [mL_d, L_d]$, 反向滑移区范围 $X \in [0, mL_d]$。当 $m=1$ 时该脱粘段全部为反向滑移区 (图 5.51(a)), 当 $m=0$ 时该脱粘段全部为第一正向滑移区 (图 5.51(c))。τ_o 是脱粘界面摩擦剪应力常数, 为正数。

(3) 在第二正向滑移区 (图 5.51(b)) 有

$$\sigma_f = \sigma_z + 2\tau_o[(1-2m)L_d - x + L_s)]/r, \quad 0 \leqslant x \leqslant L_s \tag{5.36}$$

纤维轴向应力可通过简单的力平衡方程 (式 (5.21)) 转化为纤维表面的剪应力。因图 5.51 的纤维轴向应力呈现对称分布, 可知其剪应力呈反对称分布, 如图 5.52 所示。

(1) 在纤维完全粘接的弹性区域, 对应的界面剪应力与纤维轴向应力 (式 (5.34)) 保持力平衡, 得到

$$\tau_f = \frac{nE_f \cosh[n(L_e - X)/r]}{2\sinh(ns)}, \quad 0 \leqslant X = x - L_d - L_s \leqslant L_e \tag{5.37}$$

从上式可知, 当 $X=0$ 时剪应力达到最大值并沿着纤维随距离 X 逐渐衰减。

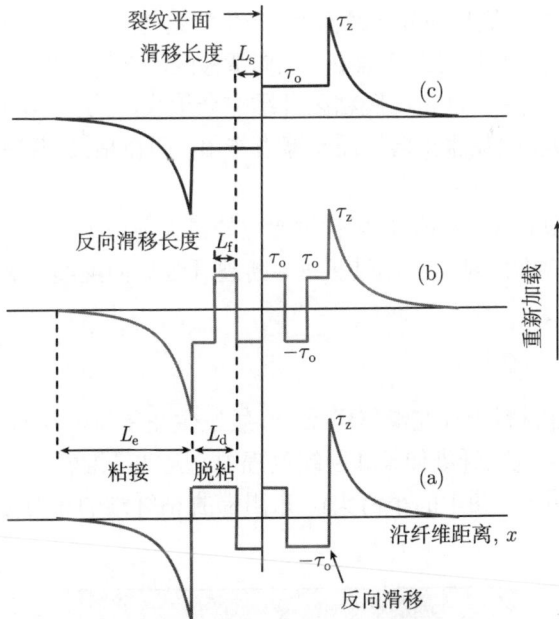

图 5.52 裂纹张开过程中部分脱粘的断裂纤维上的界面剪应力分布, 脱粘纤维上初始时 (a),
部分重载 (b) 和完全重载 (c)

(2) 在第一正向滑移和反向滑移组成的纤维脱粘区, 从等式 (5.35) 得到界面剪应力为常数, 即

$$\tau_f = \pm\tau_o, \quad 0 \leqslant X = x - L_s \leqslant L_d \tag{5.38}$$

可见, 在反向滑移区 ($X \in [0, mL_d]$) 剪应力为负的常数, 而在正向滑移区 ($X \in [mL_d, L_d]$) 剪应力为正的常数。

(3) 在第二正向滑移区有

$$\tau_\mathrm{f} = \tau_\mathrm{o}, \quad 0 \leqslant x \leqslant L_\mathrm{s} \tag{5.39}$$

下面以断裂纤维剪应力模型右侧应力分布 (图 5.52) 来说明重新加载时的应力传递过程。

初始重加载时 (图 5.52(a))，在纤维粘接/脱粘过渡点上存在最大剪切应力 τ_z。由于整个纤维脱粘段属于反向滑移区，反向滑移区内的脱粘纤维克服反向界面摩擦力，为恒定剪应力 $-\tau_\mathrm{o}$。直到经过过渡点后进入正向滑移区，界面摩擦力变号，为恒定剪应力 τ_o。

进一步重加载时 (图 5.52(b))，反向滑移区长度从整个纤维脱粘长度 L_d 缩减为 L_f。脱粘纤维经粘接/脱粘过渡点后进入第一正向滑移区 (长度为 $L_\mathrm{d} - L_\mathrm{f}$)，开始承载正向滑移界面摩擦力，产生恒定剪应力 τ_o。在第一正向/反向滑移过渡点之后，为反向滑移区要克服反向界面摩擦力，产生恒定剪应力 $-\tau_\mathrm{o}$。最后，经过反向滑移/第二正向滑移过渡点后进入纤维第二正向滑移区，产生正的界面剪应力为 τ_o。

加载直到最后 (图 5.52(c))，脱粘区纤维完全承载，不存在反向滑移区。在整个纤维脱粘长度内 L_d 要克服正向界面摩擦力作用，即在粘接/脱粘过渡点后产生恒定剪应力 τ_o。

从图 5.52 可以预见，若粘接/脱粘过渡点的最大剪应力 τ_z 达到纤维/基体界面剪切强度 τ_b，则界面脱粘将会继续扩展，断裂纤维界面继续开裂满足的强度标准同式 (5.33a)。

5.7.5　摩擦滑移

纤维增强复合材料中存在滑移现象，一般发生在基体内部的纤维脱粘界面上，如图 5.53 所示。当脱粘纤维伸长和回缩过程中，脱粘纤维表面与基体发生接触而产生界面摩擦作用力 (图中的小箭头)，来阻滞脱粘纤维的相对运动 (图中的大箭头)。

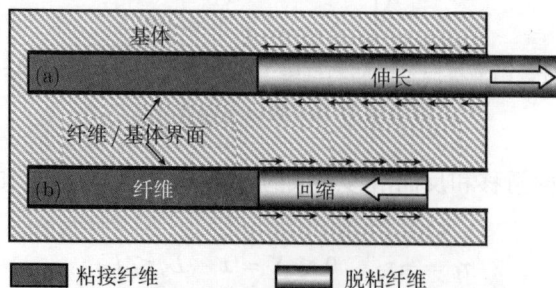

图 5.53　纤维/基体脱粘界面上的摩擦滑移示意图, 小箭头代表摩擦力, 大箭头代表脱粘纤维的伸长过程 (a) 和回缩过程 (b)(详见书后彩图)

在纤维复合材料中，脱粘纤维的滑移方向有可能与加载方向相同，也可能与之相反，是个动态发展过程。也就是说，脱粘纤维滑移作用的结果可能对脱粘纤维加载，也可能对脱粘纤维进行卸载。例如，负载下未断裂纤维在裂纹两侧的搭桥现象是纤维增强复合材料的增韧机制之一。

当裂纹穿越纤维时，纤维与基体界面发生脱粘，当脱粘界面环向连通后形成完整的搭桥纤维。搭桥纤维在载荷作用下产生伸长相对运动为正向滑移 (图 5.53(a))。当载荷达到或超过纤维强度极限之后，搭桥纤维断裂并产生回缩相对运动 (图 5.53(b))，即为反向滑移。

纤维在脱粘区内滑移运动的结果是受到来自裂纹侧面的反向摩擦力作用。因此，粘接、脱粘、正向滑移和反向滑移等多种现象同时存在于纤维/基体界面脱粘和纤维断裂过程中，而且发生的顺序和作用区域与纤维/基体界面状态以及加载条件有关，是个动态发展过程，这造成纤维/界面脱粘过程非常复杂。

假设纤维/基体脱粘界面上的摩擦作用在空间上是均匀的，不依赖于时间和加载速率。也就是说，脱粘纤维与基体之间的界面粗糙度不变，脱粘纤维相对基体的滑移将会产生线性的界面摩擦作用力。

当裂纹向前传播遇到纤维后，达到界面剪切强度，在纤维/基体界面上发生脱粘并沿着界面向两侧扩展。脱粘界面连通后裂纹钝化诱捕新裂尖继续向前传播，从而形成搭桥纤维，如图 5.54 所示。搭桥纤维继续承担载荷传递作用，直至到达纤维拉伸强度后发生断裂。这样，当裂纹张开和扩展时，粘接纤维依次将经历界面脱粘、纤维搭桥和纤维断裂过程，并且完全有可能同时存在于裂纹的不同位置。

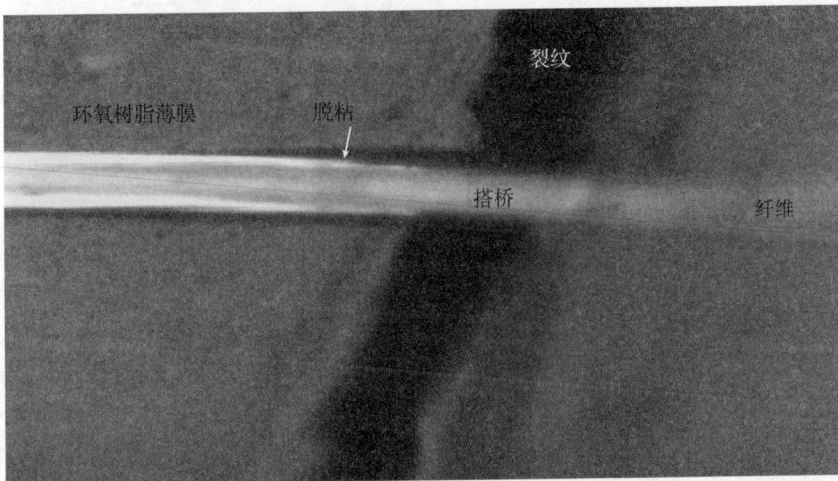

图 5.54 裂纹张开过程中的搭桥纤维与界面脱粘

1. 反向滑移回缩

裂纹/纤维搭桥拉伸直至断裂后的回缩滑移过程如图 5.55 所示。当试样两端受到拉伸作用后，裂纹切口钝化张开从而诱发裂纹尖接触纤维 (图 5.55(a))。当拉伸载荷达到纤维/基体界面的剪切强度后，纤维/基体界面开始局部脱粘并沿着界面扩展；当纤维局部脱粘环向连通后，基体裂纹穿过纤维继续向前传播，此时形成搭桥纤维 (5.55(b))。由于纤维/基体界面凸凹不平，搭桥纤维受到拉伸载荷和界面摩擦力的共同作用。当继续施加拉伸作用，搭桥纤维可以看成是双纤维的拉出测试过程。当拉伸载荷达到纤维断裂强度之后，搭桥纤维断裂，纤维断裂端开始反向滑移回缩 (图 5.55(c))，在纤维脱粘段只受到界面摩擦力作用。

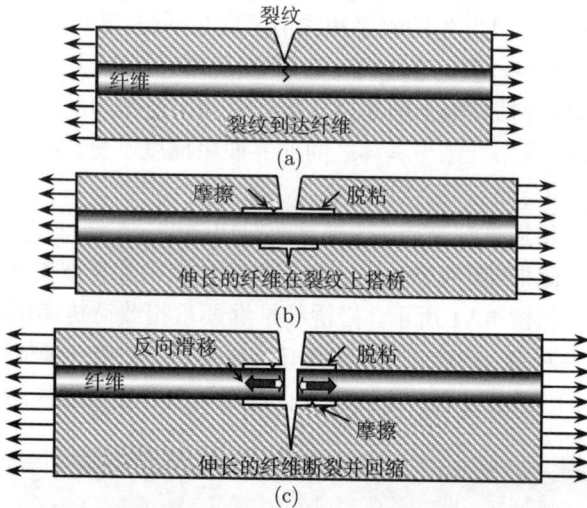

图 5.55　在加载过程中的裂纹/纤维搭桥和纤维断裂后的反向滑移回缩过程

2. 搭桥纤维重载时的滑移过程转化

当局部脱粘的纤维卸载后，脱粘区的搭桥纤维和断裂纤维将发生反向滑移回缩，产生残余界面摩擦应力。在重新加载时，脱粘段的纤维滑移过程发生方向转化，会造成脱粘段的界面摩擦力产生不同作用。

对于搭桥纤维而言，在重新加载之前 (图 5.56(a))，脱粘段内的搭桥纤维发生反向滑移，并产生与滑移方向相反的界面摩擦作用，导致搭桥纤维出现压缩残余应力。当重新施加载荷时 (图 5.56(b))，在粘接/脱粘过渡点之后，脱粘纤维从反向滑移部分转变为正向滑移，造成反向滑移长度缩减；直到最后反向滑移区域全部转变为正向滑移区域 (图 5.56(c))。正向滑移区域产生的界面摩擦力使得纤维应力递增，与之相反，反向滑移区域产生的界面摩擦力使得纤维应力递减。需要注意的是，在桥接纤维段内，其纤维应力是恒定的。

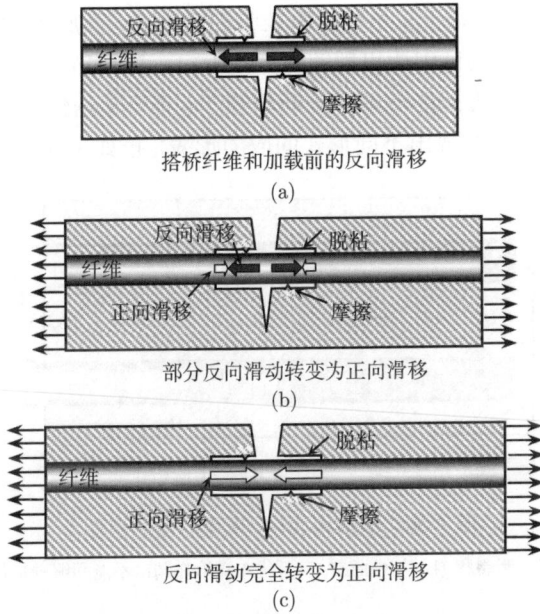

搭桥纤维和加载前的反向滑移

(a)

部分反向滑动转变为正向滑移

(b)

反向滑动完全转变为正向滑移

(c)

图 5.56　重载后搭桥纤维的滑移过程转化

3.断裂纤维重载时的滑移过程转化

通常碳纤维的段断测试会出现一种 V 字形的应力形貌分布 (Montes-Morán et al., 2002)，碳纤维 T300 的断口端部显示是一种脆性材料。对于芳纶纤维 Kevlar49 的断口为拉丝或卷曲，展现出典型的韧性断裂方式，如图 5.57 所示。

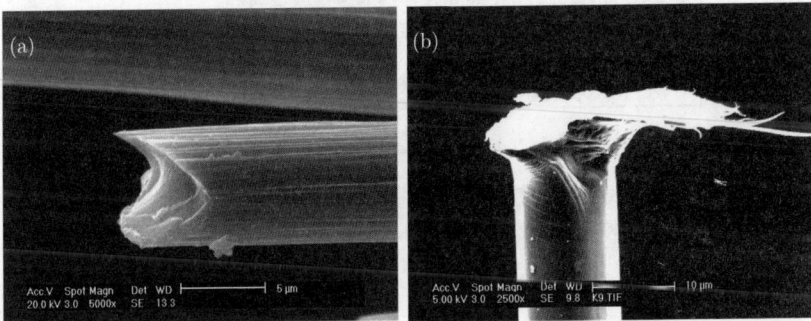

图 5.57　T300 碳纤维 (a) 和 Kevlar 49 纤维 (b) 断口形貌的 SEM 照片

不同的纤维断口对脱粘的纤维产生不同的效果。一种是脆性纤维断裂后回缩到基体内部孔洞中 (图 5.58(a))，另一种是韧性纤维断裂后停留在基体孔洞口上

(图 5.58(b))。

很显然,对于图 5.58(a) 所示纤维断裂的回缩形式,其应力形貌呈现出 V 字形分布,正像碳纤维段断测试中所出现的那样 (Montes-Morán et al., 2002)。与之不同的是,图 5.58(b) 给出的韧性断裂纤维断口被 "卡在" 了基体孔洞口,无法回缩到基体中,这种情况下会展现出不同形式的应力形貌,正如上面所讨论的那样。

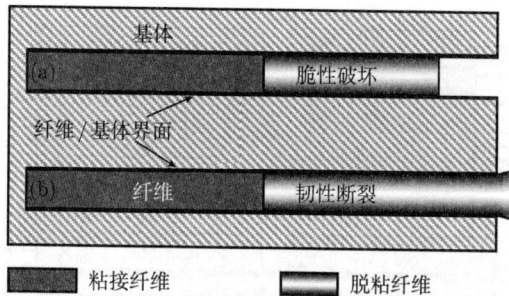

图 5.58　基体内脱粘、断裂纤维示意图

(a) 脆性断裂和 (b) 韧性断裂,其纤维末端恰在洞口不能回缩进基体中

对于纤维韧性断裂 (图 5.58(b)) 的情况,纤维断裂后,其脱粘部分回缩到基体中,但受到基体洞口的限制,纤维断裂端部无法回缩到基体中。此时,即使无外力作用,脱粘纤维界面上也会受到来自基体的两种不同的摩擦作用,一是来自断裂纤维端部的伸长作用,二是来自脱粘纤维的回缩作用,如图 5.59 所示。

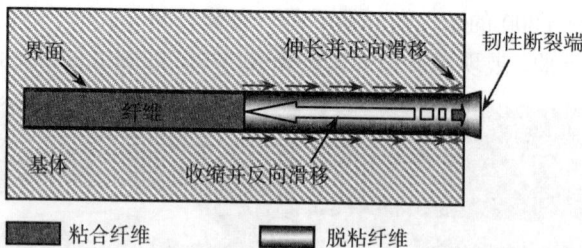

图 5.59　在重加载之前,断裂纤维回缩进基体中所产生的界面滑移示意图

纤维断裂段卡在洞口,小箭头代表着不同方向的界面摩擦,大箭头代表纤维回缩

(空心,反向滑移) 和伸长 (实心,正向滑移)

对于断裂纤维而言,在重新加载之前 (图 5.59),脱粘段内的断裂纤维发生反向滑移,产生与滑移方向相反的界面摩擦作用,导致纤维出现压缩残余应力。但是,在靠近纤维断裂端附近,存在一定的正向滑移,由于另外一种界面摩擦而产生拉伸残余应力。

当重新施加载荷时 (图 5.60(a)),在粘接/脱粘过渡点之后,脱粘纤维从反向滑移部分转变为正向滑移,造成反向滑移长度缩减;直到最后反向滑移区域全部转变为正向滑移区域 (图 5.60(b))。需要注意的是,在靠近纤维断裂端附近,由于上述的原因始终存在正向滑移作用。

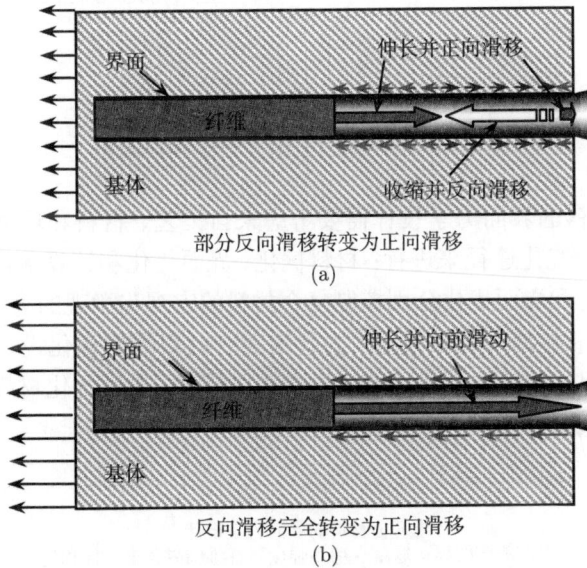

部分反向滑移转变为正向滑移

(a)

反向滑移完全转变为正向滑移

(b)

图 5.60　重加载时断裂纤维的滑移转化过程示意图

反向滑移 (空心大箭头) 部分 (a) 和全部 (b) 转化成正向滑移 (实心大箭头);小箭头代表着不同方向的界面摩擦

4. 讨论

脱粘纤维与基体之间的摩擦滑移过程,可以理想化看成一个包含脱粘纤维的树脂圆柱体模型,如图 5.56 和图 5.60 所示。将半径为 r 的纤维嵌入到树脂中,纤维和基体被认为是各向同性的,纤维和基体的轴向位移分别为 u_f 和 u_m。使用剪滞模型分析方法,假设脱粘纤维和基体之间的剪应力 τ_f 满足线性摩擦作用,即

$$\tau_f = \begin{cases} \tau_o & (\dot{u}_f < \dot{u}_m) \\ \bar{\tau} & (\dot{u}_f - \dot{u}_m) \\ -\tau_o & (\dot{u}_f > \dot{u}_m) \end{cases} \tag{5.40}$$

该式表明,当纤维和基体存在相对运动时,界面摩擦剪应力是均匀的常数 τ_o。当纤维和基体的相对运动为零时,界面摩擦剪应力等于下界值 $\bar{\tau}$,它只与界面机械咬合、黏着力、静电力、范德瓦耳斯力等有关。

　　然而，纤维脱粘界面上的摩擦作用会受到多方面因素的影响，首先是泊松效应的影响，即在搭桥纤维伸长过程中发生纤维径向收缩效应；其次，初始残余压缩应力会造成纤维膨胀，导致对基体界面的压力改变，从而影响在纤维脱粘界面上的摩擦作用。另外是动态效应的影响，界面粗糙度、泊松效应、加载速率等因素相互耦合在一起，是个动态发展过程 (Graff, 1991)。这里只考虑与时间、速率无关的均匀摩擦作用。

5.8　纤维复合材料界面设计

　　纤维复合材料的界面力学设计需要考虑来自工艺、材料和环境等复杂因素的影响，主要分三个优化途径来进行：材料优化、界面优化和计算优化，如图 5.61 所示。通过材料优化和界面优化分别控制复合材料的宏观与微观的力学性质，建立不同级别的界面载荷传递与失效模型，为纤维复合材料界面优化设计提供理论和实验基础。使用多尺度计算方法来关联宏微观力学模型，通过优化材料配比和铺设方式，给出所设计的纤维复合材料的最终承载性能。

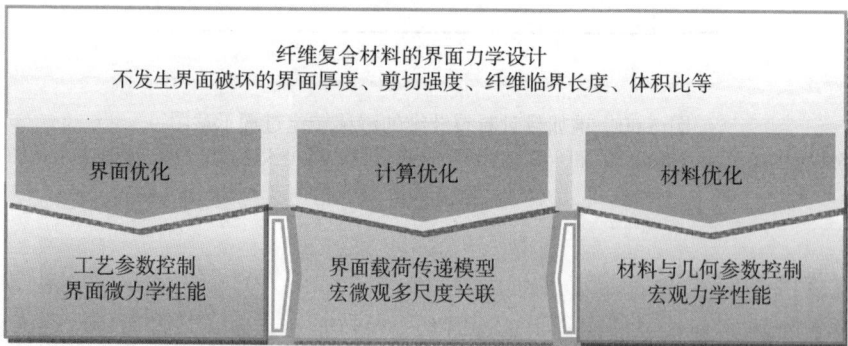

图 5.61　纤维复合材料界面设计路线 (Lei et al., 2014)

　　材料的选择与优化组合是复合材料界面设计最常用的方法，通过选择具有不同特性的纤维与基体材料，按照一定的配比和铺层方式进行固化而成。这样，借助于纤维优异的力学性能，来提升复合材料整体的承载能力。通常，使用宏观力学性能测试方法来表征纤维复合材料的界面性质，有大量的研究通过单纤维段断测试来得到纤维临界断裂长度，使用单纤维微滴拉出测试得到纤维拉拔力和位移关系，从而得到界面剪切强度等界面力学参数。

　　现在，人们已经认识到通过材料复合优化的途径不足以提高复合材料的整体力学性能，并转向了改善两相界面粘接性能来提升复合材料的力学性能。由于不同的增强纤维及基体特性、复合工艺和几何条件，会形成不同的热、力、化学的耦合环境，造就出复合材料具有不同微观性能效应 (界面特性) 的界面结构，从而影响着纤维/基体的界面粘接能力，在宏观上表现出不同的物化及力学性质。纤维复合材料的界面控制手段大多是通过纤维表面改性处理和复合制备工艺来获得特定的纤维/基体界面微结构 (如几何构形、端部角、嵌入长度等)，会表现出不同物理化学特性 (如润湿性、化学键、范德瓦耳斯力等)，从而改变界面粘接强度达到改善界面载荷传递性能的目的。目前，通过纤维表面改性可以得到粘接适度的界面或界面层，但是影响界面微力学特性的物化机制以及怎样控制界面应力传递一直是人们所关心的问题。

纤维复合材料的界面强度过低，纤维会发生脱粘、拔出或段断而失效；反之，复合材料界面结合强度高，纤维与基体之间的应力无法松弛，形成界面脆性断裂，因此界面设计优化应该考虑最佳综合力学性能。将上述的界面力学特性与几何参数作为设计变量，利用一定的优化方法 (如遗传算法)，结合有限元计算寻找最优的设计变量组合，这是复合材料界面力学性能优化的快速途径。

然而，复合材料界面微结构的设计变量并不是连续的，会造成求导类型的优化方法失效，而且不确定的初始值限制了优化方法收敛到全局最优点的能力。此外，现有的力学模型对复合材料界面微力学行为的描述是不完善的，界面层的力学性质、残余应力、应力奇异性等都是制约数值计算的难点 (Wang et al., 2010)。

5.9 小　结

纤维/基体之间的应力传递行为是纤维复合材料界面的主要力学问题，包含从界面粘接完好、部分界面脱粘到界面完全脱粘和纤维拉出等几个连续发展阶段，粘接区的弹性应力传递和脱粘区的摩擦剪应力传递已经被广泛认可。在界面脱粘并扩展过程中，脱粘界面上的摩擦剪应力、粘接剪应力和脱粘长度等界面力学参数不断发展和演化，宏观拉拔力或应力也相应地发生改变。现阶段，纤维复合材料界面的主要力学问题包括弹性应力传递、部分脱粘应力传递、界面强度标准和纤维桥接等方面。

对于具有稳定界面的纤维/基体复合材料系统，界面相的物化性质决定了界面的粘接能力，也就是界面剪切强度。当基体裂纹穿越纤维后会造成界面脱粘开裂，形成粘接区、脱粘区和搭桥区并存的搭桥纤维，各区之间的应力传递能力与粘接界面性能、界面摩擦力、界面强度和纤维强度有关，它们之间的平衡性决定了搭桥纤维是否能稳定存在。而打破了这种平衡性，搭桥纤维就不能稳定存在，转化为断裂纤维。搭桥纤维的强度标准可用来解释有些纤维从基体脱粘并形成稳定的桥接，而另一些纤维发生断裂却没有形成桥接的现象。

参 考 文 献

杜善义. 1998. 复合材料细观力学. 北京: 科学出版社.

雷振坤, 亢一澜, 王怀文, 牛宏攀, 陈力, 邱宇, 徐晗. 2005. 单纤维细丝微力学性能实验研究. 实验力学, 20(1): 72-76.

雷振坤, 王权, 仇巍, 邓立波. 2013. 单纤维与裂纹交互微力学: 完整粘接纤维. 实验力学, 28(1): 49-55.

雷振坤, 王权, 仇巍, 周灿林. 2012. 微拉曼光谱研究 M55JB 碳纤维/微滴的拉伸变形行为. 实验力学, 27(1): 30-36.

许金泉. 2006. 界面力学. 北京: 科学出版社.

王云峰, 雷振坤. 2013. 头发纤维环氧树脂微滴的拉出测试 - 鳞片效应. 实验力学, 28(12): 40-45.

Andersonsa J, Joffe R, Hojo M, Ochiai S. 2002. Glass fibre strength distribution determined by common experimental methods. Composites Science and Technology, 62(1): 131-145.

Bannister D J, Andrews M C, Cervenka A J, Young R J. 1995. Analysis of the single fibre pull-out test by means of Raman spectroscopy: Part II. Micromechanics of deformation for an aramid/epoxy system. Composites Science and Technology, 53(4): 411-421.

Bennett J A, Shyng Y T, Young R J, Davies R J. 2006. Analysis of interfacial micromechanics in microdroplet model composites using synchrotron microfocus X-ray diffraction. Composites Science and Technology, 66(13): 2197-2205.

Bennett J A, Young R J. 2008. A strength based criterion for the prediction of stable fibre crack-bridging. Composites Science and Technology, 68(6): 1282-1296.

Cen H, Kang Y L, Lei Z K, Qin Q H, Qiu W. 2006. Micromechanics analysis of Kevlar-29 Aramid fiber and epoxy resin microdroplet composite by Micro-Raman spectroscopy. Composite Structures, 75(1-4): 532-538.

Chandra N, Ghonem H. 2001. Interfacial mechanics of push-out tests: theory and experiments. Composites Part A, 32(3-4): 575-584.

Chua P S, Piggott M R. 1985. The glass fibre-polymer interface: III —Pressure and coefficient of friction. Composites Science and Technology, 22(3): 185-196.

Cox H L. 1952. The elasticity and strength of paper and other fibrous materials. Br Journal of Applied Physics, 3(3): 72-79.

Deng S Q, Ye L, Mai Y W, Liu H Y. 1998. Evaluation of fibre tensile strength and fibre/matrix adhesion using single fibre fragmentation tests. Composites Part A, 29(4): 423-434.

Eichhorn S J, Young R J. 2004. Composite micromechanics of hemp fibres and epoxy resin microdroplets. Composites Science and Technology, 64(5): 767-772.

Goutianos S, Peijs T, Galiotis C. 2002. Mechanisms of stress transfer and interface integrity in carbon/epoxy composites under compression loading Part Ⅰ: Experimental investigation. International Journal of Solids and Structures, 39(12): 3217-3231.

Graff K F. 1991. Wave Motion in Elastic Solids. New York: Dover.

Henstenburg R B, Phoenix S L. 2011. A comparative study on the mechanical and degradation prope of plant fibers reinforced polyethylene composites. Polymer composites, 32(10): 1552-1560.

Hsueh C H, Young R J, Yang X, Becher P F. 1997. Stress transfer in a model composite containing a single embedded fiber. Acta Materialia, 45(4): 1469-1476.

Ji X, Dai Y, Zheng B L, Ye L, Mai Y M. 2003. Interface end theory and re-evaluation in interfacial test methods. Composite Interface, 10(6): 567-580.

Kelly A, Tyson W R. 1965. Tensile properties of fiber-reinforced metal: copper-tungsten and copper-molybdenum. Journal of the Mechanics and Physics of Solids, 13: 329-350.

Kong K, Hejda M, Young R J, et al. 2009. Deformation micromechanics of a model cellulose/glass fibre hybrid composite. Composites Science and Technology, 69(13): 2218-2224.

Lei Z K, Li X, Qin F Y, Qiu W. 2014. Interfacial micromechanics in fibrous composites: design, evaluation and models. The Scientific World Journal, (2014): 282436.

Lei Z K, Qiu W, Kang Y L, Liu G, Yun H. 2008. Stress transfer of single fiber/microdroplet tensile test studied by micro-Raman spectroscopy. Composites Part A, 39: 113-118.

Lei Z K, Wang Q, Qiu W. 2013a. Stress transfer of Kevlar 49 fiber pullout test studied by micro-Raman spectroscopy. Applied Spectroscopy, 67(6): 600-605.

Lei Z K, Wang Q, Qiu W. 2013b. Micromechanics of fiber-crack interaction studied by micro-Raman spectroscopy: Bridging fiber. Optics and Lasers in Engineering, 51(4): 358-363.

Lei Z K, Wang Q, Qiu W. 2013c. Micromechanics of fiber-crack interaction studied by micro-Raman spectroscopy: Broken fiber. Optics and Lasers in Engineering, 51(9): 1085-1091.

Mahiou H, Beakou A, Young R J. 1999. Investigation into stress transfer characteristics in alumina-fibre/epoxy model composites through the use of fluorescence spectroscopy. Journal of Materials Science, 34(24): 6069-6080.

Montes-Morán M A, Young R J. 2002. Raman spectroscopy study of high-modulus carbon fibres: effect of plasma-treatment on the interfacial properties of single-fibre–epoxy composites: Part Ⅱ: Characterization of the fibre–matrix interface. Carbon, 40(6): 857-875.

Morais A B D. 2001. Stress distribution along broken fibres in polymer-matrix composites. Composites Science and Technology, 61(11): 1571-1580.

Nairn J A. 1992. A variational mechanics analysis of the stresses around breaks in embedded fibers. Mechanics of Materials, 13(2): 131-154.

Nairn J A. 1997. On the use of shear-lag methods for analysis of stress transfer in unidirectional composites. Mechanics of Materials, 26(2): 63-80.

Nairn J A. 2000. Analytical fracture mechanics analysis of the pull-out test including the effects of friction and thermal stresses. Advanced Composites Letters, 9(6): 373-383.

Piggott M R. 1980. Load bearing composites. Oxford: Pergamon Press.

Sinclair R, Young R J, Martin R D S. 2004. Determination of the axial and radial fibre stress distributions for the Broutman test. Composites Science and Technology, 64(2): 181-189.

Tandon G P, Pagano N J. 1998. Micromechanical analysis of the fiber push-out and re-push test. Composites Science and Technology, 58(11): 1709-1725.

Wang Q, Lei Z K, Kang Y L, Qiu W. 2009. Raman measurements of Kevlar-29 fiber pull-out test at different strain levels. Proc. SPIE, 7375: 737509.

Wang X H, Zhang B M, Du S Y, Wu Y F, Sun X Y. 2010. Numerical simulation of the fiber fragmentation process in single-fiber composites. Material and Design, 31(5): 2464-2470.

Xu L R, Kuai H C, Sengupta S. 2005. Free-edge stress singularities and edge modifications for fiber pushout experiments. Journal of Composite Materials, 39(12): 1103-1125.

Zhandarov S, Mader E. 2005. Characterization of fiber/ matrix interface strength: Applicability of different tests. approaches and parameters. Composites Science Technology, 65(1): 149-160.

Zhou X F, Wagner H D. 1999. Stress concentrations caused by fiber failure in two-dimensional composites. Composites Science and Technology, 59(7): 1063-1071.

第6章 展 望

微拉曼光谱技术是微尺度力学领域的一种潜在的实验力学方法，具有独特的优势，如无损、非接触、空间分辨率较高、可以深度聚焦测试等，有望在半导体薄膜、纤维与织物、石墨烯等领域中对基础力学问题开展深入研究，与此同时，该技术在力学测试应用中还存在着若干有待解决的新问题。本章将讨论拉曼光谱力学测量技术在今后一段时间内的发展趋势。

6.1 石墨烯与碳纳米管

石墨烯是二维碳原子晶体，是目前已知最薄的单原子厚度材料（厚度约0.335nm）。石墨烯质量轻、比表面积大，具有优异的电学和热学性能。由于具有上述独特性能和低廉费用，特别是 2010 年英国曼彻斯特大学的科学家获得诺贝尔物理学奖后，有关石墨烯的研究越来越引人关注 (Novoselov et al., 2012)，在众多领域中发挥石墨烯的电学性能制成功能材料和器件，如超电容电极、薄膜材料、液晶材料、机械谐振器和储能材料 (Xu et al., 2011; Yin et al., 2012) 等。与之而来，有关石墨烯基复合材料界面应力传感、应力传递和界面脱粘失效等的基础力学问题也是值得关注的，拉曼光谱技术是研究石墨烯界面应力传递、屈曲和脱粘失效机制的有效实验手段 (Qiu et al., 2014; Young et al., 2012)。

由碳纳米管制备出来的材料属于多级尺度的层次结构，如图 6.1 所示，每一级结构之间存在大量的界面，这些界面的性能及载荷传递能力直接影响材料的宏观力学性能。从微尺度实验力学角度，借助微拉曼光谱的应力测量能力，可用来研究多级碳纳米管纤维的载荷传递行为和建立纤维多级结构承载与变形的物理模型，分析细观的碳纳米管束和丝在拉伸作用下的力学响应以及各级结构力学行为之间的关联 (Deng et al., 2014; Li et al., 2012; Li et al., 2011)。

在碳纳米管薄膜应力传感方面，应用无损、非接触和高分辨率的拉曼技术优势，发展碳纳米管"拉曼应变花"技术，可实现对微区域三个平面应变分量的场测量 (Qiu et al., 2010; Qiu et al., 2013)。目前，在碳纳米管材料力学性能研究领域还有许多基础性问题尚未认识，包括载荷作用下材料宏、细、微观各级结构的变形特征，不同尺度结构的载荷响应与材料强度、韧性等宏观力学性能的关联，以及材料多尺度力学行为的正确表征等，这些问题依然是材料与力学领域所共同关注的热点。

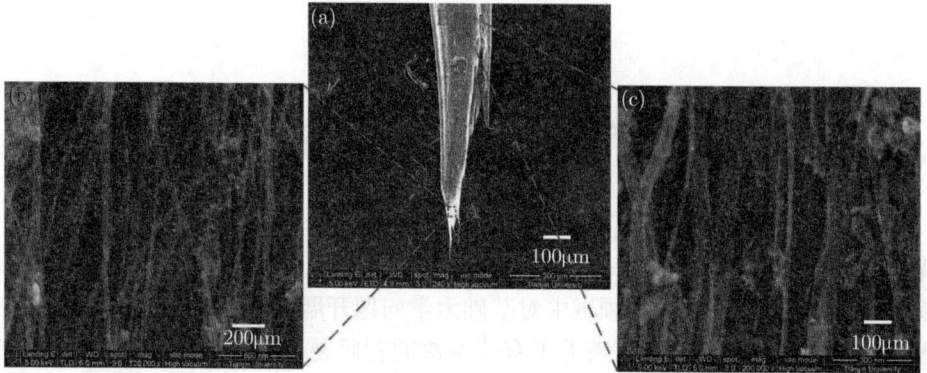

图 6.1　碳纳米管纤维破坏断口形貌 (a)，断裂尖端 (b) 和远离断口 500μm 处 (c) 微结构的
SEM 照片 (Deng et al., 2014)

6.2　纤维与复合材料织物

纤维复合材料与织物结构在航空航天等领域中得到越来越广泛的应用，如图
6.2 所示，纤维/基体之间的应力传递行为、界面强度标准、纤维桥接和界面摩擦滑
移等方面仍然是纤维复合材料界面的主要力学问题 (Lei et al., 2013)。纤维复合材
料的界面力学设计需要考虑来自工艺、材料和环境等复杂因素的影响，通过材料优
化和界面优化分别控制复合材料的宏观与微观的力学性质，建立不同级别的界面
载荷传递与失效模型，为纤维复合材料界面优化设计提供理论和实验基础 (Lei et
al., 2014)。

在这一领域，可采用拉曼光谱实验测量方法法来研究纤维复合材料与织物结
构的多尺度变形行为，从不同尺度上研究界面载荷传递模型、缺陷部位应力集中、
工艺残余应力影响、温度与冲击载荷作用等力学问题，为这类材料性能的优化设计
提供充分的实验研究基础。

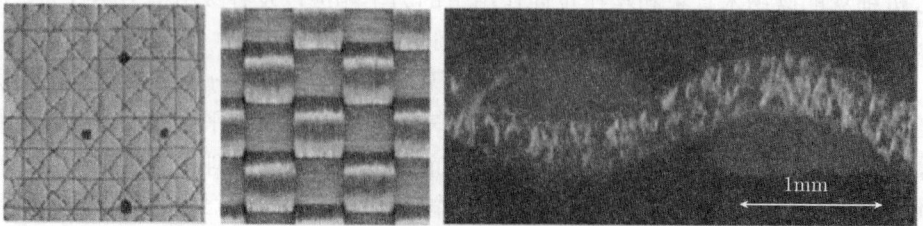

图 6.2　多向缝合织物、织物平纹结构及其横截面构型

6.3 半导体微器件与薄膜材料

MEMS 微器件的加工工艺过程产生的残余应力极容易引起曲卷、屈曲和断裂等失效问题，随着微器件向小尺度、多功能和高密度的趋势发展，工艺残余应力的影响更加突出。由于拉曼光谱技术具有无损、简便、对残余应力敏感、可实现在线检测等特点，如图 6.3 所示，因此，通过监控残余应力并分析其产生原因，可以提高 MEMS 的制造质量 (Kang et al., 2005; Qiu et al., 2008; Starman et al., 2012).

微拉曼光谱用于微结构残余应力测量的基础是建立拉曼变形测量理论，通过分析微观变形机制，建立拉曼频移与应变分量的关系 (Lei et al., 2006)。目前，残余应力测量的主要应用对象集中在金刚石类晶体结构材料，包括金刚石、单晶硅、碳化硅等硅类材料。结合扫描和成像技术，微拉曼光谱可用于 MEMS 薄膜/基底微结构残余应力全场测量，有逐点共聚焦、线扫描、面扫描等方式。结合三维拉曼内部应力测量技术可以采集材料内部浅表区域的工艺残余应力信息。

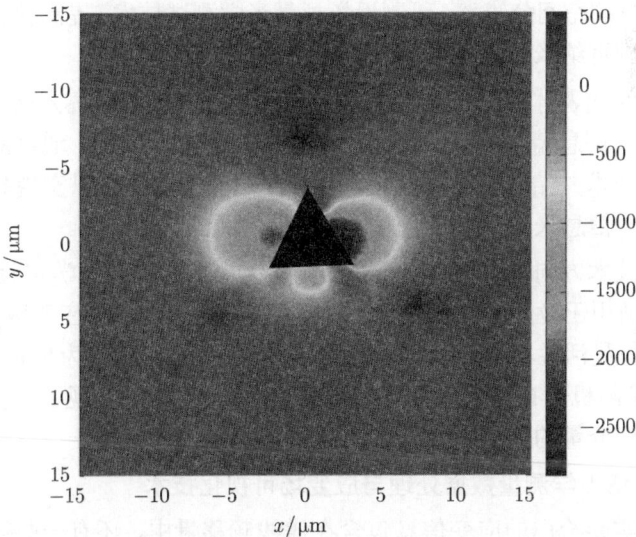

图 6.3 微拉曼光谱法测量微米压痕附近的残余应力场 (单位：MPa)(详见书后彩图)

6.4 微拉曼光谱力学实验

近年来拉曼光谱技术得到了快速发展，在微器件与微结构中残余应力的精细和在线测量方面得到越来越多的应用，并且成为目前碳纳米管、石墨烯等新型纳米

材料力学实验中最有效的测量工具。与此同时，该技术在力学测试应用中还存在着
局限性和若干有待于发展的新技术领域，主要体现在如下方面。

1) 典型半导体材料工艺应力测量新理论

在半导体微器件的工艺残余应力测量方面，需要明确材料微观结构的拉曼光
谱应力–频移理论与确定的频移因子。目前除了金刚石类晶体与纤锌矿型晶体材料
外，其他晶格结构体系材料的应变与拉曼频移关系的理论还尚未建立或尚未得到
系统的实验验证，需要针对典型材料，建立和完善相应的拉曼光谱力学测量理论。
在实验数据分析时需要考虑微观应力状态，例如，通常拉曼频移依赖于所有的六个
应变分量，解释复杂应力状态给出的实验数据时要结合微观机制进行合理的简化，
完善拉曼光谱力学测量的基本理论。

2) 拉曼光谱力学测量新技术

首先是提高拉曼光谱技术的空间分辨率，尽管拉曼光谱技术可以给出测点光
斑范围内纳观结构的变形信息，由于受到光路与光强等因素的限制，目前微拉曼光
谱技术的空间分辨率在微米尺度，可以达到 $1\mu m$。但是，在微结构的力学性能研究
中往往需要更高的空间分辨率，研制近场拉曼光学测试技术，提高拉曼力学实验的
空间分辨率达到百纳米尺度，可以给出更为丰富的实验信息。

发展三维的浅表体内应力测量也是拉曼实验技术新的研究方向，实现物体内
部一定深度力学信息精细测量一直是力学实验中的难点问题。通过测量光束在不
同深度聚焦的技术并结合拉曼实验特点的数据分析方法，可以实现材料内部浅表
区域的三维应力信息采集，为三维力学实验提供新的测量工具。

另一个新技术方向是研究新的变形传感介质，扩展拉曼力学实验的应用范围，
目前该技术仅适用于拉曼活性材料，即被测材料的拉曼谱线对应变敏感，因此限制
了该技术在非拉曼活性材料力学实验中的应用。将碳纳米管作为传感介质，结合偏
振技术，建立了随机分布碳纳米管拉曼应变传感测量理论，实现了非拉曼活性材料
的三个平面应变分量的测量 (Qiu et al., 2010)。

3) 拉曼光谱力学测量数据处理与应变场可视化技术

通过拉曼实验给出的应变信息包含在谱线频移量中，还有一些微结构变形信
息体现在半高宽与光强峰位等信息中，实验结果不直观是影响拉曼光谱在力学中
应用的主要因素之一。力学测量数据处理与应变场可视化技术可以实现关键力学
信息的全场显示 (如变形场和应力场)，以及相关物理力学参数的提取 (如载荷、温
度和电荷等)。将光谱谱线中的力学量提取出来，结合扫描成像技术形成可视化的
应变场信息，使该方法更直观和便于应用，是将拉曼光谱用于解决固体力学测量问
题中的关键环节。实验数据可视化的技术基础包括两部分，即图像处理软件和成
像采集硬件系统，随着各种先进的高空间分辨率成像采集设备的不断问世，可以预

期，拉曼光谱力学测量数据处理与应变场可视化技术会得到快速发展。

参 考 文 献

Deng W L, Qiu W, Li Q, Kang Y L, Guo J G, Li Y L, Han S S. 2014. Multi-scale experiments and interfacial mechanical modeling of carbon nanotube fiber. Experimental Mechanics, 54(1): 3-10.

Kang Y L, Qiu Y, Lei Z K, Hu M. 2005. An application of Raman spectroscopy on the measurement of residual stress in porous silicon. Optics and Lasers in Engineering, 43(8): 847-855.

Lei Z K, Kang Y L, Cen H, Hu M. 2006. Variability on Raman shift to stress coefficient of porous silicon. Chinese Physics Letters, 23(6): 1623-1626.

Lei Z K, Li X, Qin F Y, Qiu W. 2014. Interfacial micromechanics in fibrous composites: design, evaluation and models. The Scientific World Journal, (2014): 282436.

Lei Z K, Wang Q, Qiu W. 2013. Stress transfer of Kevlar 49 fiber pullout test studied by micro-Raman spectroscopy. Applied Spectroscopy, 67(6): 600-605.

Li Q, Kang Y L, Qiu W, Li Y L, Huang G Y, Guo J G, Deng W L, Zhong X H. 2011. Deformation mechanisms of carbon nanotube fibres under tensile loading by in situ Raman spectroscopy analysis. Nanotechnology, 22(22): 225704.

Li Q, Wang J S, Kang Y L, Li Y L, Qin Q H, Wang Z L, Zhong X H. 2012. Multi-scale study of the strength and toughness of carbon nanotube fiber materials. Materials Science and Engineering: A, 549: 118-122.

Novoselov K S, Fal V I, Colombo L, Gellert P R, Schwab M G, Kim K. 2012. A roadmap for graphene. Nature, 490(7419): 192-200.

Qiu W, Kang Y L, Lei Z K, Qin Q H, Li Q, Wang Q. 2010. Experimental study of the Raman strain rosette based on the carbon nanotube strain sensor. Journal of Raman Spectroscopy, 41(10): 1216-1220.

Qiu W, Kang Y L, Li Q, Lei Z K, Qin Q H. 2008. Experimental analysis for the effect of dynamic capillarity on stress transformation in porous silicon. Applied Physics Letters, 92(4): 041906.

Qiu W, Kang Y L. 2014. Mechanical behavior study of microdevice and nanomaterials by Raman spectroscopy: a review. Chinese Science Bulletin, 59(23): 2811-2824

Qiu W, Li Q, Lei Z K, Qin Q H, Deng W L, Kang Y L. 2013. The use of a carbon nanotube sensor for measuring strain by micro-Raman spectroscopy. Carbon, 53: 161-168.

Starman L, Coutu J R. 2012. Stress monitoring of post-processed MEMS silicon microbridge structures using Raman spectroscopy. Experimental Mechanics, 52(9): 1341-1353.

Xu Z, Gao C. 2011. Graphene chiral liquid crystals and macroscopic assembled fibres.

Nature Communications, 2: 571.

Yin J, Zhang Z H, Li X M, Zhou J X, Guo W L. 2012. Harvesting energy from water flow over graphene? Nano Letter, 12(3): 1736-1741.

Young R J, Kinloch I A, Gong L, Novoselov K S. 2012. The mechanics of graphene nanocomposites: a review. Composites Science and Technology, 72(12): 1459-1476.

附录 A Origin 8.1 软件批处理多峰型拉曼谱线数据流程

拉曼谱线数据处理需要满足自动化和标准化的要求，本附录以 Origin 8.1 软件为工具，以 Kevlar 29 纤维的多个拉曼特征峰为例来介绍批处理拟合方法，即使用低光谱分辨率 1.51cm^{-1} 的光谱仪也能保证拟合精度。具体步骤如下。

第 1 步 导入数据

- 方法一：点击 "File>Import>Thermo(SPC CGM)"，接着在打开的文件窗口中 (图 A1)，找到所有保存的拉曼谱线数据 (*.spc 文件)，点击 "Add files"，然后 "OK"。

- 方法二：点击 "File>Import>Multiple ASCII"，接着在打开的文件窗口中，找到所有保存的拉曼谱线数据 (*.prn、*.txt 或 *.dat 文件)，点击 "Add files"，然后 "OK"。

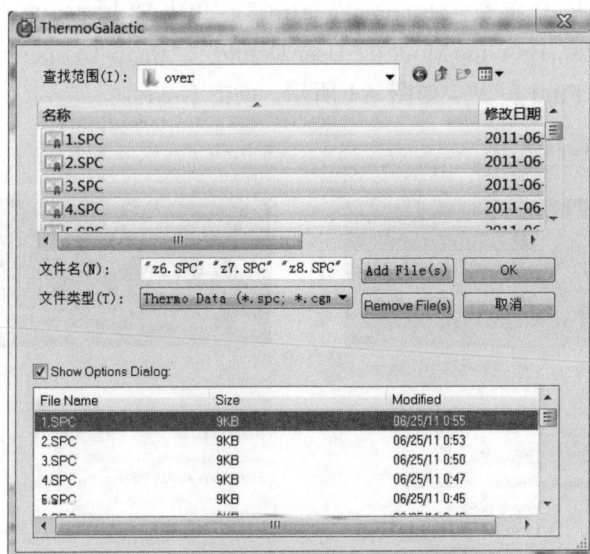

图 A1 选择多个光谱文件

- 在图 A2 所示的窗口中，将 "Multi File(Except 1st)Import Mode" 设定为 "Start New Sheets"。点击 "OK"，所有拉曼谱线将会导入，每个数据都会在一个新表

格中打开。

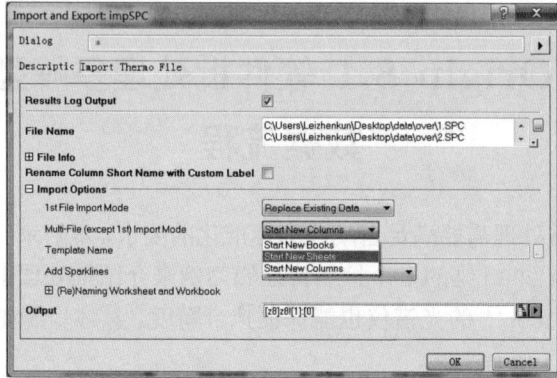

图 A2　设置每个光谱文件打开为新表格

第 2 步　设置批处理流程

选定导入数据表格中的任意两列 (拉曼波数与拉曼光强)，点击 "Analysis>Peaks and Baseline>Peak Analyzer>Open Dialogue..."。这个步骤将会打开一个能创建曲线拟合所有拉曼谱线数据的窗口 Peak Analyzer，之后要按下述步骤执行。

- 设定目标 (Goal) 参数："Fit Peaks (Pro)"，如图 A3 所示，点击 Next。
- 设置基线模式 (Baseline Mode)："User Define"、"Snap To Spectrum"和"Number of Points to Find = 2"，如图 A4 所示，点击 Next。

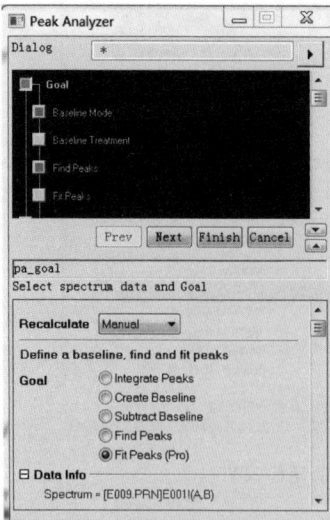

图 A3　设置 Goal 参数　　　　　图 A4　设置 Baseline 参数

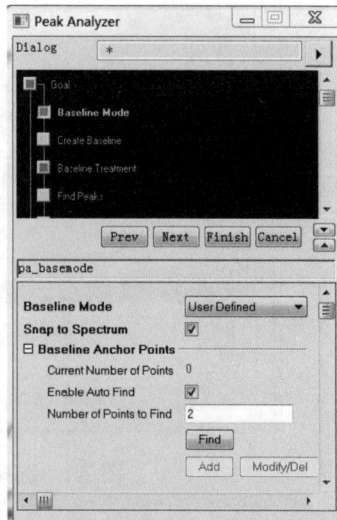

- 设置 "Create Baseline" 参数：选择 "Interpolation" 和 "Line" 插值方法 (在 Interpolation Method 目录下)，如图 A5 所示，点击 Next，再点击 Next。
- 设置 "Find Peaks" 参数。
  - √ 方法一：取消 "Enable Auto Find" 并且点击 "Add"，如图 A6 所示，然后依次在图中用鼠标双击添加多个主要的拉曼特征峰 (对于 Kevlar 29 而言，四个主要的拉曼峰分别对应 1650 cm^{-1}, 1610 cm^{-1}, 1570 cm^{-1} 和 1515 cm^{-1} 左右)，如图 A7 所示，添加完成后点击 Done 返回对话框，点击 Next;
  - √ 方法二：选择 "Enable Auto Find" 并且点击 "Find"，如图 A6 所示，然后依次点击添加、拖动或删除多个主要的拉曼特征峰，如图 A7 所示，点击 Next。

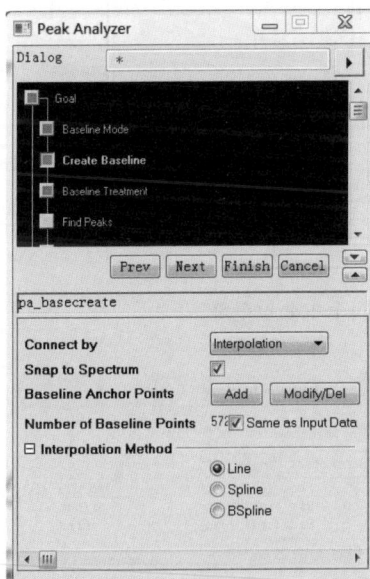

图 A5　设置 Create Baseline 参数　　　　图 A6　设置 Find Peaks 参数

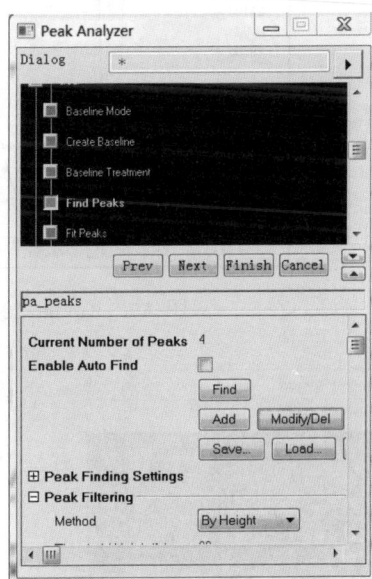

- 设置 "Fit Peaks" 参数：点击 "Fit Control 控件"(在下边，图 A8)，会打开新窗口，用来设定曲线类型和参数边界等信息，Origin 8.1 在拟合过程中会遵循这个窗口下所定义的曲线类型和参数边界等条件。
  - √ Under Curve Type (左边下拉菜单的中间，图 A9) 设定拟合曲线类型为 "PsdVoigtl"，这个曲线类型是由 Gaussian 和 Lorentzian 函数组合而成，很适合拉曼谱线的拟合。
  - √ 点击 "Bounds" 栏，如图 A10 所示，对每个曲线 (之前点击的四个峰) 设定：

➤ "Centre"定义峰 $\pm 20\text{cm}^{-1}$ (例如, 对于 1610 cm^{-1} 处拉曼峰为 1590~1630);

➤ "Amplitude"设定 $\geqslant 0$ (这样设定的目的是不会在负值区域搜索拉曼峰);

➤ "Width"在 10 和 35 之间;

➤ "Profile Shape Factor"在 0 和 1 之间;

➤ 点击 OK 返回到"Peak Analyzer"窗口。

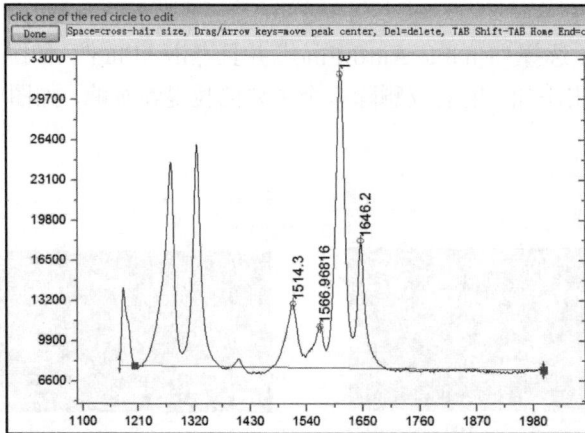

图 A7　Kevlar 29 的四个主要拉曼峰

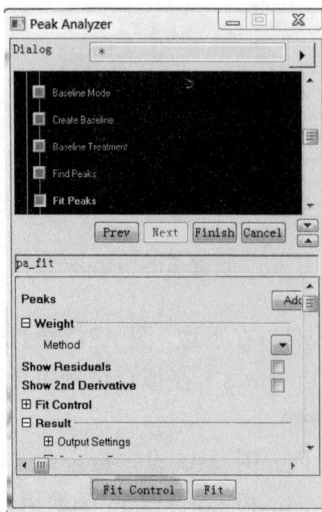

图 A8　Fit Peaks 窗口内的 Fit
　　　　Control 控件

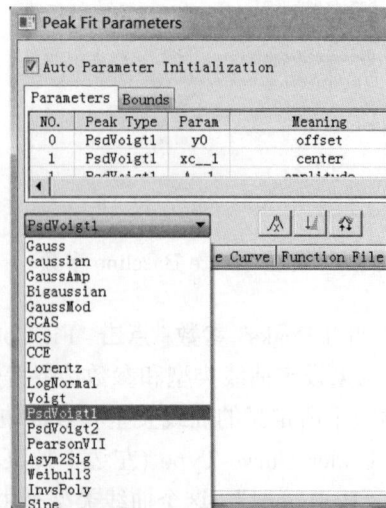

图 A9　Fit Control 控件选择
　　　　PsdVoigtl

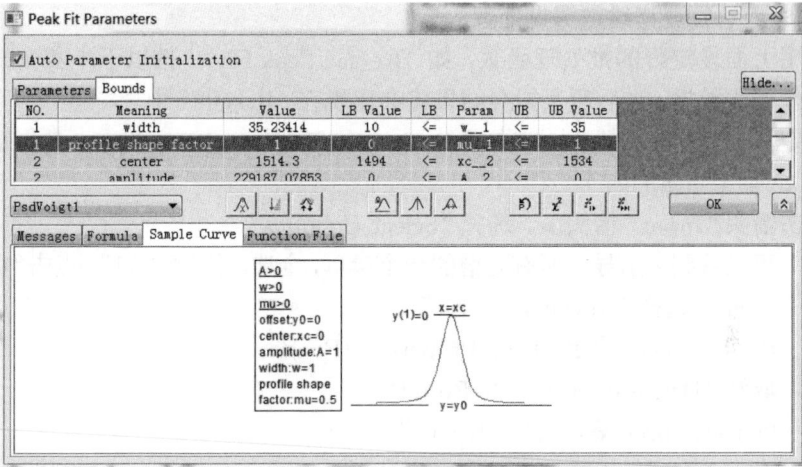

图 A10　Fit Control 控件中 Bounds 各参数设置

- 保存批处理流程: 点击 Peak Analyzer 窗口右上角箭头 ▶, 点击 "Save As...", 在 Theme Name 键入你的批处理函数的名称, 如 "Kevlar Peak Fit", 如图 A11 所示。

- 在 "Fit Options" 点击 "Upper and Lower Bounds" 这样就选中了 (如果不设定, 之前设定的边界条件就不能使用, 选择的拟合函数也不能使用), 如图 A11 所示, 点击 OK。

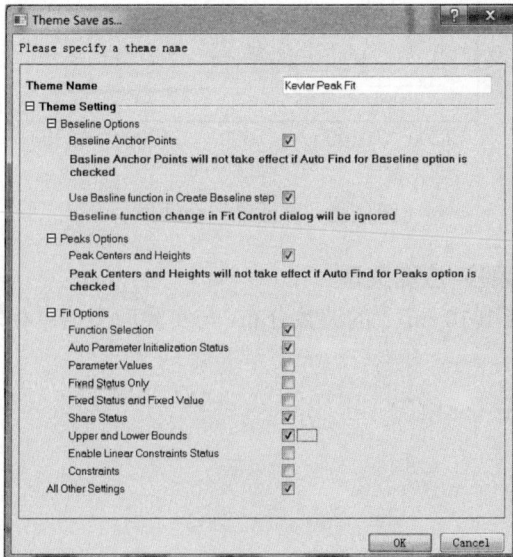

图 A11　Fit Control 控件中保存批处理 Theme 名字

第 3 步　拉曼谱线数据批处理

使用上面设定好的批处理函数，如"Kevlar Peak Fit"，按以下步骤来拟合所有的拉曼谱线数据，之后所有拟合结果将会出现在"Results"中。

- 选定一个光谱上的两列，选择"Analysis > Peaks and Baseline > Batch Peak Analysis Using Theme ..."。
- 点击箭头"Input"箭头 ▶，选择"Select Columns"。
  - ✓ 可以看到之前导入所有光谱的一个清单，全选，点击"Add"，点击"OK"；
  - ✓ Theme 选择"Kevlar Peak Fit"；
  - ✓ Results Sheet 设定"Peak Properties (Pro)"；
  - ✓ 取消"Delete Intermediate Result"；
  - ✓ Output Sheet 键入名称"Result"；
  - ✓ 点击"OK"。

图 A12 给出的是批处理结果中一个 Sheet 得到的 Kevlar29 多波峰结果。

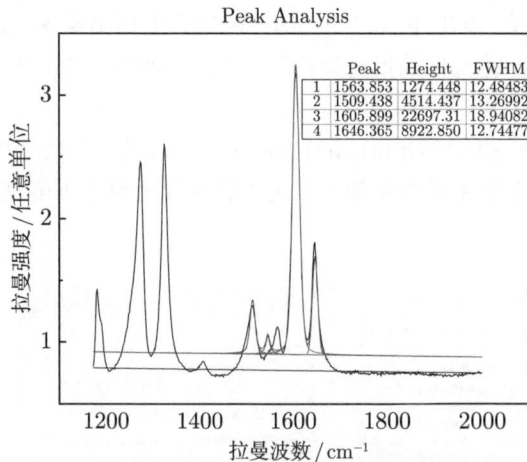

图 A12　多波峰拟合结果

第 4 步　得到频移–应变关系

- 提取拉曼特征峰 $1610\,\mathrm{cm}^{-1}$ 的波数分布，与实验应变信息相联系，作出频移–应变关系图。

附录 B WiRE 3.2 软件批处理单峰型拉曼谱线数据流程

WiRE 3.2 是与拉曼谱线仪配套的软件, 具有丰富的谱线处理功能。其优势表现在: 数据导入、参数设置和拟合过程的简单快速, 拟合结果可视化, 可方便了解任一点的拟合信息。

下面给出使用 WiRE 3.2 软件批处理单峰型拉曼谱线数据流程。

第 1 步 导入数据

WiRE 3.2 可以打开 wxd、spc 和 txt 等类型的文件, 但是只能批量处理 wxd 格式的文件, 这是因为只有 wxd 格式的文件含有所有必需的信息 (WiRE 3.2 可以打开包含多条谱线的 spc 格式的文件, 但是只能打开包含一条谱线的 txt 格式的文件)。

- 方法一: 双击要打开的 wxd 文件。
- 方法二: 点击 File>Open 或点击 📂 或使用快捷键 Ctrl+O, 找到所要打开的 wxd 文件。

第 2 步 设定拟合参数

这是一个最关键步骤, 下面详细介绍。

- 点击 Analysis>Curve Fit 或点击快捷图标 📧 (Curve fit) 进入曲线拟合状态。
- 调节谱线显示至合适大小 (按住鼠标左键选择要显示的区域即可实现)。
- 在峰上点击鼠标左键添加拟合曲线, 添加的拟合曲线与谱线大致重合最好, 否则可以将光标放到 🔳 上 (共三个, 可逐一拖动调节);
- 在图 B1 所示的白色区域内的任意位置点击鼠标右键, 然后点击最后一项 Proporties, 之后出现图 B2 所示的对话框。

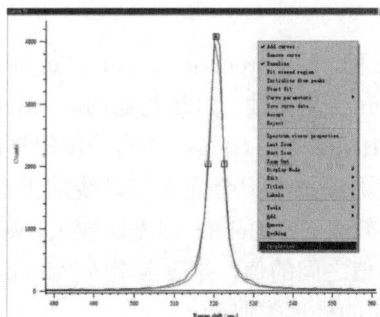

图 B1 右击空白处弹出菜单

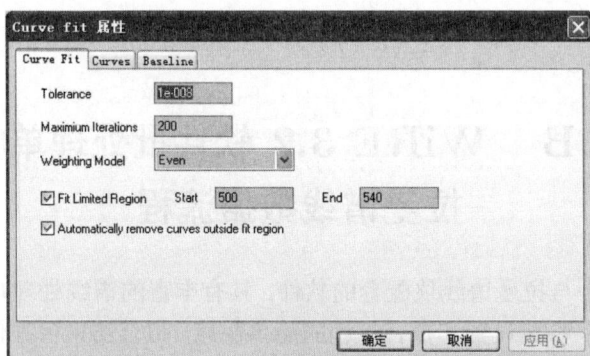

图 B2　Curve fit 属性对话框 Curve Fit 菜单

- **设置 Curve fit**
    - ✓ Tolerance 控制拟合的精度，一般它的值越小拟合结果越精确，在 WiRE 3.2 中其最小值为 1×10^{-8}；
    - ✓ Maximium lterations 控制最大迭代次数，即在拟合过程中迭代次数达到所设定的最大值后将停止运算，并采用最后一次运算的结果作为最终结果，根据经验，若初值合理，较小的迭代次数即可达到收敛的条件；
    - ✓ Weighting Model 控制权重模式，WiRE 3.2 中提供了三种，它们的区别很小，一般可以忽略不计；
    - ✓ Fit Limited Region 控制拟合区间，如对于单晶硅一般可以取 500∼540，既保证了该区间包含要拟合的峰，又使得拟合区间不至过大而引起误差 (拟合区间过大，可能引入与要拟合的峰无关的信息，从而引起误差)；
    - ✓ 最后一项 Automatically remove curves outside fit region 与拟合结果无关，勾选即可。
- **设置 Curves**
    - ✓ Curve Name 即刚才添加的拟合曲线的名字，一般无需改动，如图 B3 所示。
    - ✓ Curve Type 有三种，即 Lorentzian、Gaussian 和 Mixed，Mixed 能很好拟合 Lorentz 和 Gauss 型谱线，因此此处选取 Mixed；
    - ✓ Centre、Width、Height 和 %Gaussian 右边编辑框内的数据为所赋初值，初值的合理性和前面添加的拟合曲线与谱线的重合程度有关；如果要拟合的各谱线间差异较大，如 Height 相差比较大，则应给 Height 赋予一个介于最大值和最小值之间的值，并适当增大 Maximium lterations 的值，对 Centre 和 Width 的处理类似；
    - ✓ Float 下的复选框选中表明允许对应的值在迭代过程中改变，否则为不允许改变，考虑到谱线的差异，建议全部勾选；

✓ Use Limits 下的复选框选中后可以给对应的值设定一个范围，即拟合结果不会超出设定的范围。如果对谱线各参数的范围比较熟悉可以使用此功能。

● **设置 Baseline**

✓ Baseline 即基线，带基线拟合可以很好地消除基线对拟合结果的影响，如图 B4 所示；

✓ 将 Use Baseline 前的复选框选中，Cubic、Quadratic、Linear 和 Offset 所对应的分别为多项式基线三次项、二次项、一次项的系数和常数项，若基线形式复杂，建议将所有系数及常数项复选框选中；

✓ Use Limits 的功能与 Curves 中类似，不再赘述；

✓ 参数设置完毕后，点击确定，对话框自动关闭。

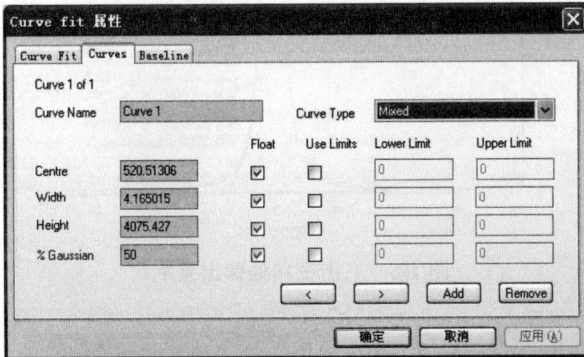

图 B3   Curve fit 属性对话框 Curves 菜单

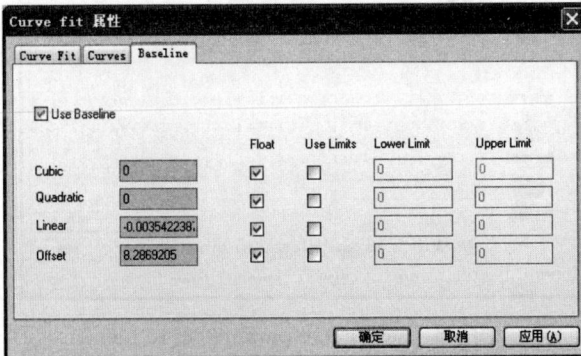

图 B4   Curve fit 属性对话框 Baseline 菜单

- 存储拟合参数
  - ✓ 在白色区域内的任意位置点击鼠标右键，在弹出的菜单中 (图 B5) 点击 Curve Parameters>Save 打开 Save curve parameters to file 对话框；
  - ✓ 将文件以 wxc 格式用任意名字存储到任意位置 (能找到即可)，如命名为 0.wxc，存储到桌面 (图 B6)；
  - ✓ 依次点击 Analysis>Curve fit 或点击快捷图标 (Curve fit) 退出曲线拟合状态。

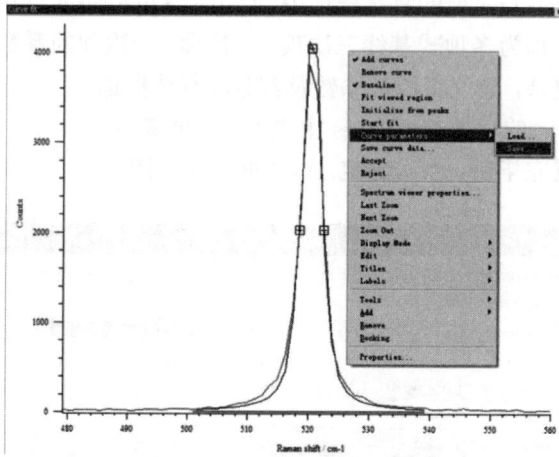

图 B5　右击空白处弹出菜单

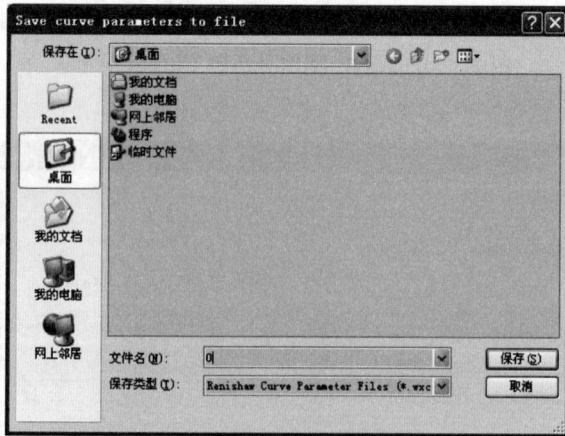

图 B6　Save curve parameters to file

第 3 步　批量拟合数据

- 点击 Analysis>Mapping review 或点击 打开 Map selection 对话框，如图 B7

所示；

- 在下拉菜单中点击 Peak position(按需选择)，然后点击 Create 出现如图 B8 所示的对话框；

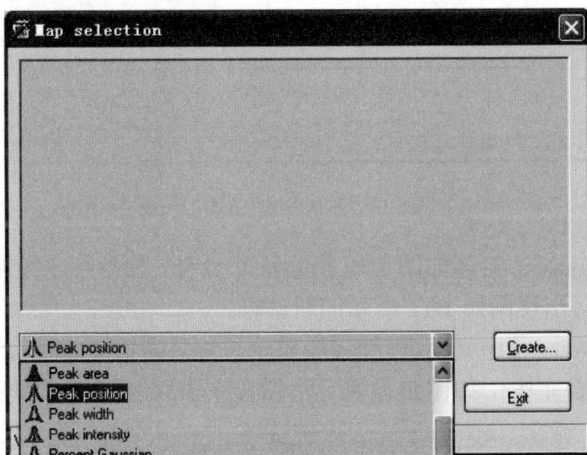

图 B7　Map selection

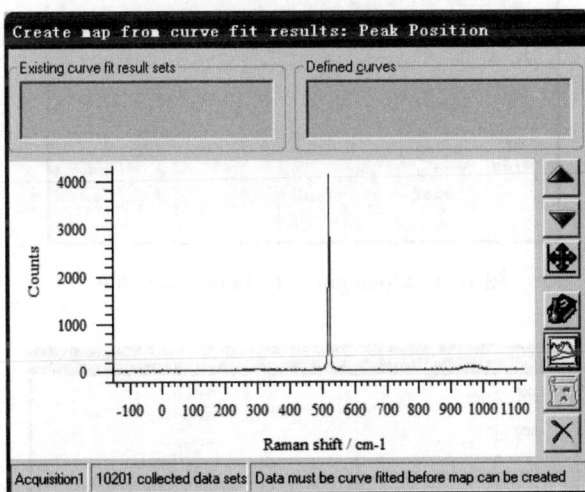

图 B8　Create map from curve fit results: Peak Position

- 点击 (curve fit collect data)，出现如图 B9 所示的对话框；

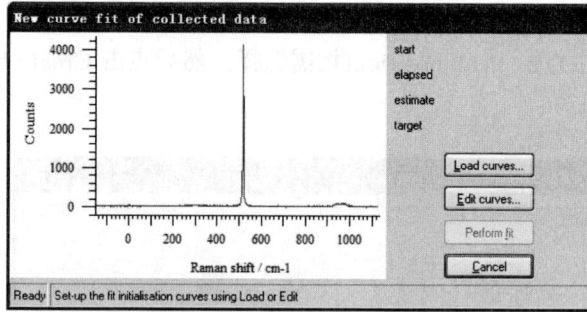

图 B9　New curve fit of collected data 对话框

- 点击 Load curves，打开如图 B10 所示的对话框，找到刚才存储到桌面的 wxc 文件并打开，出现图如 B11 所示的对话框；
- 点击 Perform it，程序就会进行拟合，整个过程只需很短的时间 (上万个点，10s 以内即可拟合完毕)，如图 B12 所示，拟合完毕后出现图 B13 所示的对话框；

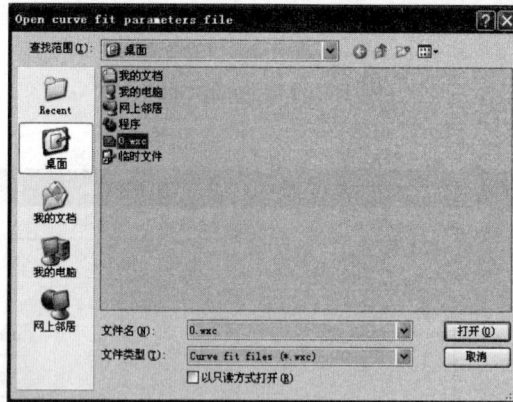

图 B10　Open curve fit parameters file

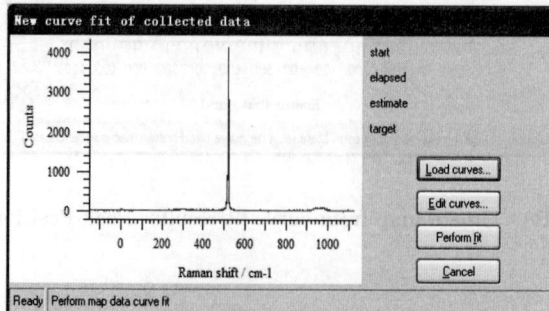

图 B11　New curve fit of collected data

- 点击▣(Create new map)，出现如图 B14 所示的对话框。此时可以继续获得其他参数拟合结果，如半高宽，在下拉菜单中点击 Peak width>Create>▣(Create new map)；

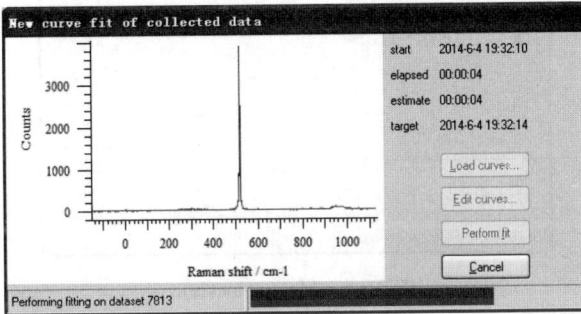

图 B12   拟合中

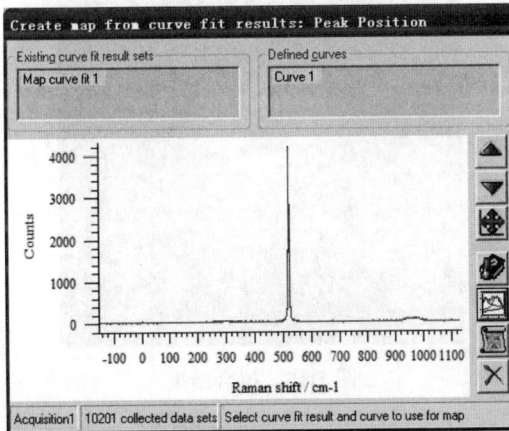

图 B13   Create map from curve fit results: Peak Position

- 选中需要获得的参数类型，如 Peak Position Curve 1，然后点击 View，得到拟合结果如图 B15 所示。

第 4 步   导出拟合结果

有时由于特殊要求，需要将拟合得到的数据导出，WiRE 3.2 可以方便地实现该功能。

- 如图 B16 所示，在软件左侧的 Navigator 内部，点击 Data>Derived data，可以看到所有的拟合结果；
- 鼠标右键单击所需导出的数据 >Save dataset as，出现图 B17 所示的对话框，保存类型选择 txt 格式，任意取名后保存到自己制定的位置即可。

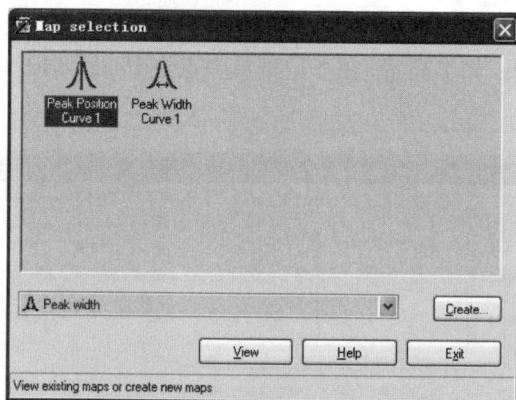

图 B14　Map selection

图 B15　拟合结果

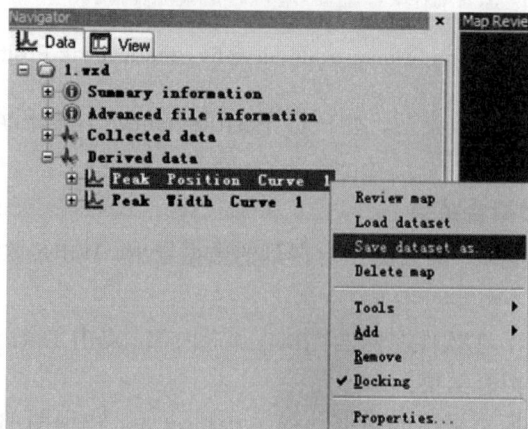

图 B16　Navigator

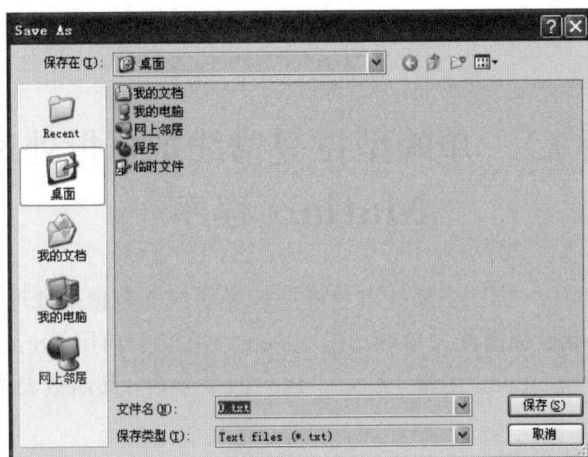

图 B17　保存拟合结果

需要特别指出的是，结果文件中有三列数据，第一列为纵坐标，第二列为横坐标，第三列为对应的拟合结果，如图 B18 所示。

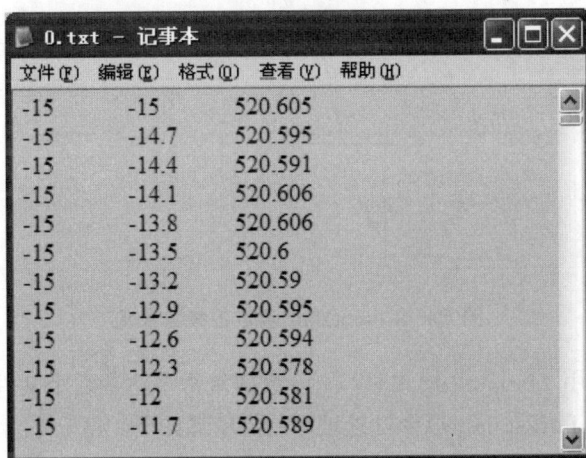

图 B18　保存为 txt 格式结果文件

附录 C 单峰型拉曼谱线数据批处理的 Matlab 程序

本附录的 Matlab 程序主要针对单峰型拉曼谱线的数据批处理。

单晶硅的标准拉曼谱线为单峰，在 $520\mathrm{cm}^{-1}$ 附近，可用 Lorentzian 函数描述此类单峰曲线。Lorentzian 函数 (图 C1) 包含四个参数，其函数表达式为

$$y = y_0 + \frac{2A}{\pi}\frac{w}{4(x-x_{\mathrm{c}})^2 + w^2}$$

其中，y_0 为水平基线的偏移量，A 为峰形面积，w 为半高宽 (FWHM)，x_{c} 为峰形中心位置。

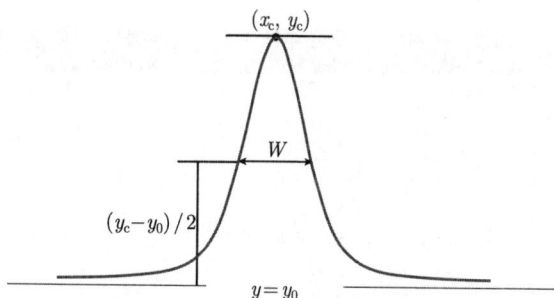

图 C1 Lorentzian 函数各参数含义

拉曼实验采用 Mapping 模式时，测量数据常常多达数百个文件，使用 Matlab 平台进行硅单峰 Lorentzian 拟合批处理，主要步骤如下。

(1) 准备数据：搜寻并载入待处理的文件，按照一定的格式将文件中的数据转移到向量中。

(2) 赋初始值：根据已有的向量，按照简洁而有效的原则计算 Lorentzian 函数的四个待拟合参数的初始值，并按约定顺序赋到初始值向量中。

(3) 最优化拟合：按照 Lorentzian 函数建立目标函数，采用非线性无约束 derivative-free method，对矩阵进行最优化拟合。

(4) 将拟合得到的各项数据保存到指定文件中，同时保存处理日志文件。日志文件中记录处理时间、数据量，更重要的是记录拉曼数据中的奇异谱线，以方便用户对这些奇异谱线进行单独后处理。

　　Matlab 批处理程序能够实现对指定文件夹内所有数据的批量处理。文件顺序处理组件可以实现对单个 Mapping 实验采集的所有数据统一处理，并按照 Mapping 模式进行整理。若同时有多个拉曼实验数据需要处理，可以启用文件夹树搜索组件模块。此模块默认一个文件夹对应一个拉曼实验，从用户指定的根目录开始，逐个文件夹进行处理，并在每个文件夹下记录拟合结果、处理日志和 Mapping 平均数据。为方便用户后处理，程序附带图片输出组件，可以将处理的每一条拉曼谱线转换成图像并保存到用户指定位置。

　　批处理包括两个核心程序和一个交互界面处理程序，文中仅将核心程序源代码列出。

　　第一个核心程序的功能是顺序读取数据文件夹中的数据文件，并将每一个数据文件分别进行数据拟合，拟合结果分为三个输出文件。第一个输出文件扩展名为 ".prn"，记录了每一个扫描点的拟合 y_0、A、x_c、w，并按分析顺序逐个排列。第二个文件扩展名为 ".ave"，记录了每一行上所有扫描点的 y_0、A、x_c、w 平均值。第三个文件扩展名为 ".lorlog"，记录了拟合开始时间、待处理数据存储路径、首个数据文件名、结束时待处理文件名以及文件处理个数。

```
%%%%%%%%%%%%%%%%%%%%%%%%%%%%%%%%%%%%%%%%%%
%Matlab程序化 Lorentzian自动拟合Raman实验数据源代码文件LorentzFitRaman.m
% Lorentzian 函数拟合 Raman 曲线主程序
%%%%%%%%%%%%%%%%%%%%%%%%%%%%%%%%%%%%%%%%%%
% 第一步，寻找第一个数据文件。
[filename,pname]=uigetfile('*.prn','Select the PRN files'); if
filename(1)<1 error('未正确打开文件'); return end
% Raman 实验 Mapping 数据分析设置
xmax=input('x 方向的点数=');
% 自动处理文件名
[mf,nf]=size(filename); namef=filename(1:nf-5);
% 第二步，建立结果输出文件。
ntime=clock; %获取当前系统时间
ntime4=num2str(ntime(4)); %生成时间标志，用于结果输出文件
ntime5=num2str(ntime(5)); %生成时间标志，用于结果输出文件
% 自动生成三类输出文件:
% *.prn 为直接拟合结果输出文件
% *.ave 为 Mapping 数据平均结果输出文件
% *.lorlog 为拟合日志文件，记录数据处理过程，包括处理时间、数据量、错误记录等
outpfile=[namef,'-prn-',date,'-',ntime4,': ',ntime5,'.prn'];
averfile=[namef,'-ave-',date,'-',ntime4,': ',ntime5,'.ave'];
```

```
logofile=[namef,'-log-',date,'-',ntime4,': ',ntime5,'.lorlog'];
foutp=fopen(outpfile,'w'); faver=fopen(averfile,'w');
flogo=fopen(logofile,'w');
fprintf(foutp,'x\ty\ty0\tA\txc\tw\r\n');
fprintf(faver,'y\ty0\tA\txc\tw\r\n');
fprintf(flogo,'%s\r\n',outpfile);
fprintf(flogo,'Now time is %s %s:%s\r\n',date,ntime4,ntime5);
fprintf(flogo,'The file path is %s .\r\n',pname);
fprintf(flogo,'The first file is %s .\r\n',filename);
filename=[pname,filename] [mf,nf]=size(filename);
namef=filename(1:nf-5); fnumc=filename(nf-4:nf-4);
namel=filename(nf-3:nf); fnum=str2num(fnumc);
flag=1; %标志将要打开的文件是否存在。
% 第三步，读取当前点数据，进行拟合分析。
% 此部分包含顺序读取数据文件的程序内容。
global xdata global ydata xnum=1; ynum=1; xaverage=zeros(xmax,4);
while flag fid=fopen(filename,'r') dotdata=importdata(filename);
[m,n]=size(dotdata); xdata=dotdata(:,1); ydata=dotdata(:,2);
[ymax,xc]=max(ydata); y0=min(ydata);
A=sum(ydata-y0)*abs(xdata(m)-xdata(1))/m; xc=xdata(xc); w=5;
x=[y0;A;xc;w] x=fminsearch('lorentzianfunc',x)
xaverage(xnum,:)=x';
% 输出当前点的拟合数据。
fprintf(foutp,'%d\t%d\t%f\t%f\t%f\t%f\r\n',xnum,ynum,x);
xnum=xnum+1; if xnum>xmax xaver=sum(xaverage)/xmax;
% 输出同一条线上所有点拟合数据的平均值。
fprintf(faver,'%d\t%f\t%f\t%f\t%f\r\n',ynum,xaver);
xnum=1; ynum=ynum+1; xaverage=xaverage*0; end fclose(fid);
fnum=fnum+1; fnumc=num2str(fnum); filename=[namef,fnumc,namel]
flag=exist(filename); end if xnum>1 xaver=sum(xaverage)/(xnum-1);
% 输出最后一条线上所有点拟合数据的平均值。
fprintf(faver,'%d\t%f\t%f\t%f\t%f\r\n',ynum,xaver);
end fnum=fnum-1; fnumc=num2str(fnum);
fprintf(flogo,'The calc is end at %s\r\n',filename);
fprintf(flogo,'There are %d files proceeded.\r\n',fnumc);
ntime=clock; ntime4=num2str(ntime(4)); ntime5=num2str(ntime(5));
fprintf(flogo,'Now time is %s %s:%s\r\n',date,ntime4,ntime5);
fclose(foutp); fclose(faver); fclose(flogo);
```

```
% Lorentzian自动拟合Raman实验数据源代码文件LorentzFitRaman.m结束
%%%%%%%%%%%%%%%%%%%%%%%%%%%%%%%%%%%%%.
```

　　第二个核心处理程序主要定义了 Lorentzian 函数公式 y，并将公式 y 转化成用于最优化分析的函数 f。其中，函数 f 代表的是当前拟合结果与实测数据之间每个点距离的平方之和。

```
%%%%%%%%%%%%%%%%%%%%%%%%%%%%%%%%%%%%%%
% Matlab程序化 Lorentzian自动拟合Raman实验数据源代码文件lorentzianfunc.m
% Lorentzian 函数拟合 Raman 曲线子程序，程序中定义Lorentzian 函数表达式。
  function f = lorentzianfunc(x)
  global xdata
  global ydata
  y = x(1)+2*x(2)*x(4)*(4*(xdata-x(3)).*(xdata-x(3))+x(4)*x(4)).^-1*pi()^-1 ;
  f = sum((y-ydata).^2);
%公式y中，x(1)为y0;
%          x(2)为A;
%          x(3)为xc;
%          x(4)为w。
% Matlab程序化 Lorentzian自动拟合Raman实验数据源代码文件lorentzianfunc.m结束
%%%%%%%%%%%%%%%%%%%%%%%%%%%%%%%%%%%%%%%%%%%%
```

　　Matlab 批处理程序主要解决的是单峰型拉曼谱线的 Mapping 模式大量数据处理问题，因此其配用的数据格式具有 Mapping 模式特点。其中，每一个数据文件对应一个扫描点的数据，数据中包含两列，分别为波数和强度。数据文件名为 abcd**.prn 格式，其中 abcd 可由试验人员自行定义，** 为扫描点序号，通常从 1 开始顺序排列。若 ** 从 10 以上开始，则程序会不正常运行。

索　引

彩　页

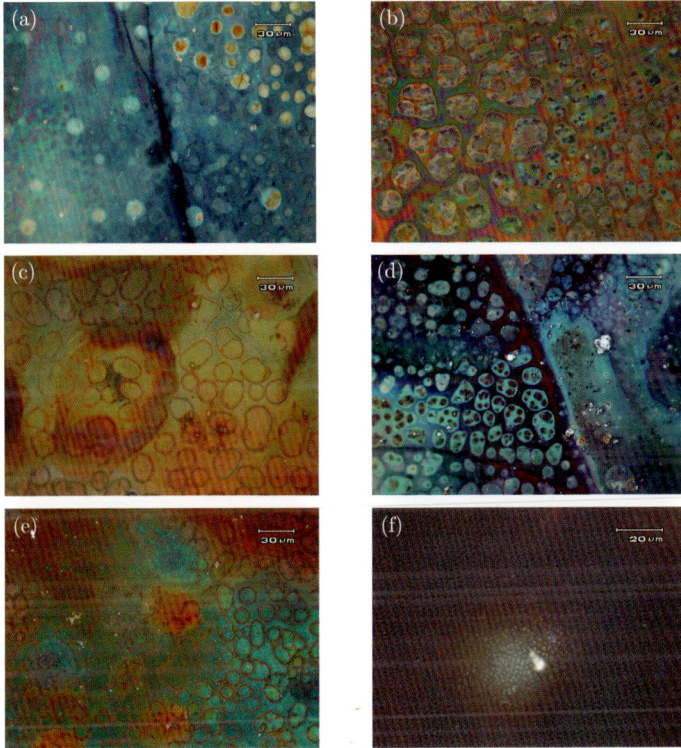

图 2.10　化学刻蚀制备多孔硅的金相显微镜照片 (500 倍)

(a) 0.12mol/L, 刻蚀 5min, 孔隙率 30.77%；(b) 0.12mol/L, 15min, 孔隙率 37.5%；(c) 0.12mol/L, 30min, 孔隙率 51.28%；(d) 0.24mol/L, 5min, 孔隙率 63.64%；(e) 0.24mol/L, 15min, 孔隙率 74.19%；(f) 0.24mol/L, 30min, 孔隙率 96.25%

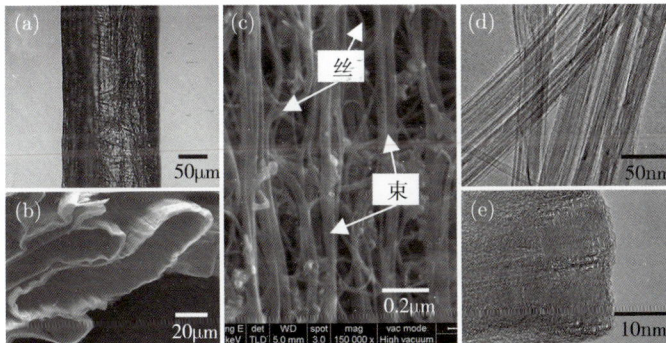

图 3.2　碳纳米管纤维的多尺度形貌 (Zhong et al., 2010)

(a) 纤维外形光学照片；(b) 一组纤维的横截面 SEM 照片；(c) 纤维表面 SEM 照片；(d) 纤维内束 (或丝) 的透视电子显微镜 (TEM) 照片；(e) 束 (或丝) 端部的 TEM 照片

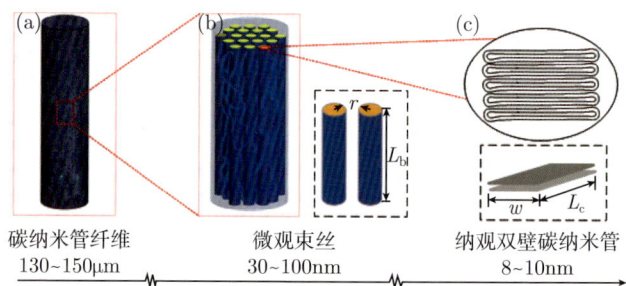

图 3.16　碳纳米管纤维的多级结构

(a) 宏观纤维；(b) 微观束丝网络；(c) 纳观双壁碳纳米管

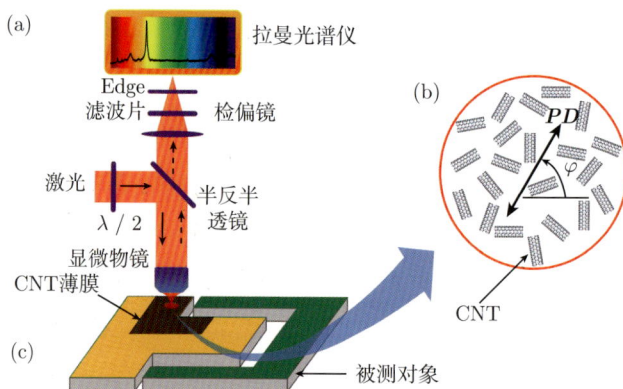

图 4.6　基于显微拉曼的碳纳米管应变传感测量示意图

(a) 表面附着碳纳米管薄膜的被测对象；(b) 聚焦于碳纳米管薄膜表面的显微拉曼采样点, 其中的碳纳米管随机均匀分布, PD 表示入射光偏振方向；(c) 偏振显微拉曼光谱系统

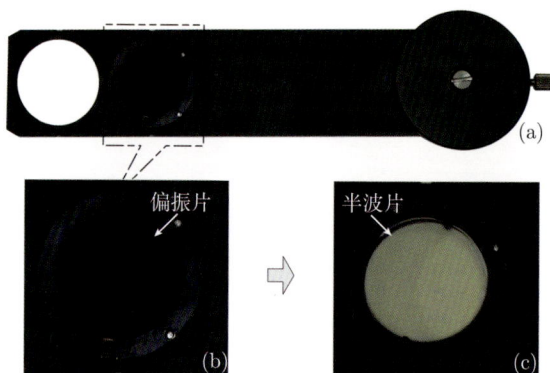

图 4.10　双偏协同/协异控制中的连续偏振起偏器

(a) 180° 检偏器；(b) 偏振片；(c) 半波片

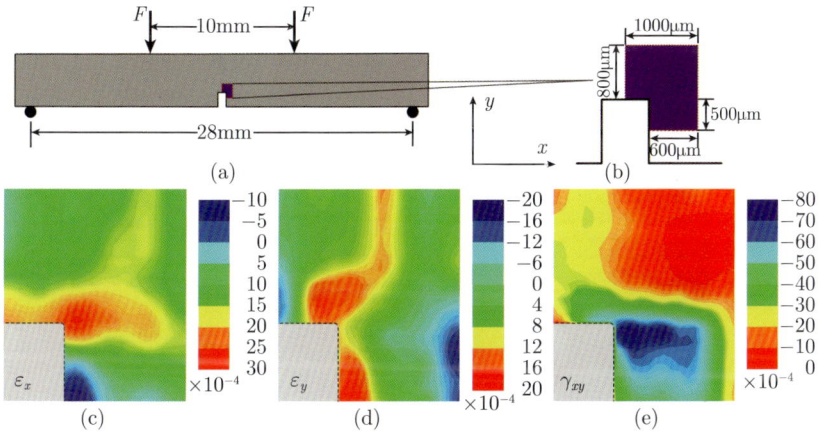

图 4.30　纤维增强材料四点弯矩形豁口局部应变场

(a) 试件与加载方式；(b) 拉曼扫描区域；(c)~(e) 实测应变场

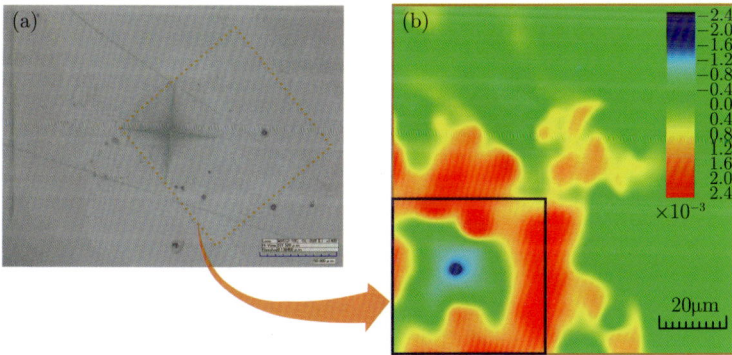

图 4.32　维氏 (Vickers) 微压痕周边残余应变场实验

(a) 压痕样片表面图像及拉曼扫描区域；(b) 残余主应变场 $(\varepsilon_x + \varepsilon_y)$

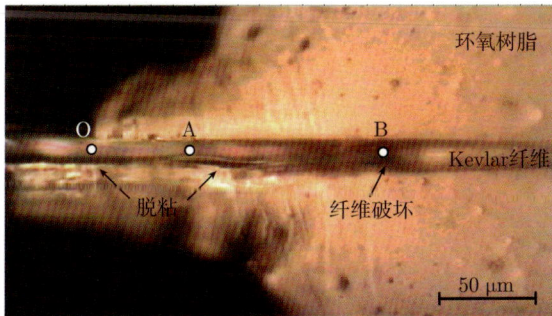

图 5.23　纤维拉断后的试样显微照片 (Lei et al., 2013a)

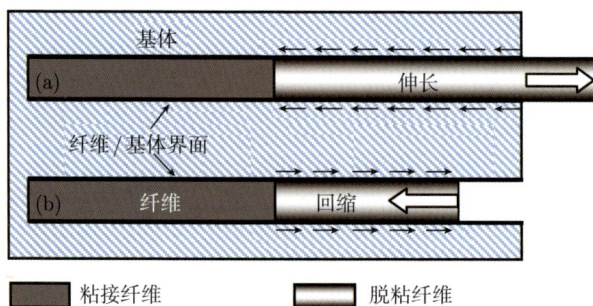

图 5.53　纤维/基体脱粘界面上的摩擦滑移示意图, 小箭头代表摩擦力, 大箭头代表脱粘纤维
的伸长过程 (a) 和回缩过程 (b)

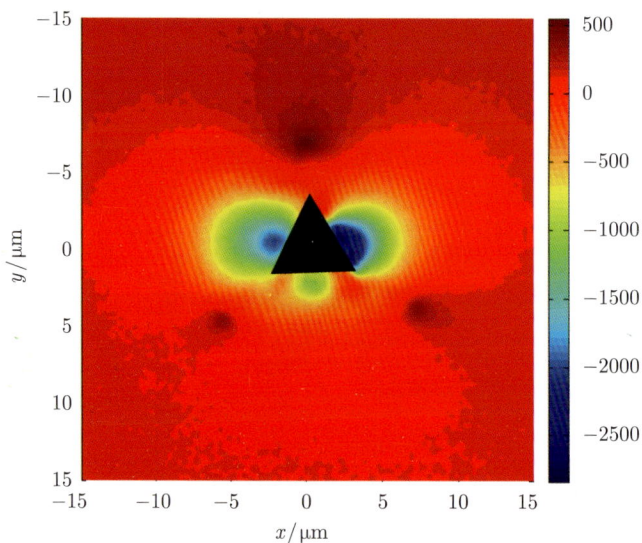

图 6.3　微拉曼光谱法测量微米压痕附近的残余应力场 (单位: MPa)